电子信息科学与技术丛书

智能产品设计

李正军 编著

清华大学出版社

北京

内 容 简 介

本书主要讲述了智能产品的设计与开发,通过典型的应用实例,由浅入深地阐述了智能产品的设计、开发和涉及的技术。全书共分 8 章,主要内容包括绪论、智能产品交互设计、智能产品的通信技术与应用、人工智能和大数据技术、云计算和边缘计算、智能手环的设计与开发、双水平智能家用呼吸机的设计与开发、物联网技术与智能家庭。

本书可作为高等院校人工智能、自动化、机器人、自动检测、机电一体化、电子与电气工程、计算机应用、信息工程、物联网等相关专业的专科生、本科生及研究生的教学参考书。对于智能产品开发的爱好者来说,本书也是一本深入浅出、贴近社会应用的技术读物。

图书在版编目(CIP)数据

智能产品设计/李正军编著. —北京:清华大学出版社,2024.3
(电子信息科学与技术丛书)
ISBN 978-7-302-65752-1

Ⅰ. ①智… Ⅱ. ①李… Ⅲ. ①智能技术－应用－产品设计 Ⅳ. ①TB472

中国国家版本馆 CIP 数据核字(2024)第 052305 号

策划编辑:盛东亮
责任编辑:钟志芳
封面设计:李召霞
责任校对:申晓焕
责任印制:曹婉颖

出版发行:清华大学出版社
　　网　　址:https://www.tup.com.cn,https://www.wqxuetang.com
　　地　　址:北京清华大学学研大厦 A 座　　　邮　　编:100084
　　社 总 机:010-83470000　　　　　　　　邮　　购:010-62786544
　　投稿与读者服务:010-62776969,c-service@tup.tsinghua.edu.cn
　　质量反馈:010-62772015,zhiliang@tup.tsinghua.edu.cn
　　课件下载:https://www.tup.com.cn,010-83470236
印 装 者:三河市铭诚印务有限公司
经　　销:全国新华书店
开　　本:186mm×240mm　　印　　张:17　　　　字　　数:385 千字
版　　次:2024 年 5 月第 1 版　　　　　　　印　　次:2024 年 5 月第 1 次印刷
印　　数:1~1500
定　　价:69.00 元

产品编号:103447-01

前 言
PREFACE

从三国时期的"木牛流马"到如今热门的"波士顿智能大狗""小鹏汽车智能机器马",人造物的智能化是人类造物活动孜孜以求的目标。智能产品的不断涌现,推动着人类社会生活迈入智慧化时代。

人类社会进入信息时代以来,随着计算机、物联网、大数据、人工智能等相关技术的不断发展,奠定了智慧政府、智慧交通、智慧医疗、智慧零售、智慧社区、智慧建筑、智慧家居等新兴事物出现的技术基础,改变着人们的生活方式。无人驾驶汽车、无人超市等不断出现在人们的生活中。各类智能产品为人们的日常生活提供了方便,提高了人们的生活质量和工作效率。智能产品的设计呈现出两种开发路径:一是智能技术的产品化,主要体现在物联网、大数据、云计算、边缘计算、机器学习、深度学习、安全监控、自动化控制、计算机技术、精密传感技术、全球定位系统(Global Position System,GPS)定位技术等的综合应用;二是传统产品的智能化,借势新一代人工智能,赋予传统产品以更高智慧,在智能制造装备、智能生产、智能管理等方面注入强劲生命力和发展动能。

智能产品设计与开发涉及的技术很多,包括微处理器的接口驱动开发技术、传感器的驱动开发技术、智能产品图形用户界面(Graphical User Interface,GUI)设计技术、无线通信技术和应用开发技术等。本书首先对智能产品的开发和所用技术知识进行了讲述,然后通过智能手环的设计与开发、双水平智能家用呼吸机的设计与开发、智能家庭的案例,对智能产品设计与开发涉及的技术进行了详细的讲解。

本书共分8章。第1章对智能产品进行了概述,包括智能产品的含义、电子产品与智能产品、智能产品举例、智能产品的现状概述、智能产品发展与分析、智能产品发展的重点任务、智能产品开发相关技术、智能家电产品现状、智能家电产品未来发展方向和研究智能家电产品的目的和意义;第2章讲述了智能产品交互设计,包括智能产品交互设计概述、智能产品交互设计的层次模型、智能产品交互设计的研究内容和结构体系、智能产品交互设计的关键技术、智能产品交互设计的研究热点和智能产品的设计原则与设计流程;第3章讲述了智能产品的通信技术与应用,包括串行通信基础、RS-232C串行通信接口、RS-485串行通信接口、蓝牙通信技术、ZigBee无线传感器网络和W601 Wi-Fi MCU芯片及其应用实例;第4章讲述了人工智能和大数据技术,包括人工智能、智能系统、大数据技术;第5章讲述了云计算和边缘计算,包括云计算、边缘计算概述、边缘计算的基本结构和特点、边缘计算的基础资源架构技术、边缘计算软件架构、边缘计算应用案例、边缘计算安全与隐私保护和

APAX-5580/AMAX-5580 边缘智能控制器；第 6 章讲述了智能手环的设计与开发，包括概述、智能手环系统的整体设计及应用原理、智能手环系统硬件设计和智能手环系统软件设计；第 7 章讲述了双水平智能家用呼吸机的设计与开发，包括概述、双水平智能家用呼吸机相关理论、微控制器简介和应用、双水平智能家用呼吸机硬件设计、双水平智能家用呼吸机软件设计、测试平台的搭建及测试和微信小程序的界面功能设计；第 8 章讲述了物联网技术与智能家庭，包括智能家庭概述、物联网技术、智能家庭整体网络系统设计、智能家庭网络系统技术方案和智能家庭服务云平台设计。

对本书中所引用的参考文献的作者，在此一并表示真诚的感谢。

由于编者水平有限，加上时间仓促，书中错误和不妥之处在所难免，敬请广大读者不吝指正。

编 者

2024 年 1 月

目 录
CONTENTS

第1章

绪　论

　　本章对智能产品进行了概述,包括智能产品概述、电子产品与智能产品、智能产品举例、智能产品的现状概述、智能产品发展与分析、智能产品发展的重点任务和智能产品开发相关技术、智能家电产品现状、智能家电产品未来发展方向和研究智能家电产品的目的和意义。

1.1　智能产品概述

　　2015年,国务院《中国制造2025》中提出加快发展智能产品,以智能制造为核心,统筹布局和推动智能交通工具、智能工程机械、服务机器人、智能家电、智能照明电器、可穿戴设备等产品研发和产业化。2017年,《新一代人工智能发展规划》《促进新一代人工智能产业发展三年行动计划(2018—2020年)》等策略的发布,强力助推我国产品的智能升级、中国智能产品的产业化革命。

　　随着智能生活的发展,各类智能产品为人们的生活提供了方便快捷,提高了人们的生活质量,如华为通过云计算为政府和行业提供服务和解决方案,推出"5G,点亮未来""F5G,光联万物""自动驾驶网络""IPv6＋,智联无限"等智能产品系统。互联网生活服务产品是较早的智能产品类型,既有蚂蚁金服、陆金所、支付宝、微信支付等为代表的金融服务智能产品,也有美团外卖、饿了么、携程、滴滴等生活服务智能产品。

　　生活中万物智能的出现,一定是智能产品技术与制造业的融合。智慧交通系统包括智能充电桩、智能共享汽车、智能停车、智能公交等公共产品,也包括智能车载产品、无人驾驶汽车等个性化的私人产品,带给人们交通的新体验;智能交通运输和物流系统主要包含城市交通系统的智能控制、物流的智能管理和调度、数字化平台建设和便民生活服务等方面。家用的智能产品是人们日常生活使用的智能家用终端产品,种类也是最多的,包括智能家电产品,如电视、冰箱、空调、洗衣机、电饭煲、饮水机、空气净化器等,使人们快乐地享受生活;智能生活控制产品,比如智能管家、路由器、网关、插座、光照传感器、温湿度传感器、智能窗帘和灯光等,带给人们舒适的生活;智能卫浴产品,比如智能淋浴产品、智能马桶等,带给人们安全、方便的生活;智能医疗健康产品,比如智能监测和检测产品、智能药箱等成为智能产品的重要发展方向。

目前,全球众多企业致力于智能产品的研发和生产,优秀的智能产品改变了人们的生活,如小米智能家居产品、iRobot 的 Roomba 自动吸尘机器人、华为自动驾驶、谷歌自动驾驶等。谷歌无人驾驶汽车:随着计算机技术、互联网技术、机器控制和传感等技术的突破,无人驾驶技术迎来了巨大进步。2009 年,谷歌开始秘密研发无人驾驶汽车项目,现在被称为 Waymo,并在 2014 年发布了自主设计的无人驾驶汽车原型。将感知系统、智能雷达、智能地图、智能导航、交互系统等智能产品应用于无人驾驶系统,极大地改变了驾驶的体验,并成为高端智能产品,这也是通用、福特、奔驰、宝马等汽车公司的重要研发方向。

小米让智能产品走进现实生活:以小米手机、小米路由器和小米电视为核心产品,形成了小米智能家居网络中心、家庭安防中心、影视娱乐中心等产品系统,包括小米路由器、小蚁智能摄像机、小米盒子、电视、插座、灯泡、净化器、手环、血压计、体重秤、智能窗帘、智能玻璃等产品,统一采用小米智能家庭应用程序(Application Program,App)为设备接入口,实现多设备的深度互联,方便多家庭用户的快捷使用。

下面对智能产品的含义、智能产品的特征和智能产品的市场进行介绍。

1.1.1 智能产品的含义

科技的力量总是让人觉得神奇又遥远,也总是悄无声息地渗透和改变人们的生活。如今,智能产品已经成为人们身边不可缺少的一部分,人们用它们来从事通信、办公、娱乐等各种活动。不仅如此,智能产品正在被赋予与人类一样的感知与思维能力,从而更好地服务人类,满足人类物质与情感的需求,为人类带来更加便利的生活。因此,智能产品也代表了这个时代的发展和进步,成为科技发展的必然产物。

从内涵而言,智能产品的核心体现为"智能"。目前对"智能"的定义尚无统一意见,一般认为,智能是指个体对客观事物进行合理分析、判断及有目的地行动和有效地处理周围环境事宜的综合能力,主要包括以下 4 个方面。

(1) 获取、采集与传输信息的能力。

(2) 通过自我调节、诊断以适应环境、保证正常运行的能力。

(3) 理解、分析数据和决策、执行以解决问题、提供服务的能力。

(4) 归纳推理能力和演绎推理能力。

概而述之,智能产品一般包括机械、电气和嵌入式软硬件组件,具有感知、记忆、计算和传输功能,是传统电气设备与计算机技术、数据处理技术、控制技术、传感器技术、网络通信技术、电力电子技术等相结合的产物,是能够实现产品的预期功能,且具备一项或多项智能特性的智能装置、智能设备或智能终端。

关于智能产品还有另外的定义。MCFARLANE 等认为可以从 5 个维度来定义:是否拥有独特的 ID,是否能够与其环境有效沟通,能否保留或存储关于自身的数据,能否部署一种语言来显示其特性,能否参与或做出与其自身命运相关的决定。VENTÄ 等从另外 4 个方面描述智能产品:持续监控其状态和环境,对环境和操作条件有反应性和适应性,在各种情况下都尽可能保持最佳性能,积极与用户、环境以及其他产品和系统做信息交互。

KRITISIS 等认为智能产品应当具有传感能力、通信能力、记忆能力、信息处理和推理能力。RIJSDIJK 等探索了智能产品和消费者感知之间的关系,将智能产品和智能概念化为 6 个关键维度:自主性、学习能力、反应性、合作能力、类人交互和个性化设计。简而言之,智能产品是具备一定的感知、记忆和计算能力,能够在物理层面和信息层面实现与人、其他智能设备以及环境交流与互动的产品。

1.1.2 智能产品的特征

对于智能产品而言,不同产品或同样产品在不同时期会处于不同的智能水平,产品智能化水平可以分为以下 3 个层次,如图 1-1 所示。

(1) 基础智能:实现产品数据的感知与采集;对数据进行集成与统计分析,实现设备自诊断与产品自适应、自决策。

(2) 系统智能:通过机器学习等技术,获取、分析用户行为、产品偏好信息,实现产品自学习与自适应。

(3) 交互智能:通过人工智能、大数据分析,建立智能化人机交互系统,实现产品与用户需求的高效、智能匹配。

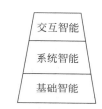

图 1-1 智能产品的"智能层次"模型

结合产品智能化的层次模型,可得出智能产品包括 8 个智能特征。

(1) 感知:基于自动识别、泛在互联与数据通信技术,能够实现对自身状态、内部与外部环境变化的感知。

(2) 监控:基于感知及优化的数据处理结果,产品实现监测、监控的相关功能。

(3) 适应和优化:能根据感知的信息调整自身的运行模式,使装备(产品)处于最优状态。

(4) 互连互通:通过标准数据结构和开放数据接口等,实现产品与(子)系统、制造设备、产品零部件之间的数据传送和功能采集。

(5) 人机交互:能够实现产品与产品、产品与系统、产品与用户之间的高效对话,快速、准确地满足用户信息交互需求,以及设备、产品能够接受并理解操作者、用户的意图,以实现高效的人机交互、人机协同的目的。

(6) 数据信息:在产品全生命周期,采集智能产品在生产、使用等各个环节中关键流程节点、环节的数据与信息,实现从基础零件配件、部件生产到成品组装、销售与服务等各个环节的信息可溯源、可挖掘等增值管理。

(7) 人工智能:智能产品基于其内部的软硬件组件和系统级的交互过程,模拟人的某些思维过程和智能行为(如学习、推理、决策、记忆等)。

(8) 基于产品的新兴商业模式:制造企业由单纯销售成品延伸到提供服务混合包,也就是将产品和服务相结合,不断向终端用户提供新的价值增长点。典型的智能产品增值功能包括数据溯源、信息融合、信息安全等。

1.1.3 智能产品的市场

下面介绍智能产品的市场情况。

1. 市场环境

近年来,一股股"智能"热潮正涌入人们的日常生活。从社会上早已普及使用的"智能手机"到目前已经逐步投入使用的无人驾驶汽车,再到近年亚马逊推出的无收银台的新零售线下店面 Amazon Go,智能产品如雨后春笋般一次次影响着人们的生活方式,渗透到人们工作与生活的每个角落。随着科技的高速发展与智能化技术的提升,智能产品已成为科技发展的必然趋势。

2. 市场需求

陪聊天、助娱乐、做家务、护安全等,随着人工智能和物联网技术的逐渐成熟,各种智能产品层出不穷,从智能音响、智能扫地机器人到智能门锁、智能马桶等,越来越多的智能家居产品进入人们的生活,日渐成为生活流行品、消费新趋势。数据显示,智能家居产品已成为中国消费市场的一大热点,呈逐年增长之势。

3. 产品和价格

典型的智能产品包括智能可穿戴设备、智能手机、无人机、智能汽车、智能机器人、智能售货机和智能家电等。小至智能手表,大至智能汽车,产品不同,价格也不同。

1.2 电子产品与智能产品

下面讲述什么是电子产品、电子产品与智能产品的联系、智能产品和电子产品的区别。

1.2.1 什么是电子产品

电子产品是以电能为工作基础的相关产品,主要包括电子手表、影碟机(VCD 或DVD)、录像机、摄像机、收音机、组合音响、激光唱机(CD)、计算机、游戏机、耳机、移动通信产品等。因早期产品主要以电子管为基础原件,故名为电子产品。

早期的电子产品以电子管为核心。20 世纪 40 年代末,世界上诞生了第一只半导体三极管,它以小巧、轻便、省电、寿命长等特点,很快被各国应用起来,在很大范围内取代了电子管。20 世纪 50 年代末,世界上出现了第一块集成电路,它把许多晶体管等电子元件集成在一块硅芯片上,使电子产品向更小型化发展。集成电路从小规模集成电路迅速发展到大规模集成电路和超大规模集成电路,从而使电子产品向着高效能、低消耗、高精度、高稳定、智能化的方向发展。

电子产品中最具有代表性的是电子计算机。电子计算机发展经历的 4 个阶段恰好能够充分说明电子技术发展的 4 个阶段特性。

第一代(1946—1957 年)是电子计算机,它的基本电子元件是电子管,内存储器采用水银延迟线,外存储器主要采用磁鼓、纸带、卡片、磁带等。由于当时电子技术的限制,运算速度只有每秒几千次至几万次,内存容量仅几千字节。程序语言处于最低阶段,主要使用二进制表示的机器语言编程,后阶段采用汇编语言进行程序设计。因此,第一代计算机体积大、耗电多、速度低、造价高、使用不便,主要局限于一些军事和科研部门进行科学计算。

第二代(1957—1964年)是晶体管计算机。1948年,美国贝尔实验室发明了晶体管,10年后晶体管取代了计算机中的电子管,诞生了晶体管计算机。晶体管计算机的基本电子元件是晶体管,内存储器大量使用磁性材料制成的磁芯存储器。与第一代电子管计算机相比,晶体管计算机体积小、耗电少、成本低、逻辑功能强、使用方便、可靠性高。

第三代(1964—1971年)是集成电路计算机。随着半导体技术的发展,1958年,美国德州仪器公司研制成第一个半导体集成电路。集成电路是在几平方毫米的基片上,集中了几十个或上百个电子元件的逻辑电路。第三代集成电路计算机的基本电子元件是小规模集成电路和中规模集成电路。磁芯存储器进一步发展,开始采用性能更好的半导体存储器,运算速度提高到每秒几十万次。由于采用了集成电路,第三代计算机各方面性能都有了极大改善:体积缩小、价格降低、功能增强、可靠性大大提高。

第四代(1971年至今)是大规模集成电路计算机。随着集成了上千甚至上万个电子元件的大规模集成电路和超大规模集成电路的出现,电子计算机的发展进入了第四代。第四代计算机的基本元件是大规模集成电路,甚至是超大规模集成电路,集成度很高的半导体存储器替代了磁芯存储器,运算速度可达每秒几百万次,甚至上亿次。

1.2.2 电子产品与智能产品的联系

智能产品和电子产品是密切相关的,可以说智能产品一定是电子产品,但是电子产品不一定是智能产品。

首先,智能产品是由多种电子产品构成的。智能产品由智能部件、连接部件和物理部件等构成。智能部件由传感器、微处理器、数据存储装置、控制装置、软件以及内置操作和用户界面等构成;连接部件由接口、有线或无线连接协议构成;物理部件由机械和电子部件构成。其中物理部件和智能部件大部分属于电子产品,因此智能产品是离不开电子产品的。

其次,智能产品的基础功能其实是对各种电子产品功能的应用和扩展。智能产品功能的实现依托各种电子产品,通过控制程序对各种电子产品进行协调和功能整合,从而实现一个完整的系统功能。

随着科技的发展,电子产品朝着集成化、系统化、智能化的方向发展,相信在不久的未来,电子产品和智能产品的边界将逐渐缩小。

1.2.3 智能产品和电子产品的区别

智能产品和电子产品的区别主要体现在以下几个方面。

1. 发展不同

电子技术是19世纪末20世纪初在欧洲、美国等国家和地区开始发展起来的新兴技术,电子产品在20世纪发展最迅速,应用最广泛,成为近代科学技术发展的一个重要标志。而智能制造起始于 20 世纪 80 年代人工智能在制造领域中的应用,发展于 20 世纪 90 年代智能制造技术、智能制造系统的提出,成熟于 21 世纪以来新一代信息技术条件下的"智能制造"。

2．制造工艺、成本不同

电子产品系统由整机组成,整机由部件组成,部件由零件、元器件组成。由整机组成系统的工作主要是连接和调试,生产的工作不多,生产技术成熟,制作工艺较为简单,大部分采用人工流水线的生产方式,可以快速大批量地生产,制造成本较低。而智能产品生产前需要对产品生命周期的海量异构信息进行挖掘、计算分析、推理预测等,形成制造过程的决策指令,需要集成工程、制造软件系统和贯穿制造组织内部的智能决策支持系统,一般是小批量生产,制造成本较高。

3．复杂程度不同

相对于电子产品,智能产品无论从产品结构还是制造工艺来讲都相对复杂。此外智能产品的功能也相对较为复杂。

4．性质不同

智能产品是含有智能技术的产品,可以实现自我感知、自我决策和自我控制的设备。而电子产品则主要通过电子器件和电子技术来实现信号的控制、转换、放大等功能。与智能产品不同,电子产品一般不具有自主学习和决策能力。

5．种类不同

电子产品主要包括手表、手机、电话、电视机、影碟机、录像机、摄录机、收音机、收录机、组合音箱等。智能产品包括智能手机、智能手环、扫地机器人、智能插座、智能水壶、智能音响、智能灯、集成智能遥控器、智能卫浴镜、智能窗帘等。目前的智能产品只有半自动化功能,相信随着科技的进步和发展,这些产品会越来越智能化。

6．包含的技术不同

传统意义上的电子产品更倾向于机械化,需要人工干预。智能产品具有传感技术,能够实时感知产品的动态、运行和外部环境的变化;具有控制技术,能够通过产品的内置或产品云中的命令进行远程控制、动态执行;具有自动化技术,能够将检测、控制、优化融合到一起实现前所未有的自动化程度。

7．对网络要求不同

电子产品没有网络通信要求,有的电子产品根本无法联网,只要供电就能正常工作。网络对于智能产品而言是基础设施,没有网络,智能产品就无法实现与环境进行通信,也就无法发挥出它的功能。

8．用户体验不同

电子产品对用户而言是工具,无法进行沟通和交互。但智能产品结合了传感器、自动化控制和人工智能等技术,能够实现人机交互,从视觉、触觉、情感交互等方面给人不同的体验。

1.3　智能产品举例

智能产品的种类非常多。这里简单介绍几种产品的类型。

1.3.1 智能机器人

之所以叫智能机器人,是因为它有相当发达的"大脑"——计算机。在"大脑"中起作用的是中央处理器,这种计算机与操作它的人有直接的联系。最主要的是,这样的计算机可以进行有目的的动作。

按照应用场景智能机器人可以分为工业机器人、家用机器人、公共服务机器人、特种机器人等。

典型产品包括焊接机器人、搬运机器人、装配机器人、清洁机器人、家政服务机器人、教育娱乐机器人、个人运输服务机器人、安防监控服务机器人、酒店服务机器人、银行服务机器人、餐饮服务机器人、特种极限机器人、康复辅助机器人、农业机器人、水下机器人、军用和警用机器人、电力机器人等。图 1-2 为酒店服务机器人。

1.3.2 智能运载工具

智能运载工具通过车载感知、自动驾驶、车联网、物联网等技术的集成和配套,形成智能交通工具和智能交通系统,除陆地交通工具外,无人机和无人船等立体智能

图 1-2 酒店服务机器人

交通工具和系统也在逐步走向商用,从而彻底完善陆域、空域、水域的智能管理措施。

按照具体应用场景智能运载工具又可以分为自动驾驶车、轨道交通系统、无人机(无人直升机、固定翼机、多旋翼飞行器、无人飞艇)、无人船等。图 1-3 为某市正在运行的自动驾驶公交车。

图 1-3 某市正在运行的自动驾驶公交车

1.3.3 智能终端

智能终端是一类嵌入式计算机系统设备,其体系结构框架与嵌入式系统体系结构是一致的,同时,智能终端作为嵌入式系统的一个应用方向,其应用场景设定较为普遍,体系结构比普通嵌入式系统结构更加明确,粒度更细且拥有一些自身的特点。

图 1-4　某品牌智能手表

典型的产品包括智能手机、智能手环、智能手表、智能摄像头等。某品牌智能手表如图 1-4 所示。

1.3.4　自然语言处理

自然语言处理是为各类用户及开发者提供的用于文本分析及挖掘的技术,已经广泛应用在电商、文化、娱乐、金融、物流等行业中。自然语言处理 API 可帮助用户搭建内容搜索、内容推荐、舆情识别及分析、文本结构化、对话机器人等智能产品,也能够通过合作,定制个性化的解决方案。

典型的产品有机器翻译、机器阅读理解、问答系统、智能探索等。某国内知名机器翻译软件 Logo 如图 1-5 所示。

1.3.5　计算机视觉产品

计算机视觉既是工程领域,又是科学领域中的一个富有挑战性的研究方向。计算机视觉是一门综合性的学科,它已经吸引了来自各个学科的研发者参与到对它的研究之中,其中包括计算机

图 1-5　某国内知名机器翻译软件 Logo

科学和工程、信号处理、物理学、应用数学、统计学、神经生理学和认知科学等学科。

典型的产品有图像分析仪、视频监控系统等。应用于医学的计算机影像识别系统如图 1-6 所示。

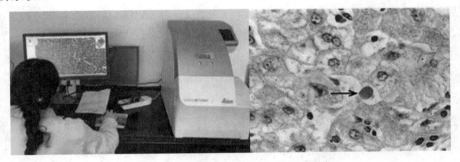

图 1-6　应用于医学的计算机影像识别系统

1.3.6　生物特征识别产品

每个生命体都有唯一的可以测量或可自动识别和验证的生理特性或行为方式,即生物特征。它可划分为生理特征(如指纹、面相、虹膜、掌纹等)和行为特征(如步态、声音、笔迹等)。生物识别就是依据每个个体具备的独一无二的生物特征对其进行识别与身份认证。生物识别的主要内容是生物识别技术和生物识别系统。

典型的产品有指纹识别产品、人脸识别产品、虹膜识别产品、指静脉识别产品、DNA 识别产品、声纹特征识别产品等。指静脉识别锁如图 1-7 所示。

图 1-7　指静脉识别锁

1.3.7　VR/AR 产品

虚拟现实(Virtual Reality,VR)技术是 20 世纪发展起来的一种全新的实用技术。VR技术集计算机、电子信息、仿真技术于一体,其基本实现方式是计算机模拟虚拟环境从而给人以环境沉浸感。随着社会生产力和科学技术的不断发展,各行各业对 VR 技术的需求将会日益旺盛。

增强现实(Augment Reality,AR)技术是一种将虚拟信息与真实世界巧妙融合的技术,广泛运用了多媒体、三维建模、实时跟踪及注册、智能交互、传感等多种技术手段,将计算机生成的文字、图像、三维模型、音乐、视频等虚拟信息模拟仿真后,应用到真实世界中,两种信息互为补充,从而实现对真实世界的"增强"。

典型的产品有 PC 端 VR、一体机 VR、VR 眼镜等。VR 眼镜如图 1-8 所示。

图 1-8　VR 眼镜

1.3.8　人机交互产品

人机交互是计算机系统的重要组成部分,也是当前计算机行业竞争的焦点,它的质量直接影响计算机的可用性和效率,同时影响人们日常生活和工作的效率。如今,计算机处理速度和性能的迅猛提高并没有相应提升用户使用计算机交互的能力,其中一个重要原因就是缺少一个与之相适应的高效、自然的人机交互界面。人机交互是未来 IT 的核心技术。发展平民可用技术、实现以人为本的计算是 21 世纪计算机发展的目标。

图 1-9　体感交互游戏

目前典型的人机交互产品有语音交互产品、情感交互产品、体感交互产品、脑机交互产品等,其中语音交互产品可细分为个人助理、语音助手、智能客服。体感交互游戏如图 1-9 所示。

1.3.9　老年人健康监护系统

老年人健康监护系统分为 3 个部分,即生理参数检测终端、Android 手机客户端、Tomcat 服务器。生理参数检测终端以 STM32 微处理器为核心,包含多个生理信息采集模块、通信模块以及电源模块用以采集人体生理参数;Android 手机客户端通过蓝牙接收检测端所采集的数据,可以将数据备份到手机里并上传到 Tomcat 服务器;Tomcat 服务器通过搭建 MariaDB 数据库实现各类数据信息的存储,采用 HTTP 的通信方式与移动客户端连接,实现后台管理和监护,并将训练好的健康状态判定算法集成到系统服务器,将评估结果反馈给客户端。老年人健康监护系统的总体结构如图 1-10 所示。

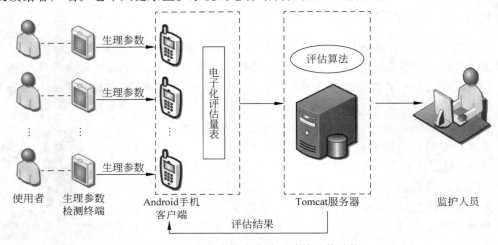

图 1-10　老年人健康监护系统的总体结构

体温、血氧、脉搏、心率等生命体征的重要指标是人体健康状况的直观反映,对于人体各项生理指标进行检测是实现健康监护和评估的基础,生理参数检测设备处于整个监护系统的底端,用于完成各项生理参数采集。

健康监护系统的检测终端主要是用于检测人体的体温、心率、心电、脉搏、血氧饱和度等生理参数,它以 STM32 微处理器为控制核心,还包括多个生理信息采集传感器模块、通信模块以及电源管理模块。生理信号检测终端结构如图 1-11 所示。

如图 1-11 所示,系统在硬件方面采用 STM32F103RET6 作为主控芯片,主控单元芯片对生理信息数据进行处理分析。系统选用 AD8232 心率心电传感器、MAX30102 脉搏/血氧传感器,MLX90615 体温检测传感器进行生理信号采集,采用 ATK-HC08 蓝牙模块用于检测终端与 Android 手机客户端之间数据通信。同时为方便老年人使用,系统安装了声光提示模块及 OLED12864 显示模块。

1.3.10　其他常见的智能产品

随着科技的进步,越来越多的智能电子产品出现在生活中。

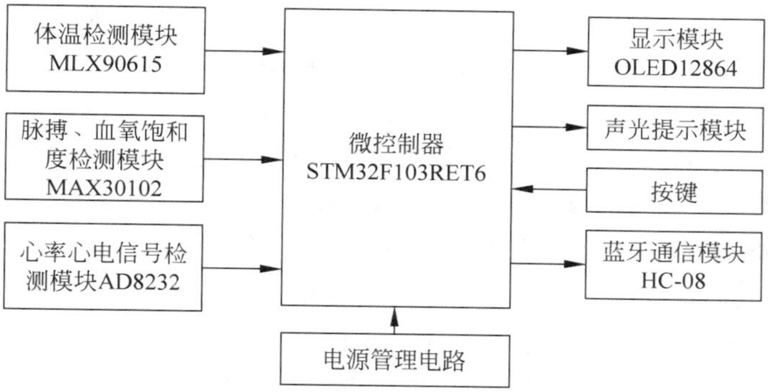

体温检测模块
MLX90615
脉搏、血氧饱和
度检测模块
MAX30102
心率心电信号检
测模块AD8232
微控制器
STM32F103RET6
显示模块
OLED12864
声光提示模块
按键
蓝牙通信模块
HC-08
电源管理电路

图 1-11 生理信号检测终端结构

1. 智能扫地机器人

智能扫地机器人(如图 1-12 所示)是一种能自动吸尘的智能家用电器,可对房间大小、家具摆放、地面清洁度等因素进行检测,并依靠内置的程序规划合理的清洁路线。

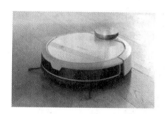

图 1-12 智能扫地机器人

2. 智能小夜灯

智能小夜灯(如图 1-13 所示)可以自主调节氛围灯光、设置唤醒时间,灯光会在唤醒时间前 30min 逐渐变亮,铃声会在 1min 内逐渐增大,为用户提供一种舒适的唤醒方式。

3. 智能 LED 灯泡

智能 LED 灯泡(如图 1-14 所示)的亮度可自由调节,支持多个 LED 灯串联、智能语音控制,是一款会听话的智能灯泡,可通过 Wi-Fi 连接物联网,通过手机的 App 可对智能 LED 灯泡进行远程控制。

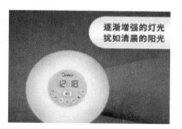

逐渐增强的灯光
犹如清晨的阳光
12:18

图 1-13 智能小夜灯

会听话的
智能LED灯泡

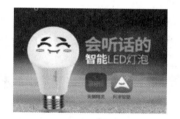

图 1-14 智能 LED 灯泡

4. 智能音箱

音箱是现代家居生活中为人们提供听觉享受的产品,其作为音响系统的最终端,承担着将电波信号转化为声能量,并传播到空气中的作用。音箱的种类有很多,针对不同的使用场景、用户群,音箱有不同的表现形式。以人为本的现代设计理念推动着设计的发展,在产品设计领域,以人为本不仅体现在产品的形式上,产品的服务形式也应该是契合人的本性、对用户友好的。随着科技的发展,这一诉求逐渐与人们的预期相符合。所谓的“智能”,指的是个体认识客观物体和运用知识解决问题的能力。不同于人类能够独立思考,机器的行为模式是依附于程序而进行的,当一个机器能够在某个程序的指导下,独立进行操作或运算,便称之为智能设备。智能音箱就是在传统音箱的基础上结合通信技术、传感技术以及互联网技术,使之在扩音的基础功能之上,拥有更多新的、符合现代生活场景的功能。

智能音箱在不同的历史时期有不同的产品,早期产品冠以"智能"的称号,只是因为搭载了新技术而在功能上显得标新立异,但并不能算真正的智能,随着人工智能技术的逐步成熟,"智能"产品的入门标准越来越高。根据智能音箱发展的轨迹,将智能音箱产品大致分为3个不同时间段的产品,分别是蓝牙音箱、Wi-Fi 音箱及人工智能音箱,这 3 类音箱分别采用了不同的技术,具有不同的产品功能,为用户带来的体验也截然不同。

智能音箱作为现代人家居生活中的一部分,不仅仅是承担着扬声器的作用,而是被赋予了更多的可能。智能音箱的发展经历了不同的阶段,这与技术的发展有着密切的关系。从早期的蓝牙音箱到 Wi-Fi 音箱,再到现如今各大厂商竞相博弈的人工智能音箱,技术的进步总是在推动产品的发展,以此来更好地为人所用,这和工业革命之后产品设计的发展模式是不谋而合的。

人工智能音箱是最接近人们预期的智能音箱产品。世界上第一款人工智能音箱,是搭载了 Alexa 语音助手的 echo 音箱,紧接着,其竞争对手也陆续推出具有自身特色的产品,如谷歌公司的 Google Home 音箱、微软公司的 Cortana 音箱及苹果公司的 HomePod。人工智能音箱中最为重要的一项技术就是自然语言处理,它是智能音箱的核心,包括语音识别、声纹识别、自然语音理解、多轮对话管理、自然语言生成等功能。在人工智能音箱交互的过程中,主要是使用耳和嘴两个信息通道,即听和说,语音识别的过程要经过发音、传递和感知 3 个阶段,分别对应于生理、物理和心理 3个方面,也就是说,仅仅是识别理解语音还不够,还需要根据所处的语境,以即时、正确、合乎常规的自然语言表达方式回复用户。

用户可通过语音与智能音箱(如图 1-15 所示)进行互动,实现影音播放、家电控制、幼教百科、语音购物新闻播放等。

图 1-15　智能音箱

1.4　智能产品的现状概述

智能产品技术服务主要关注构建人工智能的技术平台,并对外提供人工智能相应的服务。此类厂商在人工智能产业链中处于关键位置,依托基础设施和大量的数据,为人工智能提供关键性的技术平台、解决方案和服务。目前,从提供服务的类型和提供技术服务的厂商来看,主要呈现以下现状。

(1) 提供人工智能的技术平台和算法模型。此类厂商主要针对用户或者行业需求,提供人工智能技术平台以及算法模型。用户可以在人工智能平台之上通过一系列的算法模型进行人工智能的应用开发。此类厂商主要关注人工智能的通用计算框架、算法模型、通用技术等关键领域。

（2）提供人工智能的整体解决方案。此类厂商主要针对用户或者行业需求，设计和提供包括软件、硬件一体的行业人工智能解决方案，整体方案中集成多种人工智能算法模型于软件、硬件环境，帮助用户或行业解决特定的问题。此类厂商重点关注人工智能在特定领域或者特定行业的应用。

（3）提供人工智能在线服务。此类厂商一般为传统的云服务提供厂商，主要依托其已有的云计算和大数据应用的用户资源，聚集用户的需求和行业属性，为客户提供多类型的人工智能服务，服务涵盖从各类模型算法和计算框架的 API 等特定应用平台到特定行业的整体解决方案等，进一步吸引大量的用户使用，从而进一步完善其提供的人工智能服务。此厂商主要提供相对通用的人工智能服务，同时会关注一些重点行业和领域。以用户为中心建设互联网＋保险行业的智能解决方案如图 1-16 所示。

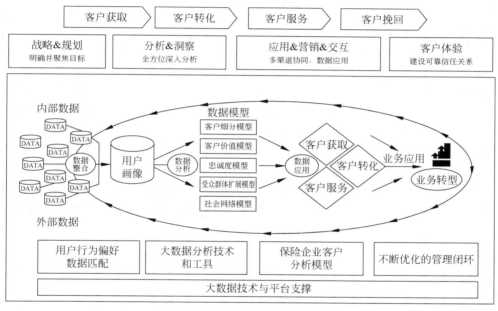

图 1-16　以用户为中心建设互联网＋保险行业的智能解决方案

1.5　智能产品发展与分析

1.5.1　智能产品发展现状

随着新一代信息技术的逐渐成熟、概念的虚热渐退、行业的理性洗牌，智能产品行业从 2014 年开始进入了发展正轨。

智能产品设计呈现 3 个新趋势。

一是融合机器智能与人类智能。智能产品的设计将充分体现科技感、人性化和艺术性，深度融合机器智能与人类智能，促进智能产品具备更多的人类能力，特别是补齐感知、记忆、推理等方面的能力"短板",从而帮助人类实现更好的发展。值得注意的是,设计师应该具备基本的技术素养以了解人本智能的智慧特征,因此作为设计人才培养的重要途径,设计教育应在课程设置中充分考虑各种发展中的支撑技术,如可编程材料、柔性电子等,以帮助设计学生拓宽思路,更好地把握技术的边界。目前智能产品设计教育的探索包括课程设置(如模块化的课程组织方式)以及针对设计学生的人工智能教材(如"MachineLearning for Designers"等)。部分高校开设了智能产品设计相关课程,如清华大学的 AI 智能体验设计"信息设计方法"公开课、浙江大学的"信息产品设计"和"设计思维与创新设计"等课程。

二是突破传统的设计范式。人本智能产品设计将颠覆传统物理世界的设计理念,打破原有的形态和介质,产生融合设计、定制式设计等类型,重新界定产品形态、产业结构与服务模型等。随着新的设计范式的出现,设计活动需要新工具的支持。设计工具的开发应充分考虑设计师的知识背景和思维方式,同时考虑真实设计环境中设计师与工程师的协同合作,构建一套融合机器思维和设计思维的表达体系,帮助设计团队探索新的设计模式。

三是扩展设计空间。随着人本智能的发展,人类空间、物理空间、信息空间形成的三元空间,将扩展为人类空间、物理世界、智能机器世界、虚拟世界的四元空间,智能产品设计将得到更为广泛的应用,为人机交互、智能工程应用等提供新的设计方法。在人工智能技术的支持下,智能产品的交互形式将向更易于学习和使用的自然交互方向发展。相应的人机交互设计方法应考虑人工智能技术作为设计材料的特点,如数据依赖性,并结合典型设计流程探索人本智能背景下的新设计方法,以帮助设计师或设计团队更好地应对智能产品设计过程中的挑战。

随着人工智能技术的普及和智能产品设计研究的逐步完善,设计师将能够接触更加成熟的智能产品设计方法,使用更多兼具灵活性和易用性的设计工具进行智能产品设计。

1.5.2　智能产品的产业链

智能产品产业链分为 4 个主要环节,分别是基础感知环节、网络传输环节、系统平台环节及终端应用环节。

1. 基础感知环节

在过去的 10 年,全球半导体产业的增长主要依赖智能移动通信设备、智能控制设备和智能车载设备等的需求,以及物联网、云计算等技术应用的发展。受益于经济增长,移动通信的崛起以及部分全球最重要的半导体的发展,自 2013 年开始,我国半导体产业的规模不断扩大,产业增速持续加快。

我国半导体产业未来稳定增长的市场驱动力量主要来自现有终端产品向着高端环节的强化,人工智能和 5G 网络等新一代信息技术的融合创新,以及智能产品产业的迅速增长。

2. 网络传输环节

无线通信技术是智能产品进行高速率、大批量数据交互的网络传输的主要技术。随着 5G 时代的到来,无线通信的理论传输速率的峰值可以达到 10Gb/s,5G 通信技术将会把移动市场推到一个全新的高度,这将大大促进智能产品产业的迅速发展。

无线通信模块是实现信息交互的核心部件,是连接智能产品基础感知环节和网络传输环节的关键部件。从功能的角度来看,可以将无线通信模块分为基于蜂窝网络的无线通信模块和基于非蜂窝网络的无线通信模块。传统的蜂窝网络包括 5G 通信、NB-IoT;非蜂窝网络包括 Wi-Fi、Bluetooth、ZigBee 和 LoRa 等。

从传输速率的角度来看,智能产品所使用的无线通信模块业务可分为高速率、中速率及低速率业务。高速率业务主要是 4G、5G 及 Wi-Fi 技术,可应用于智能摄像头、智能车载导航等设备;中速率业务主要使用 Bluetooth 等技术,可应用于智能家居等频繁使用的设备;低速率业务及低功耗广域网主要使用窄带物联网(Narrow Band Internet of Things,NB-IoT)、LoRa 及 ZigBee 等,可以应用于资产追踪、远程抄表等使用频率较低的设备。

3. 系统平台环节

系统平台环节是智能产品进行数据分析、处理、响应和服务的基础,包括操作系统和云平台。操作系统可分为服务器操作系统、桌面操作系统和嵌入式操作系统,云平台主要是智能产品服务平台。

4. 终端应用环节

终端应用环节处于智能产品产业链的下游,是实现智能产品服务应用价值的环节。从功能属性的角度来看,可将智能产品分为智能移动通信设备、智能可穿戴设备、智能车载设备、智能健康医疗设备、智能家居设备、工业级智能产品、智能机器人和无人机等。

1.5.3 智能产品发展趋势

智能产品广泛应用于消费电子、智能家居、智能交通、智能工业、智能医疗等领域。消费电子领域的智能产品以为消费者提供服务为主,普及程度较高;智能家居、智能交通等领域的智能产品可以为消费者和企业提供服务;智能工业和智能医疗等领域的智能产品则主要面向企业。

在新一代信息技术革命、数字经济发展和产业变革的影响下,云计算、边缘计算、人工智能、物联网和大数据等新兴技术和各个产业相结合,为智能产品产业向着智能化发展和全面释放数字化潜能带来了新的机遇,未来智能产品产业发展趋势主要表现为以下 4 个方面。

1. 从产品服务向信息服务发展

利用新一代信息技术促使智能产品产业的高质量发展并非一蹴而就的事情,大多数企业通常会围绕"产品即服务"的商业模式,以产品本身为导向,以功能、质量、成本和技术为核心战略,通过预测性维护来实现产品的实时优化,从而巩固其市场地位。然而,仅仅依靠产品功能服务,为客户所带来的价值始终是有限的,也常常跟不上用户需求变化的节奏。

基于信息的服务发展思路为满足客户的多元化服务要求提供了新的空间。所谓信息服务,是指"数据即服务",为客户提供价值的本质不再聚焦于产品本身,而是产品所带来的数据价值和再生服务。智能产品通过各类低功耗的传感器获取数据,通过对数据的分析和处理,为客户提供多元化和协同化的服务。更为重要的是,企业可以借助于信息服务迅速了解客户需求的变化,及时改革服务模式,调整战略布局,实现市场价值的最大化。

2. 从协同感知向自主决策发展

智能芯片、图形处理器(Graphics Processing Unit,GPU)和低功耗传感器的技术创新以及感知能力的提高,使得智能产品可以获取到的数据量不断增大。为了满足智能服务对实时响应和预测性服务的需求,智能产品的服务应用应从协同感知、辅助智能向增强感知、自主决策发展。

在这种发展趋势中,智能产品对感知系统、传输系统和数据分析系统的速度及精度有着更高的要求:一方面需要采用深度机器学习方法;另一方面更需要向普适计算和融合一体化的计算发展,客户能够通过智能产品自主采集、分析和判断的结果,在任何时间、任何地点以任何方式做出决策和执行。

3. 从小数据向大数据发展

随着客户对智能产品的服务需求不断扩大,其场景不断增多,通过智能产品获取的数据也越来越多,以数据为中心的服务必然将从单品智能的小数据阶段向万物交融的大数据发展。在服务生态圈不断扩大的同时,跨行业平台将会整合更多来自合作伙伴的数据,对数据的广度、深度、速度和精度等方面的需求都会在数字产品的全生命周期中持续扩大。

4. 从分工合作向生态整合发展

从挖掘智能产品的数字化价值,发展到与尖端科学技术的深度融合,在释放"协同＋共享"服务价值的同时,各厂商之间的合作模式也将发生转变。这种转变将会从现有上下游供应链厂商之间的分工合作阶段转变为未来万物智能服务间的"共建＋共赢＋共享"式的生态整合阶段。在此阶段,各个智能产品的合作者将解除现有的供求关系,合作模式将围绕不同应用场景、不同服务达成数据共建、服务共营和价值共享的共赢局面。

1.6　智能产品发展的重点任务

《智能硬件产业创新发展专项行动(2016—2018 年)》明确提出了智能产品发展的重点任务。

1.6.1　提升高端智能产品的有效供给

面向价值链高端环节,提高智能产品质量和品牌附加值,加强产品功能性、易用性、增值性的设计能力,发展多元化、个性化、定制化的供给模式,强化应用服务及商业模式的创新,提升高端智能可穿戴设备、智能车载设备、智能健康医疗设备、智能机器人及工业级智能产品的供给能力。

1. 智能可穿戴设备

支持企业面向消费者在运动、娱乐、社交等方面的需求,加快智能腕表、运动手环、智能服饰等智能可穿戴设备的研发和产业化,提升智能产品的功能、性能及设计水平,推动智能产品向工艺精良、功能丰富、数据准确、性能可靠、操作便利、节能环保的方向发展,加强跨平台应用开发及配套的支撑,加强不同智能产品间的数据交换和交互控制,提升大数据采集、分析、处理和服务的能力。

2．智能车载设备

支持企业加强跨界合作,面向司乘人员的交通出行需求,发展智能车载雷达、智能后视镜、智能记录仪、智能车载导航等设备,提升智能产品的安全性、便捷性、实用性,推进操作系统、北斗导航、宽带移动通信、大数据等新一代信息技术在智能车载设备中的集成应用,丰富行车服务、车辆健康管理、紧急救助等车辆联网信息服务。

3．智能健康医疗设备

面向人们对健康监护、远程诊疗、居家养老等方面需求,发展智能家庭诊疗设备、智能健康监护设备、智能分析诊断设备的开发及应用,鼓励智能产品的生产企业与医疗机构对接,着力提升智能产品的性能及数据的可信度,加强不同智能产品及系统间接口、协议和数据的互联互通,推动智能产品与数字化医疗器械及相关医疗健康服务平台的数据集成。

4．智能机器人

面向家庭、教育、商业、公共服务等应用场景,推进多模态人机交互、环境理解、自主导航、智能决策等技术的开发,发展开放式智能机器人软硬件平台及解决方案,完善智能机器人编程和图形用户接口的控制、安全、设计平台等标准,提升智能机器人的智能化水平,拓展应用市场。

5．工业级智能产品

面向工业生产的需要,发展高可靠智能工业传感器、智能工业网关、智能 PLC、工业级可穿戴设备和无人系统等智能产品及服务,支持新型工业通信、工业安全防护、远程维护、工业云计算与服务等技术架构和设备的产业化,提升工业级智能化系统的开发、优化、综合仿真和测试验证能力。

1.6.2 加强智能产品核心关键技术的创新

瞄准智能产品产业发展的制高点,组织实施一批重点产业化创新工程,支持关键软硬件IP 核的开发和协同研发平台的建设,掌握具有全局影响力、带动性强的智能产品共性技术,加强国际产业交流合作,鼓励国内外企业开源或开放芯片、软件技术及解决方案等资源,构建开放生态,推动各类创新要素资源的聚集、交流、开放和共享。

1．低功耗轻量级底层软硬件技术

发展适合智能产品的低功耗芯片及轻量级操作系统,提出软硬一体化解决方案并提供应用开发工具,支持骨干企业围绕底层软硬件系统集聚资源、建设标准。

2．VR 和 AR 技术

发展面向 VR 产品的新型人机交互、新型显示器件、GPU、超高速数字接口和多轴低功耗传感器,支持面向 AR 的动态环境建模、实时 3D 图像生成、立体显示及传感的技术创新,打造 VR 和 AR 应用的系统平台与开发工具研发环境。

3．高性能智能感知技术

发展高精度高可靠的生物体征、环境监测等智能传感、识别技术与算法,支持毫米波与太赫兹、语音识别、机器视觉等新一代感知技术的突破,加速与云计算、大数据等新一代信息技术的集成创新。

4. 高精度运动与姿态控制技术

发展应用于智能无人系统的高性能多自由度运动姿态控制和伺服控制、视觉/力觉反馈与跟踪、高精度定位导航、自组网及集群控制等核心技术,提升智能人机协作水平。

5. 低功耗广域智能物联技术

发展大规模并发、高灵敏度、长电源寿命的低成本、广覆盖、低功耗智能产品宽/窄带物联技术及解决方案,支持相关协议栈及 IP 研发,加快低功耗广域网连接型芯片与微处理器的片上系统(System on Chip,SoC)开发与应用,发挥龙头企业对产业链的市场、标准和技术扩散功能,打造开放、协同的智能物联创新链条。

6. 端云一体化协同技术

支持产业链上下游联动,建设安全可靠的端云一体智能产品服务开发框架和平台,发展从芯片到云平台的全链路安全能力,发展可信身份认证、智能语音与图像识别、移动支付等端云一体化应用。

1.6.3 推动重点领域智能化的提升

深入挖掘健康养老、教育、医疗、工业等领域的智能产品应用需求,加强重点领域智能化的提升,推动智能产品的集成应用和推广。

1. 健康养老领域

鼓励智能产品生产企业与健康养老机构对接,对健康数据进行整合管理,实现与健康养老服务平台相关数据的集成应用,发展运动与睡眠数据采集、体征数据实时监测、紧急救助、实时定位等智能产品应用服务,提升健康养老服务的质量和效率。

2. 教育领域

支持智能产品企业面向教育需求,在远程教育、智能教室、虚拟课堂、在线学习等领域应用智能产品,提升教育的智能化水平,结合智能产品形态发展,建设相匹配的优质教学资源库,对接线上线下教育资源,扩大优质教育资源覆盖面,促进教育公平。

3. 医疗领域

鼓励医疗机构加快信息化建设的进程,推动智能医疗健康设备在诊断、治疗、护理、康复等环节的应用,加强医疗数据云平台的建设,推广远程诊断、远程手术、远程治疗等模式,支持医疗资源和服务的数字化、定制化、远程化发展,促进社区、家政、医疗护理机构、养老机构协同信息服务,提高医疗保障的服务水平。

4. 工业领域

鼓励工业企业与智能产品生产企业的协同联动,开展工业级智能产品系统的集成适配,加快重点领域智能化的改造进程,提高敏捷制造、柔性制造能力,发展基于智能产品的工业远程维护、工业大数据分析等新兴服务发展。

1.7　智能产品开发相关技术

下面介绍智能产品开发相关技术。

1.7.1　嵌入式系统

随着计算机软硬件技术的发展,计算机的应用形成了两大分支:通用计算机系统和嵌入式计算机系统(简称嵌入式系统)。嵌入式系统一词源于20世纪七八十年代,也被称为嵌入式计算机系统或隐藏式计算机系统。随着半导体技术及微电子技术的进步,嵌入式系统得以快速地发展,其性能不断提高,以至于出现一种观点,即嵌入式系统是基于32位微处理器设计的,往往带有操作系统,是瞄准高端领域和应用的。随着嵌入式系统应用的普及,这种高端应用系统和传统广泛应用的单片机系统之间有着本质的联系,使嵌入式系统与单片机联系在了一起。

1. 嵌入式系统的定义和特点

关于嵌入式系统的定义有很多,较通俗的定义是指嵌入对象体系中的专用计算机系统。

我国对嵌入式系统的定义为:嵌入式系统是以应用为中心,以计算机技术为基础,并且软/硬件可裁剪,适用于应用系统对功能、可靠性、成本、体积、功耗有严格要求的专用计算机系统。

嵌入式系统是先进的计算机技术、半导体技术和电子技术与各种行业的具体应用相结合的产物,这决定了它是技术密集、资金密集、知识高度分散、不断创新的集成系统。同时,嵌入式系统又是针对特定的应用需求而设计的专用计算机系统,这决定了它必然有自己的特点。

(1) 软/硬件资源有限。过去只在个人计算机(Personal Computer,PC)中出现的电路板和软件现在也被安装到复杂的嵌入式系统之中,这一说法现在只能算"部分"正确。

(2) 功能单一、集成度高、可靠性高、功耗低。

(3) 一般具有较长的生命周期。嵌入式系统通常与所嵌入的宿主系统(专用设备)具有相同的使用寿命。

(4) 软件程序存储(固化)在存储芯片上,开发者通常无法改变,常被称为固件(Fireware)。

(5) 嵌入式系统本身无自主开发能力,进行二次开发需专用设备和开发环境(交叉编译)。

(6) 嵌入式系统是计算机技术、半导体技术、电子技术和各行业的具体应用相结合的产物。

(7) 嵌入式系统并不总是独立的设备,很多嵌入式系统并不是以独立形式存在的,而是作为某个更大型计算机系统的辅助系统。

(8) 嵌入式系统通常与真实物理环境相连,并且是激励系统。激励系统可看成一直处在某一状态,等待着输入信号,对于每一个输入信号,它们完成一些计算并产生输出及新的状态。

(9) 大部分嵌入式系统同时包含数字部分与模拟部分的混合系统。

另外,随着嵌入式微处理器性能的不断提高,高端嵌入式系统的应用方面出现了新的特点。

(10) 与通用计算机系统的界限越来越模糊。随着嵌入式微处理器性能的不断提高,一些嵌入式系统的功能变得多而全。例如,智能手机、平板电脑和笔记本电脑在形式上越来越接近。

(11) 网络功能已成为必然需求。早期的嵌入式系统一般以单机的形式存在,随着网络的发展,尤其是物联网、边缘计算等技术的出现,现在的嵌入式系统的网络功能已经不再是特别的需求,几乎成为一种必备的功能。

2. 嵌入式系统的组成

嵌入式系统一般由硬件系统和软件系统两大部分组成。其中,硬件系统包括嵌入式微处理器、外设和必要的外围电路;软件系统包括嵌入式操作系统和应用软件。常见嵌入式系统的组成如图 1-17 所示。

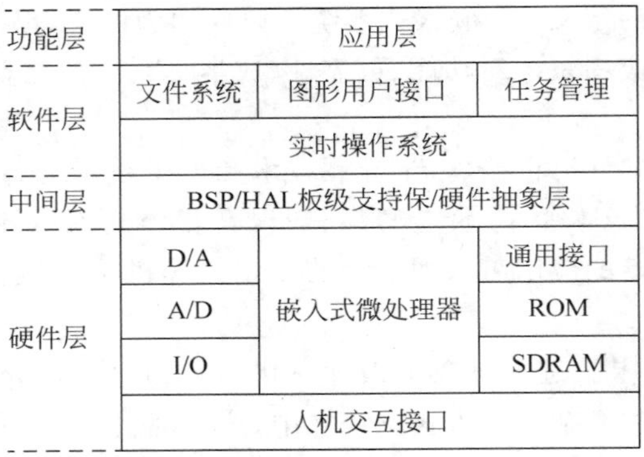

功能层	应用层		
软件层	文件系统	图形用户接口	任务管理
	实时操作系统		
中间层	BSP/HAL板级支持保/硬件抽象层		
硬件层	D/A	嵌入式微处理器	通用接口
	A/D		ROM
	I/O		SDRAM
	人机交互接口		

图 1-17 常见嵌入式系统的组成

1) 硬件系统

硬件系统主要包括如下几部分。

① 嵌入式微处理器。嵌入式微处理器是嵌入式系统硬件系统的核心,早期嵌入式系统的嵌入式微处理器由(甚至包含几个芯片的)微处理器来担任,而如今的嵌入式微处理器一般采用集成电路(Integrated Circuit,IC)芯片形式,可以是专用集成电路(Application Specific IC,ASIC)或者 SoC 中的一个核,核是超大规模集成电路(Very Large Scale Integrated Circuit,VLSI)上功能电路的一部分。嵌入式微处理器芯片有如下几种。

微处理器(Microprocessor,MPU):世界上第一个微处理器芯片就是为嵌入式服务的。可以说,微处理器的出现,使嵌入式系统的设计发生了巨大的变化。微处理器既可以是单芯片微处理器,还可以有其他附加的单元(如高速缓存、浮点处理算术单元等)以提高指令处理速度。

微控制器（Microcontroller，MCU）：微控制器是集成有外设的微处理器，是具有微处理器、存储器和其他一些硬件单元的集成芯片。由于单个微控制器芯片就可以组成一个完整意义上的计算机系统，常被称为单片微型计算机，即单片机。最早的单片机芯片是 8031 微控制器，它和后来出现的 8051 单片机是传统单片机系统的主流。在高端的 MCU 系统中，ARM 芯片占很大的比重。MCU 可以作为独立的嵌入式设备，也可以作为嵌入式系统的一部分，是现代嵌入式系统的主流，尤其适用于具有片上程序存储器和设备的实时控制。

数字信号处理器（Digital Signal Processor，DSP）：可以简单地看成高速执行加减乘除算术运算的微芯片，因具有乘法累加器单元，特别适合进行数字信号处理运算（如数字滤波、谱分析等）。DSP 是在硬件中进行算术运算的，而不像通用微处理器那样在软件中实现，因而其信号处理速度比通用微处理器快 2～3 倍，甚至更多，主要用于嵌入式音频、视频及通信应用。

SoC：近来，嵌入式系统正在被设计到单个硅片上，称为片上系统。片上系统是一种 VLSI 芯片上的电子系统，在学术上被定义为将微处理器、知识产权（Intellectual Property，IP）核、存储器（或片外存储控制器接口）集成在单一芯片上，通常是客户定制的或者面向特定用途的标准产品。

多微处理器和多核微处理器：有些嵌入式应用，如实时视频或多媒体应用等，即使 DSP 也无法满足同时快速执行多项不同任务的要求，这时就需要两个甚至多个协调同步运行的微处理器。另外一种提高嵌入式系统性能的方式是提高微处理器的主频，而主频的提高是有限的，而且过高的主频将导致功耗的上升，因此采用多个相对低频的微处理器配合工作是提升微处理器性能，同时降低功耗的有效方式。当系统中的多个微处理器均以 IP 核的形式存在同一个芯片中时，就成为多核微处理器。目前，多核微处理器已成功应用到多个领域，随着应用需求的不断提高，多核架构技术在未来一段时间内仍然是嵌入式系统的重要技术。多微处理器与多核系统布局如图 1-18 所示。

图 1-18　多微处理器与多核系统布局

② 外设。外设通常包括存储器、I/O 端口及定时器等辅助设备。随着芯片集成度的提高，一些外设被集成到微处理器芯片上，称为片内外设；反之则称为片外外设。尽管 MCU 已经包含了大量的外设，但对于需要更多 I/O 端口和更大存储能力的大型系统来说，还必须连接额外的 I/O 端口和存储器。

2) 软件系统

从复杂程度上看,嵌入式软件系统可以分成有操作系统和无操作系统两大类。对于高端嵌入式应用,多任务成为基本需求,操作系统作为协调各任务的关键是必不可少的。此外,嵌入式软件中除了要使用 C 语言等高级语言外,往往还会用到 C++、Java 等面向对象类的编程语言。

嵌入式软件系统由应用程序、API、嵌入式操作系统及板级支持包(Board Support Package,BSP)组成,必须能解决一些在台式计算机或大型计算机软件中不存在的问题;因经常要同时完成若干任务,所以必须能及时响应外部事件,能在无人干预的条件下响应所有异常的情况。

1.7.2　无线通信技术

常用的物联网无线通信技术可分为短距离无线通信技术和长距离无线通信技术,其中常见的短距离无线通信技术包括 ZigBee、低功耗蓝牙(Bluetooth Low Energy,BLE)和 Wi-Fi 无线通信技术,常见的长距离无线通信技术包括 LoRa、NB-IoT 和长期演进(Long Term Evolution,LTE)。

短距离无线通信的主要特点是通信距离短,覆盖范围一般在几十米到上百米,发射器的发射功率较低,一般小于 100mW。短距离无线通信技术的 3 个基本特征是低成本、低功耗和对等通信,这也是短距离无线通信技术的优势。

1. ZigBee

ZigBee 是 IEEE 802.15.4 协议的代名词,是根据这个协议规定的一种短距离、低功耗的无线通信技术,使用该技术的设备节点能耗特别低,自组网无须人工干预,成本低廉,复杂度低且网络容量大。

ZigBee 技术本身是针对低数据量、低成本、低功耗、高可靠性的无线数据通信的需求而产生的,在国防安全、工业应用、交通物流、节能、生产现代化和智能家居有着广泛应用。

2. BLE

蓝牙是一种短距离无线通信技术,与经典蓝牙技术相比,BLE 技术在继承经典蓝牙技术的基础之上,对经典蓝牙协议栈做了简化,将蓝牙数据传输速率和功耗作为主要技术指标,采用两种实现方式,即单模形式和双模形式。双模形式的蓝牙芯片是将 BLE 协议标准集成到经典蓝牙控制器中,实现了两种协议共用;而单模蓝牙芯片采用独立的蓝牙协议栈,它是对经典蓝牙协议栈的简化,进而降低了功耗,提高了传输速率。

3. Wi-Fi

Wi-Fi 是无线以太网 IEEE 802.11 标准的别名,它是一种本地无线局域网络网络技术,可以使电子设备连接到网络,其工作频率主要在 2.4GHz 和 5GHz,许多终端设备(如笔记本电脑、视频游戏机、智能手机、数码相机、平板电脑等)配有 Wi-Fi 模块。Wi-Fi 技术可以为用户提供一种方便快捷的无线上网体验,可以使用户摆脱传统的有线上网的束缚。

4. LoRa

LoRa 是一种基于 Sub-GHz 技术的无线网络,其特点是传输距离远、易于建设和部署、功耗低和成本低,适用于大范围环境数据采集。

5. NB-IoT

NB-IoT 构建于蜂窝网络,可直接部署于全球移动通信系统(Global System for Mobile Communications,GSM)网络、通用移动通信系统(Universal Mobile Telecommunications System,UMTS)网络或 LTE 网络,NB-IoT 的特点是覆盖广泛、功耗极低,由运营商提供连接服务。

6. LTE

LTE 网络就是熟知的 4G 网络。LTE 采用频分双工(Frequency-Division Duplex,FDD)和时分双工(Time-Division Duplex,TDD)网络技术,LTE 网络的特点是传输速率高、容量大、覆盖范围广、移动性好、有一定的空间定位功能。

1.7.3 Android 应用技术

Android 是一种基于 Linux 的开放源代码的操作系统,主要使用于移动设备,如智能手机和平板电脑,由 Google 公司和开放手机联盟领导及开发。

Android 系统架构如图 1-19 所示。

图 1-19 Android 系统架构

Android 系统架构与其操作系统架构一样,都采用了分层架构。Android 系统架构共分 4 层,分别是应用程序层、应用框架层、系统库及运行时层和 Linux 内核层。

1) 应用程序层

该层提供核心应用程序包,如首页、联系人、电话和浏览器等,开发者可以设计和编写相应的应用程序。

2) 应用框架层

该层是 Android 应用开发的基础,包括事件管理器、窗口管理器、内容提供、查看系统、消息管理器、安装包管理器、电话管理器、资源管理器、位置管理器和 XMPP 服务应用程序。

3) 系统库及运行时层

系统库中的库文件主要包括图层管理、媒体库、SQLite、OpenGLES、自由类型、WebKit、SGL、SSL 和 libc;运行时包括核心库和 Dalvik 虚拟机。核心库不仅兼容大多数 Java 所需要的功能函数,还包括 Android 的核心库,如 android. os、android. net、android. media 等;Dalvik 虚拟机是一种基于寄存器的 Java 虚拟机,主要完成对生命周期、堆栈、线程、安全和异常的管理,以及垃圾回收等功能。

4) Linux 内核层

Linux 内核层提供各种硬件驱动,如显示驱动、摄像头驱动、蓝牙驱动、键盘驱动、闪存驱动、绑定驱动、USB 驱动、Wi-Fi 驱动、声音驱动、电源管理等。

1.7.4　HTML5 应用技术

HTML5 是 HTML 最新的修订版本,由万维网联盟(W3C)于 2014 年 10 月完成标准的制定。HTML5 是构建以及呈现互联网内容的一种语言方式,被看成互联网的核心技术之一。HTML 产生于 1990 年,HTML4 于 1997 年成为互联网标准,并广泛应用于互联网应用的开发。HTML5 是 W3C 与 WHATWG(Web Hypertext Application Technology Working Group)合作的结果。WHATWG 致力于 Web 表单和应用程序,而 W3C 专注于 XHTML2.0。在 2006 年,双方决定合作来创建一个新版本的 HTML。

HTML5 技术采用了 HTML4.01 的相关标准并进行了革新,更加符合现代网络发展要求,正式发布于 2008 年。HTML5 在互联网中得到了非常广泛的应用,提供了更多增强网络应用的标准机制。与传统的技术相比,HTML5 的语法特征更加明显,不仅结合了可伸缩向量图形(Scalable Vector Graphics,SVG)的内容(这些内容在网页中使用可以更加便捷地处理多媒体内容),还结合了其他元素,对原有的功能进行调整和修改。HTML5 具有以下优势。

(1) 跨平台性好,可以运行在采用 Windows、macOS、Linux 等操作系统的计算机和移动设备上。

(2) 对硬件的要求低。

(3) 使用 HTML5 生成的动画、视频效果比较绚丽。HTML5 增加了许多新特性,这些新特性支持本地离线存储,减少了对 Flash 等外部插件的依赖,取代了大部分脚本的标记,添加了一些特殊的元素(如 article、footer、header、nav 等)、表单控件(如 email、url、search 等)、视频媒体元素(如 video、audio 等),以及 canvas 绘画元素等相关内容。

(4)HTML5 添加了丰富的标签,其中的 AppCache 以及本地存储功能大大缩短了 App 的启动时间,HTML5 直接连接了内部数据和外部数据,有效解决了设备之间的兼容性问题。

此外,HTML5 具有动画、多媒体模块、三维特性等,可以替代部分 Flash 和 Silverlight 的功能,并且具有更高的处理效率。

1.7.5 人工智能技术

人工智能技术集合了计算机科学、逻辑学、生物学、心理学和哲学等学科,在语音识别、图像处理、自然语言处理、自动定理证明及智能机器人等应用领域取得了显著成果,在提升效率、降低成本、优化人力资源结构及创造新的工作岗位需求方面带来了革命性的改变。

1.人工智能技术的发展历程

人工智能技术自出现以来,其发展经历了两次低谷和 3 次浪潮,现在正处于人工智能技术发展的第三次浪潮,如图 1-20 所示。

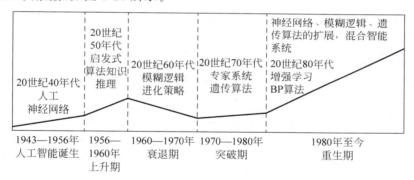

图 1-20 人工智能技术发展的两次低谷和 3 次浪潮

2.人工智能的核心技术

人工智能的核心技术包括计算机视觉、机器学习、自然语言处理和语音识别等技术。

1)计算机视觉技术

计算机视觉的最终目标是让计算机能够像人一样通过视觉来认识和了解世界,主要是通过算法对图像进行识别和分析。目前计算机视觉技术广泛应用于人脸识别和图像识别,该技术包含了图像分类、目标追踪和语义分割。

传统的图像分类方法主要包括特征提取和训练分类器两个步骤。自 2015 年之后,在图像分类中广泛使用了深度学习,深度学习的使用让图像分类过程得以简化,提升了图像分类的效果和效率。

目标跟踪主要有 3 类算法:相关滤波算法、检测与跟踪相结合的算法,以及基于深度学习的算法。基于深度学习的算法包括分类和回归两种算法。

语义分割是指理解分割后像素的含义,如识别图片中的人、摩托车、汽车及路灯等,它需要对密集的像素进行判别,卷积神经网络的应用推动了语义分割的发展。

2)机器学习技术

机器学习技术是计算机通过对数据的学习来提升自身性能的技术,按照学习方法,机器学习技术可分为监督学习、无监督学习、半监督学习和强化学习。监督学习是指通过标注好标签的数据来预测新数据的类型或值,根据预测结果的不同可分为分类和回归。监督学习的典型方法有支持向量机(Support Vector Machine,SVM)和线性判别,回归问题是指预测出一个连续值的输出,如可以通过对房价的分析,对输入的样本数据进行拟合,根据得到的连续曲线用来预测房价。无监督学习是指在数据没有标签的情况下进行数据挖掘,主要体现在聚类,即根据不同的特征对没有标签的数据进行分类。半监督学习可以理解为监督学习和无监督学习的综合,即在机器学习过程中使用有标签的数据和无标签的数据。强化学习是一种通过与环境的交互来获得奖励,根据奖励的高低来判断交互的好坏,从而对模型进行训练的方法。

3)自然语言处理技术

自然语言处理技术可以使计算机拥有认识和理解人类文本语言的能力,是计算机科学与人类语言学的交叉学科。人类的思维建立在语言之上,所以自然语言处理技术从某种程度来说也就代表了人工智能的最终目标。自然语言处理技术包括分类、匹配、翻译、结构预测,以及序列决策过程。

4)语音识别技术

语音识别是指将人类的语音转换为计算机可以理解的语言或者转换为自然语言的一种过程。语音识别系统的工作过程是:首先,通过话筒将人类的语音信号转换为数字信号,该数字信号作为语音识别系统的输入;然后,由语音识别系统根据特征参数对输入的数字信号进行特征提取,并对提取的特征与已有的数据库进行对比;最终,输出语音识别出的结果。

3. 人工智能技术的应用前景

随着人工智能技术的迅速发展,人工智能不断应用到实践中,有以下几种示例。

在计算机视觉领域中,融资过亿的国内企业就有十多家。眼擎科技(深圳)有限公司发布的 AI 视觉成像芯片提升了现有的视觉识别能力,即使在极其复杂的环境中依然可以拥有十分优秀的视觉识别能力。计算机视觉技术在安防领域的应用十分广泛,可通过视频内容自动识别车辆、人以及其他物体,为智慧安防提供了强有力的技术支持。

机器学习与自动驾驶、金融及零售等行业的紧密结合,不断地提升了这些行业的发展潜力。在自动驾驶领域应用机器学习技术,可以不断提升自动驾驶的路测能力,通过强化学习可以让汽车在环境中不断提升自己的能力,从实践的结果来看,目前训练出的模型在基本路测环境中可以保持稳定运行。在金融领域中,人工智能的市场规模已经变得越来越大,通过机器学习可以预测风险和股市的走向,应用机器学习的手段进行金融风险管控,可以整合多源的资料,实时向人们提供风险预警信息。

自然语言处理应用领域非常广阔,通过自然语言处理可以对文档进行自动分类,从而节省人力成本,并为企业的自动化运行提供技术支持。

语音识别技术的普及让即时翻译不再困难。例如,在微信中,通过语音识别技术可以将语音直接转换成相应的文本;在智慧家居系统中应用语音识别技术,可以通过解析人们的语音命令,让智慧家居系统进行相应的操作并对语音命令做出响应,提升人们的居住体验。

可以预见的是,人工智能带来的变革不仅体现在技术上,还会对人类的心理、人文及伦理等方面产生较大的影响。

智能产品是以互联网、半导体、智能控制等技术和传统产品相结合的产物,具有软硬件融合、可跨界应用等特征。本节介绍了智能产品的概念及其发展,并简要给出了一些常见的智能产品。智能产品的开发主要涉及嵌入式系统、无线通信技术、Android 应用技术、HTML5 应用技术和人工智能技术等。

1.8 智能家电产品现状

智能家电的发展目前正在由单件产品的智能化向多件产品的智能互联转变。经研究发现,智能家电产品目前发展现状如下。

1. 发展不完善

智能家电为了更好地实现其智能化,适应不同的场景需求,需要在硬件设备上不断地尝试、完善、研究,不能只是单纯地在原有传统家电的基础上添加感应器和控制器来实现家电产品的智能化功能。为了实现不同智能家电产品之间的互联互通,不同品牌之间需要解决不兼容的问题。目前市场上大多数智能家电产品具有自我品牌独有的 App,不同品牌产品之间没有实现互联互通,产品相互之间缺少联动性,全屋智能家居系统在短时间内难以形成。同时一些中小企业没有能力投入大量的资金来支持产品的技术研发,影响了智能家电产品的持续创新,智能产品的生产难以形成规模化,造成了智能家电产品的价格一直居高不下。因此,对于智能家电的价格定位问题是家电行业面临的巨大挑战。

2. 操作复杂

当前的智能家电在执行其使用功能前需要在手机或平板电脑上下载与之相匹配的产品的 App,与传统家电的操作方式截然不同,在手机或平板电脑 App 上的触控操作代替了传统遥控器的作用。传统家电产品通常是用户手动操作来执行其使用功能,操作程序简单、易用,即使老年人使用也非常方便。但是,使用手机操作智能家电的过程相较于传统家电产品的操作显得过于复杂,用户接受程度不高,主要体现在以下几点。

(1)App 主页面的菜单展示没有做到细致的分类,用户在长期使用过程中容易产生视觉疲劳。同时 App 的概念、架构、功能三者之间分类不清晰,存在混淆的情况。

(2)App 同质化现象严重,不同产品的 App 操作界面缺少自身独特的功能和品牌特色,部分信息缺乏可靠性与真实性。

(3)用户使用体验效果不佳,尤其是对于一些年龄较大的使用人群来说,操作方式不符合他们长期的使用习惯,复杂的操作程序让他们难以掌控,用户与产品之间缺乏有效的互动交流。

3. 安全无保障

通过研究发现,现有的智能家电需要对用户的信息进行采集、传输,信息输入以后使得智能家电的使用操作变得方便、快捷,但是智能家电是面向整个家庭的,通常人们都希望保护自己的隐私,一旦隐私泄露,那么将有可能造成不好的影响和后果。如果用户信息被非法使用,还有可能对用户的财产安全造成一定的影响,严重的话还会危害社会的正常治安。因此,智能家电行业需要在保障产品使用便捷的同时,在产品的安全性设计、信息维护等方面要不断地优化和完善,确保用户的信息不被泄露。同时,目前还没有相关部门制定出智能家电的统一行业标准,国内很多中小企业研发的产品与产品之间兼容性不好,消费者购买的智能家电产品可能存在一定的质量问题,这会导致消费者对智能家电的信任度不高。

4. 产品同质化

当前市场上充斥着大量同质化严重的智能家电产品,从外观设计到使用功能都大同小异,同类型或不同类型的智能家电产品都存在一定程度的同质化现象。企业并没有站在用户立场上真正解决用户需求,只是为了抢占市场盲目跟风生产,这就导致了当前阶段各行各业同质化都非常严重。智能家电企业要想取得比较理想的市场占有率,就必须抢在别人前面发布新品,抢占市场,这样就会引领行业,作为行业的先驱者,成为别人羡慕的被模仿者,而不是成为模仿者。当前对于追求创新理念的智能产品硬件领域,产品的同质化现象十分严重。面对同质化严重的行业现状,产品要想赢得消费者的青睐,在激烈的市场竞争中站稳脚跟,企业必须要有自己的核心产品。产品技术人员没有做深入、全面的市场调研,开发的产品即使技术上具有先进性,但实用性差、操作复杂、与市场需求脱节的话,仍然不具备市场占有率。与此同时,企业还需要不断地研发与创新,创造出吸引消费者目光,并且能真正解决用户使用需求的产品。

1.9　智能家电产品未来发展方向

1. 操作方式更简单

为了解决智能家电产品操作复杂,提高用户的使用体验感,最大限度地优化智能家电使用便捷性这些问题,智能语音交互操作将成为未来智能家电产品操作模式发展的主要方向。通过语音操作,产品可以改变原来复杂的 App 操作带来的困扰,方法简单、快捷,出错率低,在很大程度上提高了用户的操作体验。用户通过手机、平板电脑等产品可以实现远程控制家用电器、灯光照明、安防设备等智能产品。除此之外,随着自动化控制技术的发展与运用,智能家电产品也将实现功能的自我控制,它能根据自身使用的环境和条件发出模拟人类需求的功能指令,通过这种自动化控制,减少了人工操作和进行优化决策的过程,给人们的生活带来了更多的便利。因此,简化智能家电产品的操作方式是一个急需解决的问题。

2. 信息安全更有保障

在保障用户使用产品简单、便捷的基础上,为了更好地保护用户的个人信息安全,智能家电行业需要在产品的安全技术上进行更加深入和完善的研究。在未来的发展中,智能家电产品在使用过程中可以对个人信息设置多重保护屏障,严格管理用户信息,坚决杜绝用户信息泄露问题的发生。同时,政府管理部门需要做到严格审查,加强智能家电行业的生产监管力度,确保销售产品的各方面性能都能达到行业标准。新事物是在一切旧事物的基础上所做的改进,进而变得更加符合人们的审美标准和使用需求,智能家电产品也是从传统家电的基础上发展而来,因此它的安全性也需要更加有保障。信息化社会的今天,在市场经济的引领下,能最大限度地满足用户需求的产品会一直引领市场的走向,不符合市场发展规律的产品终将被淘汰,因此智能家电产品的使用安全性也必须得到进一步加强。

3. 产品的创新性更强

通过研究发现,在智能家电行业内缺乏核心技术和独具特色的产品、大量跟风模仿型的产品在市场中很难立足。各大家电厂商需要清醒地认识到只有创新才是企业成功的唯一出路,创新性和精细化产品才是市场主流。面对市场多样化竞争,智能家电行业只有拥有了创新这个核心竞争力,才能在激烈的市场竞争中赢得消费者的青睐,不断地实现可持续发展。在智能家电产品创新设计活动中,需要充分了解用户需求。用户需求往往与情感化设计和人性化设计息息相关,了解和分析用户需求,在一定意义上就是探究人的心理活动的过程。用户需求最核心的部分就是人在使用产品时的内心感受,消费者在体验产品时,对产品的体验感受是定义产品质量的重要因素。产品创新设计成功的重要前提就是从用户的需求出发。在创新一件产品时,设计师需要设身处地了解用户的内心期望,充分了解现有此类产品的基本概况,从用户的角度出发,根据用户的不同需求分析产品的设计要素,从而创造出创新型产品。全面、清楚地了解用户需求是一个艰难且漫长的过程。在创新设计产品之前对用户进行访谈,用户往往会清楚地表达产品在使用时的优点、缺点和希望改进的地方等,而对自己真正需要什么样的产品却表述不清。所以,设计师在进行产品创新设计时要以用户为中心,积极主动地了解并挖掘用户的各种隐性需求,真正设计出满足用户需求且具有创新性的产品。

1.10 研究智能家电产品的目的和意义

智能家电发展过程中产生的新内容、新形式,以及相应出现的新问题、新需求,都需要设计师去积极应对。家电智能化的目的就是最大限度地满足用户的需求,为用户提供更好的服务。

用户的全部体验感受,除了使用产品期间的即时感受,还包括用户使用产品前对产品的认知和预期,以及使用后对产品的体验反馈。在当今信息化的时代背景下,新材料、新技术都得到了快速的发展和应用,用户的需求也越来越多元化、复杂化和个性化。产品除了满足用户在使用功能、造型美观性上的需求之外,还需要重视用户在使用产品过程中多层次的体验感受。在一定程度上提升智能家电的可用性、易用性,以及用户在感官、情感和价值上的满足感,可以优化智能家电产品的用户体验。在使用产品的过程中,用户的体验好坏是直接关系到智能家电能否真正走入家庭、融入用户生活的重要一环。

如今智能手机已经成为人们生活中不可缺少的一部分,智能手机等通信设备的普及为智能家电的推广与使用做足了准备,它们成为各种智能家电产品的控制终端。随着我国电子信息技术的快速发展,智能家电的市场前景被广泛看好,智能家电和智能住宅的内涵将不断发生新的变化。智能化将成为未来家电发展的主要趋势,"人机对话、智能控制、自动执行"是未来智能家电的主要特点。智能家电的普及将全面改写家电市场现状和行业格局,智能家电的互联互通是未来家电智能化的必然趋势,将会给用户的日常生活带来极大的改变。

人类科技快速发展的主要目的是让人类可以更高效、更便捷地享受更舒适的生活环境。智能家电也不例外,智能家电将会成为智慧家居生活一个不可或缺的部分。运用智能芯片的家电,受用户智能终端控制,完成用户给定指令,帮助用户从繁重的家务劳动中解放出来。智能家电受绝大多数用户的青睐,它可以给人类的生活品质带来质的飞跃。随着我国科技应用的大众化,智能家电的规模化普及将逐步拓展,在未来十年内,城市生活将会迎来家电的智能化。智能家电的普及在满足人类舒适性要求的同时,也满足了人类的安全性要求。智能家电不仅可以 24h 不间断地检测居住环境是否安全,而且可以在危险发生的第一秒就采取有效的处理措施,最大限度地降低危险带来的影响,这是人工无法做到的。

工业产品设计师需要做到以用户需求为中心的设计,在对家电产品进行创新设计时除了在外观上进行突破之外,也需要从功能上对智能化技术进行研究与运用。设计师既不是程序开发员,也不是技术研究员,但设计师需要去了解这些技术,研究如何把当代先进的技术运用到产品设计中,以实现产品的智能化,让智能产品更贴近人的生活,让用户使用得更舒适、更便捷。当然在设计智能化产品时也千万不要因为智能化而把产品变得更"复杂"。目前市场上出现的各类智能家电产品存在着不同的缺陷,对一些特殊人群的关注较少,没有真正地对用户人群做全面、细致的分类,导致大部分产品对部分特殊人群并不友好,如智残人员、老年人等。在智能家电产品设计的过程中如果能考虑到这些特殊人群的特殊需求,真正做到无障碍化设计,这将是一个很好的人性化设计。

当前智能家电与人们的生活息息相关,智能家电的未来发展关系到人们的生活质量。研究智能家电的目的和意义最终都是为了从用户需求的角度出发,将智能家电产品设计得更加人性化、更加高效,让人们使用产品的过程变得更加方便、快捷,将人们从繁忙、琐碎的家务劳动中解放出来,让人们有更多的时间去做自己想做的事,让人们的生活质量更高、幸福感更强,让社会更好地发展。

习题

1. 智能产品的含义是什么?
2. 智能产品的智能特征包括哪些?
3. 什么是电子产品?
4. 智能产品发展趋势是什么?

第2章 智能产品交互设计

本章讲述智能产品交互设计,包括智能产品交互设计概述、智能产品交互设计的层次模型、智能产品交互设计的研究内容和结构体系、智能产品交互设计的关键技术、智能产品交互设计的研究热点和智能产品的设计原则和设计流程。

2.1 智能产品交互设计概述

人工智能与以5G为代表的通信技术蓬勃发展,不仅改变了人们的日常生活,还将迅速改变众多业态。工业4.0、信息物理系统(Cyber-Physical Systems,CPS)、物联网等就是这次产业革命带来的变化,这些变化将会导致真实物理世界和永久增长的数字世界的融合发展。

在这样的变革中,智能技术改变了产品。智能技术融入产品设计,使得智能产品充分体现出科技感、艺术性和人性化,显现了智慧特征。智能产品设计将发挥人类智能和机器智能的优势,在兼具人类感知、学习和推理等能力的同时,还继承了机器计算和记忆的能力,使得智能产品可以更好地为人服务。智能产品的重要性随着智能制造(Smart Manufacturing)和工业4.0的发展而愈发显现,智能产品也成为社会信息物理系统(Cyber-Physical-Social Systems,CPSS)中重要的一环。在物联网和大数据时代,越来越多的用户借助智能设备连接到虚拟社交网络。智能产品能够感知外部环境,根据交互所得数据实时分析、处理并做出决策,为人们提供高效便捷的服务。

2.1.1 智能产品的分类

与传统产品相比,智能产品的特点在于其可以与大数据、群体智能计算、智能感知等技术相结合,形成涵盖硬件、软件以及服务的产品系统。对于消费者而言,他们期望得到智能产品提供的特定信息或服务。基于这些因素,学者们尝试用不同方法来定义智能产品。

根据 MCFARLANE 和 VENTÄ 的定义,MEYER 等提出了智能产品的分类模型。该模型由3个维度组成:智能水平、智能来源和智能集成度。这种基于3个正交维度的模型给出了更全面的智能产品分类。智能水平描述了智能产品自我控制的能力,是否能够自主做出决策;智能来源则关注智能产品本身与其决策大脑的相对关系,区别在于决策制定由智能产品自身完成还是主机通过网络传输给智能产品;智能集成度则描述了单个智能体和智能集合的区别,智能集合是有多个智能产品的集合,在保证集合智能的同时,任意减少集合内的元素并不会影响整体的智能。该模型是一个较为全面的分类,涵盖了从智能产品本身到生命周期的各个方面,具有一定的通用性。在这个广泛接受的模型上,WUEST 等认为智能水平这个维度可以进一步细化,能够主动和自主地理解环境以及人类的行为,根据算法对其进行处理的智能产品应该优于那些只具备一定决策能力的智能产品,这类智能产品能主动与外界沟通,做出一定的社交性行为。

2.1.2 智能产品的交互设计

2021 年 10 月,美国脸书公司(Facebook)宣布改名为 Meta,其时任首席执行官马克·扎克伯格表示,元宇宙是下一个前沿领域。元宇宙概念由美国作家尼尔·斯蒂芬森于 1992 年首次提出:"通过耳机和眼镜,链接上终端,就能以虚拟分身的方式进入与真实世界平行的、由计算机模拟的虚拟世界"。在今天,科幻著作中的元宇宙似乎不再遥不可及,智能设备越来越频繁地出现在人们的生活中,人和机器之间发生信息传递必定依托各种交互行为,这就是人机交互[(Human Computer Interaction,HCI)或(Human Machine Interaction,HMI)]。对于不同形态的智能产品而言,其本质都是对信息的获取、处理和反馈,如图 2-1 所示。

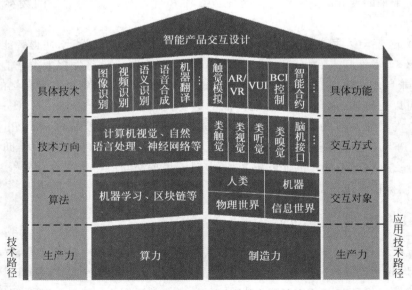

图 2-1 智能产品交互设计中技术与设计的关系

智能产品在完成与人的交互过程中,通过对各个维度的信息进行计算,来处理和理解人的行为;但与人的大脑处理信息有所不同,在智能产品系统内部,信息以不同的形式存在,如文本、数据、音频、影像等；这些信息有着对应的智能模型或算法,如数据挖掘、图像处理、语音识别等。智能产品具备一定感知和计算能力,不仅能够在物理层面实现与人的交互活动,还能在情感层面实现与人的交流与互动,同时还应具备与物理环境、信息世界、其他智能产品交互的能力。

2.2　智能产品交互设计的层次模型

技术要素是智能概念转化成智能产品的关键,即智能产品如何实现功能,其中包含形态、交互通道和交互方式等;信息交互是智能产品与外界之间沟通的桥梁,不仅包括用户和产品之间的人机交互,还包括智能产品与周围环境、智能产品之间以及智能产品与信息世界之间的信息交互;智能产品交互设计的最终目的是提升用户使用体验,其中包括效率提升和情感满足等。由此,智能产品交互设计可以用由本体层、行为层和价值层构成的层次模型进行描述。其中,本体层关注于支撑智能产品的设计数据元,包括技术类型、技术实现和交互逻辑等,这会直接影响用户对智能产品的第一感受;行为层偏重于用户和智能产品的交互过程,如用户对智能产品可用性的感受,以及在产品使用过程中的可见性、一致性、灵活性和使用效率等;价值层则更侧重于用户对智能产品的整体性评价,包括情感价值、社会价值以及共创价值。智能产品交互设计的 3 个层次关系以及层次模型如图 2-2 所示。

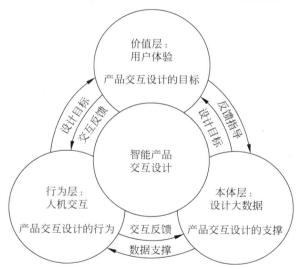

图 2-2　智能产品交互设计的 3 个层次关系以及层次模型

2.2.1　本体层

设计大数据,技术要素。在智能产品创意设计中,本体层的设计注重的是支撑产品的设计大数据和技术要素,这会直接影响用户对智能产品的第一感受。其中,设计大数据由企业生命周期数据与产品设计研究数据组成,通过结构化、可读取、可运算的数据处理,形成"人本＋艺术＋文化＋商业＋技术"的五大构成设计大数据。基于设计学科其内在的运行逻辑,可以将智能产品交互设计大致分为基于需求驱动的设计以及基于知识驱动的设计,分别对应着企业生命周期数据与产品设计研究数据。需求驱动方面,主要有发明问题解决理论(TRIZ)与公理化设计理论,石元伍等使用公理化设计理论,映射用户域与功能域,并使用TRIZ分析问题矛盾,对病区巡护机器人进行设计。知识驱动方面,主要有模块化设计方法与产品族设计方法,上述研究成果为智能产品创意设计的本体层建模提供了技术支持。

2.2.2　行为层

人机交互,智能交互。人机界面就是关于人和自动化系统之间是如何进行互动和交流的。它早已不再仅仅局限于工业中的传统机器,如今还涉及物联网(Internet of Things,IoT)中的数字系统或智能设备。智能产品不仅与人存在着信息交互,还同时与环境以及其他智能设备进行交互。因此智能产品的交互界面需要有针对性地进行设计,以降低人们的学习成本,提高人机交互的效率和满意度。同时,新的技术带来新的交互场景,衍生出新的人机交互方式,例如,在空间增强现实系统中,用户可以在物理空间与虚拟内容交互,具有良好的环境感知、空间感知与协同感知;在沉浸式可视化交互界面中,则需要充分运用人们的感知与操作能力,为数据分析推理与决策提供支持。

2.2.3　价值层

用户体验。相比于本体层与行为层,价值层的设计是智能产品交互设计的目标,具有更高层次的社会价值和情感价值。在保证智能产品的结构合理、功能实现的情况下,价值层设计更注重产品给用户带来美的和好的服务体验,以及所代表的文化内涵和带来的社会价值。价值层的设计要求能够结合科学技术的发展以及多学科理论的系统化应用,生成新颖的设计形式和模型以激发设计师的创造力和创新力,创造出更富有想象力的智能产品;将客观的工程要求整合到较为主观的概念设计中,创造出更严谨更符合客观要求的智能产品;如此,智能产品设计不仅可以方便人们生活,提高人们工作效率,同时可以达到或超出人们的心理预期,满足人们的心理需求,创造惊艳的感觉。

在上述智能产品交互设计的3个层次模型中,本体层为基础,行为层为支撑,价值层为目标,彼此支撑,相互耦合。

2.3　智能产品交互设计的研究内容和结构体系

在企业产品周期数据源与产品设计研究数据源的基础上,构建云共生场景数据源;通过结构化、可读取、可运算的数据处理,从而得到设计大数据。智能产品交互设计主要是在设计大数据的支撑下,对产品交互设计方案进行生成与衍化,通过产品交互设计标准与评价对产品的功能、结构、造型等因素不断优化的过程。智能产品交互设计的结构体系如图 2-3 所示,其中设计方案的生成与衍化、设计方案的评价部分的相关研究已经比较成熟,而设计大数据与智能产品交互设计标准生成方面,目前的相关研究较少,其中关于设计思维、技术融合、规范制定方面值得深入研究与探讨。

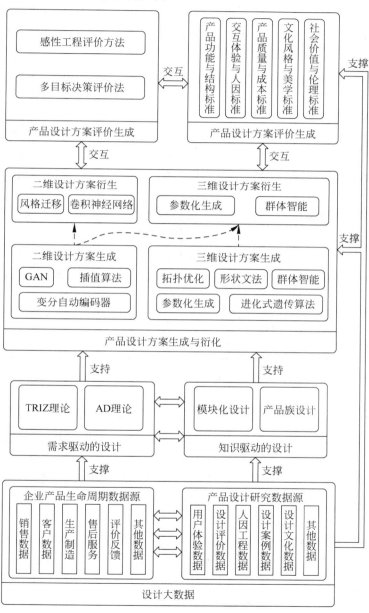

图 2-3　智能产品交互设计的结构体系

2.3.1　设计大数据驱动的智能产品交互设计

可穿戴智能产品、物联网以及 5G 等技术的发展导致数据量的指数式增长。数据正在成为工业经济向知识经济转变的重要特征,数据不仅仅是新型生产资料,其本身也是价值的体现。人工智能算法的进化和算力的提升深刻影响着产业的发展和人们的生活,而设计作为一种紧密关乎生产、消费、文化与用户体验的全面整合方法也需要随之改变。随机抽样产生的样本数据,再也不能满足大数据思维的智能产品设计,取而代之的是全方位、全链路的海量数据。这些数据的来源可以分为两类:企业产品生命周期数据源和产品设计研究数据源。一方面,企业在设计、生产、销售、售后产品期间都会产生数据,可以归类为销售数据、生产数据、客户数据、售后服务数据、评价反馈数据和其他数据等;另一方面,设计研究机构针对产品设计也会产生知识类数据,如用户体验数据、设计评价数据、人因工程数据、设计案例数据、设计文化数据和其他数据等。这两类数据源提供的数据需要经过结构化、可读取、可运算的同源异构数据处理(清理、集成、规约和变换)之后,形成了设计大数据。

在云端经济关系创新设计新时代,生产资料是设计大数据,生产工具是软件和平台,生产关系是云共生生态系统,生产力是人工智能算力和服务力。

同时,综合考虑设计学科其内在的运行逻辑,对应企业产品生命周期数据源和产品设计研究数据源,可以将智能产品交互设计大致分为基于需求驱动的设计以及基于知识驱动的设计。

2.3.2　需求驱动的设计

用户需求是智能产品设计的立足点之一,需求驱动的智能产品交互设计方法以 TRIZ 体系与公理化设计(Axiomatic design,AD)方法最具代表性。

1. TRIZ 理论

TRIZ 理论体系是由科学家阿奇舒勒和他的团队对世界范围内 250 万份高水平专利进行分析归纳,并综合多个学科领域的原理准则,总结出的一套发明相关问题的解决方法论体系,其中包括 76 个标准解、40 项发明原则、矛盾矩阵等分析方法与工具。智能产品设计是一个涉及多数据、多场景、用户个性化等多个维度因素的复杂问题,TRIZ 能够很好地解决这类创新发明问题。檀润华等对 TRIZ 理论做了较为深入的研究,进行了大量有关 TRIZ 理论的实际应用;基于 TRIZ 理论与数字孪生技术对复杂机电系统创新设计,使用失效预测工具、TRIZ 函数模型等理论方法构建概念数字孪生模型,解决复杂系统耦合等方面的问题。WU 等有针对性地将改善的 TRIZ 函数模型应用于数字孪生领域,总结了基于五维框架的数字孪生函数模型,尝试从数据上来还原环境、用户和数字孪生模型的相互作用。CHEREIFI 等将 TRIZ 理论的 40 项发明原理和矛盾矩阵工具应用在生态创新设计中,总结提炼在生态创新设计过程中,具有普适性的发明原理,并据此提出针对生态创新过程中新的方法工具。LIU 等通过基于 TRIZ 理论分析产品创新设计问题的解决机制,提出了一种多视角、多层次的知识组织模型,该模型将设计知识拆分出 TRIZ、功能、流程、反馈和领域 5 个属性,并从概念层、语义层、资源层 3 个层面来分析每个属性,从而建立多视角、多层次的知识组织的发明问题解决模型。WU 等使用 TRIZ 理论中趋势分析和最终理想解法(Ideal Final Result,IFR)等预测工具以及物质流分析(Substance Field Analysis,SFA)、矛盾分析和资源分析等解决工具,在设计参数规格中结合 AD 理论构建了产品创新设计矩阵,并使用模糊数学和灰色关联分析(Grey Relational Analysis,GRA)来构建评价体系,以解决产品创新设计过程中可能产生的复杂问题。

2. 公理化设计理论

公理化设计理论是由美国麻省理工学院的 SUH 提出的指导设计过程的基本公理及由此而生的设计方法。公理化设计将设计过程划分为 4 个域:用户域、功能域、物理域和过程域,通过对这 4 个域中设计知识的相互映射关系来实现对设计问题的求解。KUMAR 等将公理化设计的用户域与需求过程理论相结合,建立了公理化设计的用户域模型。AYDOGAN 等通过 Z 数(Z-number)将决策的可靠性参数化,并整合进公理化设计中,形成 Z-AD 理论,提高了决策者做决策的成功率。GUALTIERI 等基于人机协作工作空间功能域的需求,映射和分解过程得到设计参数,将安全问题作为功能域中的重要因素,构建了工业人机协作应用方面的安全系统模型,并印证了公理化设计适用于复杂情况下的多因素设计。PADALA 等将公理化设计和设计结构矩阵(Design Structure Matrix,DSM)相结合,预防和解决建筑项目概念设计阶段因功能和信息耦合而产生变数问题。FARID 等提出可重构制造系统的多代理系统参考体系模型,其将公理化设计理论和可重构测量设计原则相结合,构成了定量参数化设计方法,使得多智能体重构系统设计中的重构性和重构程度可以得到预测,并且指导可以形成更全面重构程度的后续迭代设计。王昊琪等提出一种基于模型的公理化设计方法,将系统行为引入公理化设计的行为域中,使复杂工程系统的设计过程能够有效地通过公理化设计的 4 个域之间映射来表示。

2.3.3 知识驱动的设计

在设计大数据中,产品设计研究数据源相对应的即是知识驱动的设计,设计研究机构通过对设计知识结构化整合,从而获得智能产品的概念设计方案。其中,模块化设计、产品族设计等方法最具代表性。

1. 模块化设计

功能结构是产品设计的基础,美国麻省理工学院的 SUH 指出产品的某一功能需求保证其独立性是最优设计的标准之一,因此产品的单一功能应当尽量保证其独立性,对产品功能结构独立性的研究成为产品模块化设计的理论研究基础。产品的模块化设计是指对特定范围以内,相同功能不同规格或者不同功能结构相似的产品进行功能层面上的分析,对其功能进行划分整理形成系列功能模块,针对不同的场景不同的产品,通过对于不同功能模块的选择、组合,形成有特定结构功能的产品。GAUSS 等将模块化设计的方法引入可重构制造系统(Reconfigurable Manufacturing System,RMS)中,实现了该系统中模块化的机械设计,并通过实例对该方法进行了验证。SALIBA 等提出一种协助设计师在复杂系统的早期设计阶段认知和标识潜在特征的模块化设计方法,达到促进优化系统细粒度和有效性的目的,该方法在 3 个不同的工业案例中得到验证。SONEGO 等对模块化设计在可持续设计中的应用做了梳理,发现模块化设计在每个生命周期阶段(生产、使用和处理)都有所收益;学术研究主要集中在生产阶段和设计产品处理方案,考虑到环境问题的同时,提供各种各样的方法和手段将产品模块化。张海燕等根据特定机床的功能结构和需求,通过模块化设计方法,应用功能—原理—行为—结构设计过程模型获得复杂系统内各个部件的映射关系矩阵,再对系统进行聚类分析,最终得到了模块化设计方案集,并对方案集进行清洗选择得到了最优解。

模块化设计是一种较为完善的设计方法,它可以将复杂产品或系统的结构或功能进行解构重组,在节约成本和社会资源的同时,还能提高设计效率,根据需求灵活变化以达到设计目的。

2. 产品族设计

产品族同样可以提供类似于模块化设计的创新元素,其指导思想是以产品的平台和品牌部署战略,根据细分市场不同客户群的需求,基于品牌或平台的相关系列设计语言,对产品进行设计,在保证满足用户的个性化需求的同时,还具有低成本、开发快等优势。对于复杂产品而言,许多功能模块有时可以通过不同的配置组合在某些特定的基础平台上,搭建出适合不同工作状态需求的新型产品。罗仕鉴等基于产品族 DNA 元素的产品风格认知度研究为产品进行信息建模,将生物界基因遗传与变异等理论引入产品外形设计,实现了产品族外形基因与风格意向之间的双向推理;引用产品族设计系统模型构建了产品族设计 DNA 结构模型,该模型进一步提高了开发设计效率,解决了设计中的产品族品牌识别问题;并运用遗传算法将进化计算技术与产品族外形设计 DNA 理论结合,实现了偏好驱动的产品族外形基因进化理论,通过大量的实例对产品族设计 DNA 结构模型进行了验证,为智能产品交互设计提供了新思路与新方法。肖人彬等针对目前存在产品族设计方法的不足提出了使用数据驱动的产品族设计框架,通过对需求数据来源进行关联分析产品族的设计需求,以市场细分、平台构建、产品族演化及组合创新 4 个环节来进行数据驱动模式,实现可视化人机交互功能。PAKSERESHT 等提出运用 Stackelberg 博弈理论将产品族和供应链共同重构,实现利润最大化、客户效用最大化和供应链成本最小化,并提出双层多目标粒子群优化算法(B-MOPSO),通过行业实例进行分析研究得以验证。CHENG 等针对产品族设计中各个模块之间的关系,提出了一种基于耦合关联路径和关联影响度的产品族耦合设计分析方法,讨论了平台模块之间、平台模块与定制模块之间以及定制模块之间的这 3 种耦合关系,根据耦合关联路径和关联影响程度的分析,确定模块的执行顺序,并提出相应的解耦策略,削弱产品族设计的耦合性。

2.3.4 智能产品交互设计方案生成与衍化

从用户需求和设计知识两个角度获得设计大数据作为支撑,可以让机器从辅助角色转变为设计内容的生成者。生成式设计系统通过算法产生设计,并为探索广阔的设计空间、培养创造力、结合客观和主观要求以及概念和详细设计阶段的革命性整合提供了潜力。自20世纪80年代始,计算机辅助设计(Computer-Aided Design,CAD)作为设计工具,使设计过程更便捷、更标准,但始终不能脱离人类的设计决策;而通过生成式设计系统中的算法,设计可以由机器自动完成,也可以与人类设计师通过人机协作交互完成。

相比于人类设计师而言,生成式设计有很多潜在优势:自动生成大量的不同设计选项,更全面穷举以追求更大的设计空间;生成新颖的设计形式和模型以激发设计师的创造力和创新力;将客观的工程要求整合到较为主观的概念设计中等等。

生成式设计在建筑领域应用较多,因此在智能产品设计领域需要做区分,MOUNTSTEPHENS 提出了生成式产品设计(Generative Product Design,GPD),从 GPD 的应用层面可以将其分为二维设计方案的生成与衍化以及三维设计方案的生成与衍化。

1. 二维设计方案的生成与衍化

二维方案生成有深度生成式对抗神经网络(Generative Adversarial Network,GAN)、变分自动编码器、插值算法等方法。GAN 是一个评估和学习生成模型的框架,内置两个模型以相互博弈的方式使随机噪声(潜在向量)的学习分布不断接近真实的样本分布,从而生成逼真的图像,目前也是机器学习领域的热门研究课题。GAN 包含一个生成模型用来生成样本,一个判别模型用来计算样本是真实的而非来自生成模型的概率。生成模型尽量生成真实的图片欺骗判别模型,判别模型则使用生成样本与真实样本提高判别准确率,最终结果是一个能够生成真实样本的生成式神经网络。

二维方案的衍化方法主要有机器学习领域的风格迁移与图像到图像的转换等方法。风格迁移能够保留一张图像的内容的同时继承另外一张图像的风格。在风格迁移的过程中做到审美感知是当前前沿的研究课题。HU 等通过神经网络架构,能够将图像的颜色与纹理进行解耦并进行精细化的控制,此神经网络由 4 个部分组成,包括图像色彩模式的转化、卷积神经网络提取图像的内容颜色与纹理等特征、对图像色彩分布的迁移以及对内容轮廓与线条的迁移。

2. 三维设计方案的生成与衍化

目前,三维方案生成有基于目标约束的参数化生成、拓扑优化、进化式遗传算法、形状文法与群体智能等方法。其中,与云端方案生成最相关的是基于目标约束的参数化生成。

基于目标的参数化生成,根据参数与参数间的依赖关系精确地描述实体模型,一个参数被调整后整个模型也以直观的方式更新。一个三维模型的参数表征需在模型的开发过程中被定义,然后集成在三维方案生成式设计的算法中,在空间中随机采样以生成的大量设计方案来帮助设计师探索设计空间,寻找最优的解决方案。这个过程还需根据用户所定义的单目标或多目标约束进行优化,以保证模型的几何限制、审美需求与可制造性。

许多计算机图形学领域的研究、算法与几何表征能够支持三维方案衍化的不同目标,如外观形态变化、结构强度调整与变形等。其中,与云端三维方案衍化最相关的是支持三维方案外观与形态变化的方法,这些方法允许终端用户以直观、友好的方式操纵三维模型,并实时产生满足设计目标的新的设计方案。

在三维方案衍化的过程中,最重要的步骤是提取原始三维模型低级别与高级别的特征向量,通过组合不同特征或变换特征以生成不同形态的三维模型。其中,低级别的特征向量包括:三维模型的比例、曲率直方图以及形状直径等;而高级别的特征为低级别特征的非线性转换,即高级别特征由概率模型对三维模型形态样式的估计与学习。经过训练的概率图模型,可以根据目标约束组合现有组件与特征自动生成合理可行的新形状;而概率图模型设计的关键思想是将三维模型形状各部件的几何属性、语义属性与结构可变性的潜在原因之间的概率关系联系起来,从而对一组三维模型的形态与结构进行表征。

2.3.5　智能产品交互设计标准生成

设计大数据体系的构建,驱动着智能标准系统逐步从辅助人们评价产品向代替人们评价产品进行转变,数字化的标准和规范应当指导智能产品的生成、衍化、制造、评价和管理的全过程。早在 21 世纪初,设计师 DEMIRBILEK 等对当时的几大设计奖项归纳总结了好的设计应该达到的标准。现有的传统标准体系不能完全满足基于设计大数据的智能产品设计体系,因此智能产品交互的设计标准是亟待解决的领域,传统的标准应用模式与数字化应用需求存在差距,在设计、开发、生产等方面,与数字环境不匹配。根据设计方案的生成与衍化过程,可以将智能产品的设计标准归纳为 5 个维度:产品功能与结构标准、交互体验与人因标准、产品质量与成本标准、文化风格与美学标准、社会价值与伦理标准。解构智能产品交互设计的五维标准,使得智能产品生成与衍化过程规范化和标准化,如图 2-4 所示。

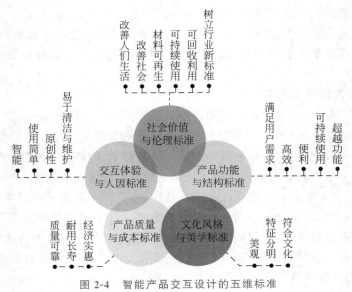

图 2-4　智能产品交互设计的五维标准

2.3.6 智能产品交互设计的评价方法

智能产品设计过程随着技术的发展不断更新衍化,传统产品的评价方法同样难以适用于新场景新产品。因此,以人工智能技术和设计大数据为支撑的评价方法的重要性得以显现。为避免人为评价的主观因素导致评价的偏差并提高评价的效率,学者们研究并提出针对智能时代产品设计的评价方法,其中,较为常用的有感性工学评价方法和多目标决策评价方法。

1. 感性工学评价方法

在对智能产品的评价过程中,用户体验是最为重要的因素之一。因此,在客观评价的过程中,加入用户的主观评价尤为重要。然而,用户对产品的意象感知是模糊的、不确定的,用户通常难以完整准确地表达自己的主观感受。针对这样的问题,学者们进行了较多的研究,一般方法是通过模糊语言模型解构自然语言,从而提取关键数据元,提高模糊评价的一致性。基于模糊集的感性评价方法包括模糊层次分析法、模糊网络分析法、模糊优劣解距离法等。这些感性评价方法可以将使用者主观评价进行量化并归纳收入数字化评价体系中,辅助更好的设计方案生成与衍化。KUMAR 等使用整合的模糊层次分析法和模糊多目标线性规划法优化在不同产品生产者之间的资源分配,模糊层次分析法被用于衡量各种因素,如质量、交付周期、成本、能源使用、废物减排和社会贡献,这些因素的权重被用于制定线性规划,最后通过一家汽车公司的生产案例对这个模型做出验证。KUTLU 等将球形模糊集推广到区间值球面模糊集,在区间值球形模糊集上引入了两种集结算子,区间值球面模糊集被用于拓展模糊下的优劣解距离(Technique for Order Preference by Similarity to an Ideal Solution,TOPSIS)法,并将提出的区间值球面模糊 TOPSIS 法应用于解决 3D 打印机产品设计中的多准则选择问题,以验证该方法的实用性和有效性。WANG 提出了一种将自然语言处理技术与模糊多准则决策相结合的新的集成方式的产品评价方法,以减少用户与设计者之间的认知差异,从而解决认知不对等的问题;在评价阶段,运用模糊 TOPSIS 法,探索针对用户感性需求的产品设计方案的优先级排序,并以智能胶囊咖啡机为例,验证了该方法的可行性和有效性。彭定洪等提出一种 Kansei-TOPSIS 评价方法;在这个方法中,用户的评价信息通过符合感性意象工具量化,以模糊集表征专家小组的评价信息,构建了模糊相关熵测用度模型来对比得到的方案和理想方案,并通过实例进行了验证。

2. 多目标决策评价方法

相比于感性工学评价方法,多目标决策(Multiple Criteria Decision Making,MCDM)方法更注重对逻辑和算法的研究,这类评价方法一般将评价目标拆分为多个维度、多个目标的指标,形成综合评价体系机制。多目标决策评价方法框架下包含很多方法,其中较常见的有:层次分析法(Analytic Hierarchy Process,AHP)、网络分析法(Analytic Network Process,ANP)、灰度关联分析法(Gray Relative Analysis,GRA)等。许多情况下,单一的评价方法并不能达到理想的评价效果,学者们对此问题提出了不同设计评价方式相结合的模型,从而达到较为完善的评价结果。

2.4　智能产品交互设计的关键技术

在智能产品交互设计中,从设计大数据的获取更新,到智能产品设计方案生成与衍化,最终达到满足用户需求和用户体验的产品生成,这其中相当重要的部分就是设计大数据的获取提炼和更新,这是智能产品交互设计的基础,也是智能产品交互设计的技术支撑;有了设计大数据的支持,设计方案得以自动生成与衍化,这是智能产品交互设计的核心;此外,为了能更准确地对智能产品交互设计进行设计表达,弥补智能产品设计过程中用户与设计师之间可能会产生的认知误差,需求驱动与知识驱动的设计技术与智能产品设计的标准与评价技术同样重要。

通常来讲,智能产品交互设计一般会面临以下关键技术。

1) 设计大数据的获取提炼与更新技术

设计大数据是智能产品交互设计的基础和支撑。学者们提出了由企业产品生命周期数据源和产品设计研究数据源构成的设计大数据结构体系,并提出了源数据经过结构化、可读取、可运算的同源异构数据处理,包括清理、集成、规约和变换之后的获取、提炼与更新的技术模型,从数据应用角度将设计大数据总结归纳为人本、文化、商业、技术、艺术。

2) 智能产品交互设计方案生成与衍化技术

在智能产品设计过程中,机器辅助或自主生成及衍化设计方案是未来设计发展的趋势。借助深度生成式对抗神经网络、变分自动编码器、插值算法、参数化生成、拓扑优化、进化式遗传算法、形状文法与群体智能等诸多方法对设计大数据进行处理,自动生成大量的不同设计选项,更全面穷举以追求更大的设计空间;生成新颖的设计形式和模型以激发设计师的创造力和创新力;将客观的工程要求整合到较为主观的概念设计中去。生成与衍化技术能够整合设计资源,大大提升设计生产力。

3) 智能产品交互设计的标准与评价技术

在产品设计相关研究中,设计的标准与评价向来是备受关注的重要领域。学者们提出了针对智能产品交互设计的五维评价模型,建立智能产品交互设计约束性评价指标与体系。运用感性工学中模糊层次分析法、模糊网络分析法、模糊优劣解距离法,结合多目标决策方法中层次分析法、网络分析法、灰度关联分析法、优劣解距离法、折中排序法等方法综合对产品交互进行评价。

2.5　智能产品交互设计的研究热点

下面讲述智能产品交互设计的研究热点。

1) 以人为本的设计

智能产品设计过程中需要融合以人为中心的设计思维与效率至上的机器思维,将人类智能与机器智能进行有机结合。将以人为本的理念贯穿于智能制造系统的全生命周期过程,充分考虑人的各种因素,同时运用先进的数字化、网络化、智能化技术,充分发挥人与机器的各自优势来协作完成各种工作任务,最大限度提高生产效率和质量、确保人员身心安全、满足用户需求、促进社会可持续发展。以人为本的设计可以弥补机器智能方法在感知、记忆、推理等方面的劣势,使得智能产品设计具备科技感的同时还兼顾人性化与艺术性,从而达到功能价值与社会价值的统一。

2) Cyber-Physics-Machine-Human(CPMH)场景计算

随着时代的发展,现在的三元空间(人—物理空间—信息空间),将发展成为由人类、物理空间、机器空间和信息空间所构成的四元空间。需要建立"人—物—场—事件—时间"全要素创新的新场景,打通"数据感知—场景构建—群智设计—体验评估"的新路径,构建设计大数据驱动的产品价值链设计空间,促成人机协同的产品创新设计快速生成,实现基于共生场景的产品生态内生代谢生长与外生学习进化,以适应人机环境的新需求,这都是未来需要探索的新领域。

3) 群智协同创新设计

群智协同创新是在互联网平台中,运用大数据、区块链、人工智能技术,跨越学科屏障,聚集大众智慧完成复杂任务的创新过程。群智协同创新设计具有涌现性、协同性、技术性和共享性,通过人工智能技术、群智感知技术以及互联网平台,借助设计大数据链路开展网状的、多层次的协同创新。在新经济环境下,群智协同创新设计将聚集多学科资源,多专家团队,调用所需设计资源,开展智能产品协同创新设计活动。

4) 云共生设计系统构建

在人工智能、云计算等技术的支撑下,设计不断变革升级,设计产业即将迈入数字化 4.0 时代,云端共生设计系统应运而生,更好地为设计提供支撑和服务。云共生是指利用云端资源池重构虚拟空间中资源数据的层次结构,企业产品生命周期数据源和产品设计研究数据源使能的设计大数据依存于云共生系统,从而满足设计主体(设计师或 AI)根据具体业务的场景需求,便捷地调用云端数据,实现个人及各组织在动态环境中对云数据、云服务的共用、共惠和共生。

5) 新服务模式

人工智能与物联网技术在改变智能产品设计的同时,促生了新的服务模式。与传统的服务模式相比,新服务模式包含着四大特征:智能化,越来越多的服务由人工智能代替人工来提供,智能服务逐渐从被动的补救类型服务转变到主动的预防类型服务;个性化,通过设计大数据,服务与产品一样都根据大数据进行针对性设计;场景化,服务商的全渠道、全链路的服务互联互通,根据场景为用户提供最优质的服务;社会化,更多类型的角色参与服务的供给端,以降低整体服务成本,提高社会服务效率。

目前,智能产品交互设计仍有很大的发展空间,如何更好地构建、使用设计大数据,激发智能产品设计活力,从而改善人们生活,需要更加深入地探索研究和发现。

2.6 智能产品的设计原则和设计流程

下面介绍智能产品的设计原则和设计流程。

2.6.1 安全性

任何一个产品设计、生产、存储、销售、使用和回收的过程,都要以安全性为首要原则。产品的安全性通常是指产品的可靠性,包含产品使用过程的耐久性,产品出现问题后的可维修性,以及产品设计的可靠性。就产品设计可靠性而言,从"人—机—环境"上讲分为3个层次,一是不会导致用户的职业病、人身伤害或者死亡,如椅子的设计需要考虑到人体结构和尺寸,好的设计会减少对久坐者的伤害;二是用户在操作产品的过程中,产品不容易损坏,如智能产品的损坏,会让用户产生极大的挫折;三是产品在生产、销售、使用、回收的过程中,不会危害环境,尤其是现在和未来对绿色设计和环保设计的要求,增加了产品的材料环保性。

产品设计是否安全是关系到用户能否正常使用产品的根本,在设计过程中主要是指对用户的生理安全和心理安全的考虑。生理安全指的是产品在设计过程中,以人体生理构造、特征和尺寸的数据为基础,将产品的尺寸、比例、造型、结构和色彩与之匹配,创造出人性化的产品。心理安全是产品带给用户的安全感,它是一种超越物质的精神需求。在产品设计过程中,以不同人群的心理特征为基础,通过产品的材质、造型和色彩带给人们视觉、触觉、听觉的安全感和愉悦感。智能产品中 App 的界面设计和交互设计的安全性,是通过界面可视化的愉悦感和操作过程的流畅感来实现的。在针对一些"老弱病残孕"等特殊人群的产品设计过程中,需要对不同人群的生理安全和心理安全进行分类研究,以完善智能产品的设计。适合老年人的智能产品既要满足老年人日益衰老的生理需求,又要满足老年人平等参与社会的愿望和主观幸福感,有助于保护老年人的独立性和自尊心。

2.6.2 智能化

智能产品的智能化技术层面与展现形式都是多样的。人们目前能够直接操作的智能层面是智能产品终端用户层,主要是利用各种 App 来实现,如智能音箱、智能摄像头、智能网关、智能安防、智能室内环境控制等产品都是将具有不同功能的传感器置于产品之中,以各种智能技术为基础,通过可以实际操作的 App 界面,实现使用。例如,2014 年谷歌收购的智能家居设备公司 Nest Labs,其第一款智能温控器采用圆形设计,能与室内装饰很好地搭配,更重要的是它加入了更多的传感器,以及能自主学习用户的使用习惯,智能产品的设计原则和设计流程让室内保持在最舒适温度。Nest Labs 推出的家用监控摄像头,应用了机器学习、图像和声音识别技术,通过深度学习区别家庭成员和陌生人,并对陌生人或物发出预警。与传统的产品操作相比,建立在智能技术基础上的 App,已经开始具备一定程度的人的认知能力,包括记忆能力、思维能力、学习能力和适应能力,以及一定的行为决策能力。还有一些智能产品与人体紧密结合,主要是医疗健康类产品,通过手环、腕表、各种贴片、电子秤、血压仪、血糖仪等与医疗健康相关的智能硬件,监测用户的运动步数、运动心率、睡眠、体脂、体重、肌肉、水分、卡路里消耗、血压、血糖、血氧等需求。医疗级、健康级智能硬件的发展受到传感器、芯片、算法技术的影响,还受到国家相关政策环境的影响,因此医疗级和健康级智能化的产品整体还处于早期摸索阶段。

今天,研究人员不仅关注产品的造型、结构,更关注进化为智能终端的产品的体验感受。用户在操作智能产品的复杂系统时,更加追求简单易用和智能体验,设计是将复杂的科学技术转变为极致的产品体验的重要过程。新产品和新设计不再是静态地等待使用,而是通过智能技术、智能应用、信息界面、服务系统等为用户提供具有迭代性的动态服务,通过人工智能的自我学习,帮助用户做出正确的判断,是智能产品的一个重要功能。

2.6.3　易用性

智能产品的易用性是从人机工程学理论中而来,主要包含两方面。

一方面是产品外观造型的易用性,产品是否便于使用是重要的参考标准。JAKOB NIELSEN 认为易学性、高效性、易记忆、少犯错和满意度是易用性的基本特点。产品在设计时必须考虑人机因素,产品外观造型不仅要符合人体尺寸,产品的功能、结构和色彩要符合用户的行为习惯和心理感受,产品的可视化和功能操作要减少失误和误解,增加产品的容错性。随着新技术、新功能融入智能产品,产品的操作必然会增加难度。易用性就是通过简化和优化操作流程,降低这种难度。

另一方面是智能产品包含 App 的易用性,一般包含 4 个层次。首先是信息架构的合理性,根据用户需求布局信息的主次,以用户的使用习惯为基础,尽量减少用户操作的层级和深度;其次是操作过程的可认知性,以人的基本认知和学习习惯为基础,引导用户自主学习操作,设计自然的手势或肢体进行交互;再次是界面信息的传达性,版面布局合理、内容精简、语言流畅,突出用户需要和重要的信息,界面的图案、文字等识别性高;最后是跨设备交互的统一性,物联网下的多平台、多设备的共享,要求设计过程中语言、符号和色彩保持统一。

2.6.4　设计流程

产品设计流程一般是从项目研究对象确定、初步想法的梳理开始,然后深入调研市场和用户,需要了解设计的可行性和市场的竞品情况,充分对用户的痛点进行分析,找到产品定位,再通过方案的迭代,最终完成效果展示。智能产品的设计流程符合一般的设计流程,但是在用户研究方面涉及的内容更多,如图 2-5 所示,在设计过程增加了 App 的设计。

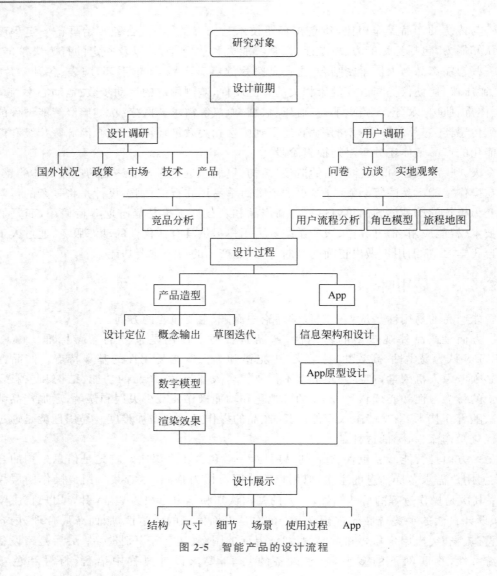

图 2-5　智能产品的设计流程

习题

1. 智能产品交互设计的层次模型是什么？
2. 智能产品交互设计的关键技术是什么？

## 第 3 章

智能产品的通信技术与应用

本章讲述智能产品的通信技术与应用,包括串行通信基础、RS-232C 串行通信接口、RS-485 串行通信接口、蓝牙通信技术、ZigBee 无线传感器网络和 W601 Wi-Fi MCU 芯片及其应用实例。

3.1 串行通信基础

在串行通信中,参与通信的两台或多台设备通常共享一条物理通路。发送方依次逐位发送一串数据信号,按一定的约定规则为接收方所接收。由于串行端口通常只是规定了物理层的接口规范,所以为确保每次传送的数据报文能准确到达目的地,使每一个接收方能够接收到所有发向它的数据,必须在通信连接上采取相应的措施。

由于借助串行端口所连接的设备在功能、型号上往往互不相同,其中大多数设备除了等待接收数据之外还会有其他任务。例如,一个数据采集单元需要周期性地收集和存储数据;一个控制器需要负责控制计算或向其他设备发送报文;一台设备可能会在接收方正在进行其他任务时向它发送信息。必须有能应对多种不同工作状态的一系列规则保证通信的有效性。这里所讲的保证串行通信有效性的方法包括:使用轮询或者中断检测、接收信息;设置通信帧的起始位、停止位;建立连接握手;实行对接收数据的确认、数据缓存以及错误检查等。

3.1.1 串行异步通信数据格式

无论是 RS-232 还是 RS-485,均可采用串行异步通信数据格式。

在串行端口的异步传输中,接收方一般事先并不知道数据会在什么时候到达。在它检测到数据并作出响应之前,第一个数据位就已经过去。因此每次异步传输都应该在发送数据之前设置至少一个起始位,以通知接收方有数据到达,给接收方准备接收数据、缓存数据和作出其他响应所需要的时间。而在传输过程结束时,则应由一个停止位通知接收方本次传输过程已终止,以便接收方正常终止本次通信而转入其他工作程序。

通用异步接收发送设备(Universal Asynchronous Receiver/Transmitter,UART)通信数据格式如图 3-1 所示。

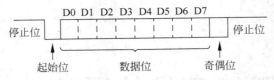

图 3-1　通用异步接收发送设备(UART)通信数据格式

若通信线上无数据发送,该线路应处于逻辑 1 状态(高电平)。当计算机向外发送一个字符数据时,应先送出起始位(逻辑 0,低电平),随后紧跟着数据位,这些数据构成要发送的字符信息。有效数据位的个数可以规定为 5、6、7 或 8。奇偶校验位视需要设定,紧跟其后的是停止位(逻辑 1,高电平),其位数可在 1、1.5、2 中选择其一。

3.1.2　连接握手

通信帧的起始位可以引起接收方的注意,但发送方并不知道,也不能确认接收方是否已经做好了接收数据的准备。利用连接握手可以使收发双方确认已经建立了连接关系,接收方已经做好准备,可以进入数据收发状态。

连接握手过程是指发送方在发送一个数据块之前使用一个特定的握手信号来引起接收方的注意,表明要发送数据,接收方则通过握手信号回应发送方,说明它已经做好了接收数据的准备。

连接握手可以通过软件,也可以通过硬件来实现。在软件连接握手中,发送方通过发送一个字节表明它想要发送数据。接收方看到这个字节的时候,也发送一个编码来声明自己可以接收数据,当发送方看到这个信息时,便知道它可以发送数据。接收方还可以通过另一个编码告诉发送方停止发送。

在普通的硬件握手方式中,接收方在准备好了接收数据的时候将相应的导线带入高电平,然后开始全神贯注地监视它的串行输入端口的允许发送方。这个允许发送方与接收方的已准备好接收数据的信号端相连,发送方在发送数据之前一直在等待这个信号的变化。一旦得到信号说明接收方已处于准备好接收数据的状态,便开始发送数据。接收方可以在任何时候将这根导线带入低电平,即便是在接收一个数据块的过程中间也可以把这根导线带入低电平。当发送方检测到这个低电平信号时,就应该停止发送。而在完成本次传输之前,发送方还会继续等待这根导线再次回到高电平,以继续被中止的数据传输。

3.1.3　确认

接收方为表明数据已经收到而向发送方回复信息的过程被称为确认。有的传输过程可能会收到报文而不需要向相关节点回复确认信息。但是在许多情况下,需要通过确认告知发送方数据已经收到。有的发送方需要根据是否收到确认信息来采取相应的措施,因而确认对于某些通信过程是必需的和有用的。即便接收方没有其他信息要告诉发送方,也要为此单独发一个确认数据已经收到的信息。

确认报文可以是一个特别定义过的字节,如一个标识接收方的数值。发送方收到确认报文就可以认为数据传输过程正常结束。如果发送方没有收到所希望回复的确认报文,它就认为通信出现了问题,然后将采取重发或者其他行动。

3.1.4 中断

中断是一个信号,它通知 CPU 有需要立即响应的任务。每个中断请求对应一个连接到中断源和中断控制器的信号。通过自动检测端口事件发现中断并转入中断处理。

许多串行端口(串口)采用硬件中断。在串口发生硬件中断,或者一个软件缓存的计数器到达一个触发值时,表明某个事件已经发生,需要执行相应的中断响应程序,并对该事件做出及时的反应,这种过程也被称为事件驱动。

采用硬件中断就应该提供中断服务程序,以便在中断发生时让它执行所期望的操作。很多微控制器为满足这种应用需求而设置了硬件中断。在一个事件发生的时候,应用程序会自动对端口的变化做出响应,跳转到中断服务程序。例如,发送数据、接收数据、握手信号变化、接收到错误报文等,都可能成为串行端口的不同工作状态,或成为通信中发生了不同事件,需要根据状态变化停止执行现行程序而转向与状态变化相适应的应用程序。

外部事件驱动可以在任何时间插入并且使得程序转向执行一个专门的应用程序。

3.1.5 轮询

通过周期性地获取特征或信号读取数据或发现是否有事件发生的工作过程被称为轮询。它需要足够频繁地轮询端口,以便不遗失任何数据或者事件。轮询的频率取决于对事件快速反应的需求以及缓存区的大小。

轮询通常用于计算机与 I/O 端口之间较短数据或字符组的传输。由于轮询端口不需要硬件中断,因此可以在一个没有分配中断的端口运行此类程序。很多轮询使用系统计时器确定周期性读取端口的操作时间。

3.1.6 差错检验

数据通信中的接收方可以通过差错检验来判断所接收的数据是否正确。冗余数据校验、奇偶校验、校验和、循环冗余校验等都是串行通信中常用的差错检验方法。

3.2 RS-232C 串行通信接口

RS-232C 标准(协议)的全称是 EIA-RS-232C 标准,定义是"数据终端设备(Data Terminal Equipment,DTE)和数据通信设备(Data Communication Equipment,DCE)之间串行二进制数据交换接口技术标准"。它是在 1970 年由美国电子工业协会(Electronic Industry Association,EIA)联合贝尔系统、调制解调器厂商及计算机终端生产厂商共同制定的用于串行通信的标准。其中 EIA 代表美国电子工业协会,RS(Recommended Standard)代表推荐标准,232 是标识号,C 代表 RS232 的最新一次修改。

3.2.1　RS-232C 端子

RS-232C 的连接插头用 9 针的 EIA 连接插座,如图 3-2 所示,其主要端子分配如表 3-1 所示。

图 3-2　9 针的 EIA 连接(DB9)插座

表 3-1　RS-232C 主要端子

端　脚	方　向	符　号	功　能
3	输出	TXD	发送数据
2	输入	RXD	接收数据
7	输出	RTS	请求发送
8	输入	CTS	为发送清零
6	输入	DSR	数据设备准备好
5		GND	信号地
1	输入	DCD	
4	输出	DTR	数据信号检测
9	输入	RI	

1. 信号含义

1) 从计算机到 MODEM 的信号

DTR——数据终端设备(DTE)准备好:告诉 MODEM 计算机已接通电源,并准备好。

RTS——请求发送:告诉 MODEM 现在要发送数据。

2) 从 MODEM 到计算机的信号

DSR——数据通信设备(DCE)准备好:告诉计算机 MODEM 已接通电源,并准备好。

CTS——为发送清零:告诉计算机 MODEM 已做好了接收数据的准备。

DCD——数据信号检测:告诉计算机 MODEM 已与对端的 MODEM 建立连接。

RI——振铃指示器:告诉计算机对端电话已在振铃。

3) 数据信号

TXD——发送数据。

RXD——接收数据。

2. 电气特性

RS-232C 的电气线路连接如图 3-3 所示。

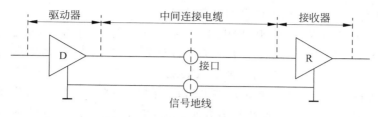

图 3-3　RS-232C 的电气线路连接

接口为非平衡型,每个信号用一根导线,所有信号回路共用一根地线。信号速率限定于 20kb/s 内,电缆长度限定于 15m 之内。由于是单线,线间干扰较大。其电性能用±12V 标准脉冲。值得注意的是 RS-232C 采用负逻辑。

在数据线上:传号 Mark=−5～−15V,为逻辑 1 电平;空号 Space=＋5～＋15V,为逻辑 0 电平。在控制线上:通 On=＋5～＋15V,为逻辑 0 电平;断 Off=−5～−15V,为逻辑 1 电平。

RS-232C 的逻辑电平与 TTL 电平不兼容,为了与 TTL 器件相连必须进行电平转换。

由于 RS-232C 采用电平传输,在通信速率为 19.2kb/s 时,其通信距离只有 15m。若要延长通信距离,必须以降低通信速率为代价。

3.2.2　通信接口的连接

当两台计算机经 RS-232C 接口直接通信时,两台计算机之间的联络线可用图 3-4 表示。虽然不接 MODEM,图中仍连接着有关的 MODEM 信号线,这是由于 INT 14H 中断使用这些信号,假如程序中没有调用 INT 14H,在自编程序中也没有用到 MODEM 的有关信号,两台计算机直接通信时,只连接 2、3、7(25 针 EIA)或 3、2、5(9 针 EIA)就可以。

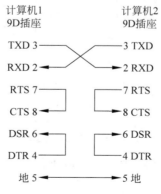

图 3-4　不使用 MODEM 信号的 RS-232C 接口

3.2.3　RS-232C 电平转换器

为了实现采用＋5V 供电的 TTL 和 CMOS 通信接口电路能与 RS-232C 标准接口连

接,必须进行串行口的输入/输出信号的电平转换。

目前常用的电平转换器有 MOTOROLA 公司生产的 MC1488 驱动器、MC1489 接收器,TI 公司的 SN75188 驱动器、SN75189 接收器及美国 MAXIM 公司生产的单一＋5V 电源供电、多路 RS-232 驱动器/接收器,如 MAX232A 等。

MAX232A 内部具有双充电泵电压变换器,把＋5V 变换成±10V,作为驱动器的电源,具有两路发送器及两路接收器,使用相当方便。MAX232A 外形和引脚如图 3-5 所示,典型应用如图 3-6 所示。

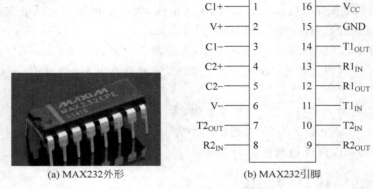

(a) MAX232外形   (b) MAX232引脚

图 3-5　MAX232A 外形和引脚

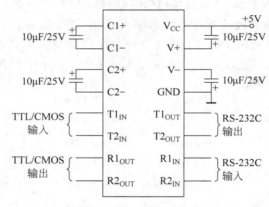

图 3-6　MAX232A 典型应用

单一＋5V 电源供电的 RS-232C 电平转换器还有 TL232、ICL232 等。

3.3　RS-485 串行通信接口

RS-485 串行通信接口组成的半双工网络,一般是两线制(以前有四线制接法,只能实现点对点的通信方式,现很少采用),多采用屏蔽双绞线传输。这种接线方式为总线式拓扑结构在同一总线上最多可以挂接 32 个节点。在 RS-485 通信网络中一般采用主从通信方式，即一个主机带多个从机。在很多情况下，连接 RS-485 通信链路时只是简单地用一对双绞线将各个接口的 A、B 端连接起来。

由于 RS-232C 通信距离较近，当传输距离较远时，可采用 RS-485 串行通信接口。

3.3.1 RS-485 接口标准

RS-485 接口采用二线差分平衡传输，其信号定义如下。

当采用+5V 电源供电时：

(1) 若差分电压信号为 $-2500 \sim -200 \mathrm{mV}$ 时，则为逻辑 0；

(2) 若差分电压信号为 $+2500 \sim +200 \mathrm{mV}$ 时，则为逻辑 1；

(3) 若差分电压信号为 $-200 \sim +200 \mathrm{mV}$ 时，则为高阻状态。

RS-485 的差分平衡电路如图 3-7 所示。其一根导线上的电压是另一根导线上的电压值取反。接收器的输入电压为这两根导线电压的差值 $V_A - V_B$。

图 3-7　RS-485 的差分平衡电路

RS-485 实际上是 RS-422 的变形。RS-422 采用两对差分平衡线路；而 RS-485 只用一对。差分电路的最大优点是抑制噪声。由于在它的两根信号线上传递着大小相同、方向相反的电流，而噪声电压往往在两根导线上同时出现，一根导线上出现的噪声电压会被另一根导线上出现的噪声电压抵消，因而可以极大地削弱噪声对信号的影响。

差分电路的另一个优点是不受节点间接地电平差异的影响。在非差分（即单端）电路中，多个信号共用一根接地线，长距离传输时，不同节点接地线的电平差异可能相差好几伏，甚至会引起信号的误读。差分电路则完全不会受到接地电平差异的影响。

RS-485 价格比较低，能够很方便地添加到一个系统中，还支持比 RS-232 更长的距离、更快的速度以及更多的节点。RS-232C，RS-422，RS-485 主要技术参数的比较如表 3-2 所示。

表 3-2　RS-232C、RS-422、RS-485 的主要技术参数

规范	RS-232C	RS-422	RS-485
最大传输距离	15m	1200m(速率 100kb/s)	1200m(速率 100kb/s)
最大传输速率	20kb/s	10Mb/s(距离 12m)	10Mb/s(距离 12m)
驱动器最小输出/V	±5	±2	±1.5
驱动器最大输出/V	±15	±10	±6
接收器敏感度/V	±3	±0.2	±0.2

续表

最大驱动器数量	1	1	32个单位负载
最大接收器数量	1	10	32个单位负载
传输方式	单端	差分	差分

可以看到,RS-485 更适用于多台计算机或带微控制器的设备之间的远距离数据通信。

应该指出的是,RS-485 标准没有规定连接器、信号功能和引脚分配。要保持两根信号线相邻,两根差动导线应该位于同一根双绞线内。引脚 A 与引脚 B 不要调换。

3.3.2　RS-485 收发器

RS-485 收发器的种类较多,如 MAXIM 公司的 MAX485,德州仪器公司的 SN75LBC184、SN65LBC184,高速型 SN65ALS1176 等。它们的引脚是完全兼容的,其中 SN65ALS1176 主要用于高速应用场合,如 PROFIBUS-DP 现场总线等。下面仅介绍 SN75LBC184。

SN75LBC184 为具有瞬变电压抑制的差分收发器,SN75LBC184 为商业级,其工业级产品为 SN65LBC184。SN75LBC184 外形和引脚如图 3-8 所示。

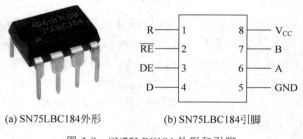

(a) SN75LBC184外形　　　　　(b) SN75LBC184引脚

图 3-8　SN75LBC184 外形和引脚

引脚介绍如下:

R:接收端。

$\overline{RE}$:接收使能,低电平有效。

DE:发送使能,高电平有效。

D:发送端。

A:差分正输入端。

B:差分负输入端。

V_{CC}:+5V 电源。

GND:地。

SN75LBC184 和 SN65LBC184 具有如下特点。

(1) 具有瞬变电压抑制能力,能防雷电和抗静电放电冲击。

（2）限斜率驱动器，使电磁干扰减到最小，并能减少传输线终端不匹配引起的反射。

（3）总线上可挂接 64 个收发器。

（4）接收器输入端开路故障保护。

（5）具有热关断保护。

（6）低禁止电源电流，最大为 300μA。

（7）引脚与 SN75176 兼容。

3.3.3　应用电路

RS-485 应用电路如图 3-9 所示。

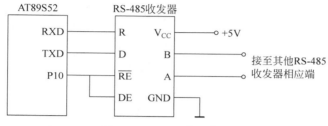

图 3-9　RS-485 应用电路

在图 3-9 中，RS-485 收发器可为 SN75LBC184、SN65LBC184、MAX485 等。当 P10 为低电平时，接收数据；当 P10 为高电平时，发送数据。

如果采用 RS-485 组成总线拓扑结构的分布式测控系统，在双绞线终端应接 120Ω 的终端电阻。

3.3.4　RS-485 网络互连

利用 RS-485 接口可以使一个或者多个信号发送器与接收器互连，在多台计算机或带微控制器的设备之间实现远距离数据通信，形成分布式测控网络系统。

1. RS-485 的半双工连接

在大多数应用条件下，RS-485 的端口连接采用半双工通信方式。多个驱动器和接收器共享一条信号通路。图 3-10 为 RS-485 端口半双工连接的电路图。其中 RS-485 差动总线收发器采用 SN75LBC184。

图 3-10 中的两个 120Ω 电阻是作为总线的终端电阻存在的。当终端电阻等于电缆的特征阻抗时，可以削弱甚至消除信号的反射。

特征阻抗是导线的特征参数，它的数值随着导线的直径、在电缆中与其他导线的相对距离以及导线的绝缘类型而变化。特征阻抗值与导线的长度无关，一般双绞线的特征阻抗值为 100～150Ω。

RS-485 的驱动器必须能驱动 32 个单位负载加上一个 60Ω 的并联终端电阻。总的负载包括驱动器、接收器和终端电阻，不低于 54Ω。图中两个 120Ω 电阻的并联值为 60Ω，32 个

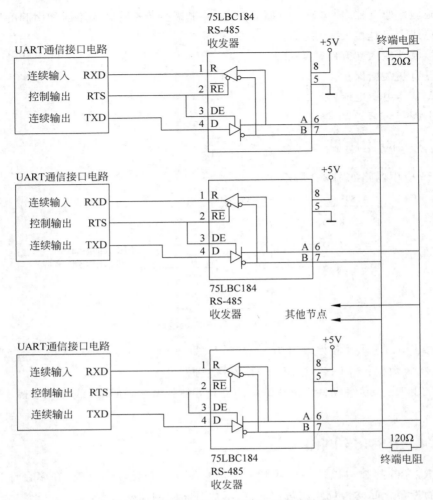

图 3-10　RS-485 端口半双工连接的电路图

单位负载中接收器的输入阻抗会使得总负载略微降低；而驱动器的输出与导线的串联阻抗又会使总负载增大。最终需要满足不低于 54Ω 的要求。

还应该注意的是，在一个半双工连接中，同一时间内只能有一个驱动器工作。如果发生两个或多个驱动器同时启用，一个企图使总线上呈现逻辑 1，另一个企图使总线上呈现逻辑 0，则会发生总线竞争，在某些元件上就会产生大电流。因此所有 RS-485 的接口芯片上都必须包括限流和过热关闭功能，以便在发生总线竞争时保护芯片。

2. RS-485 的全双工连接

尽管大多数 RS-485 的连接是半双工的，但也可以形成全双工 RS-485 连接。图 3-11(a) 和图 3-11(b) 分别表示两点和多点之间的全双工 RS-485 连接。在全双工连接中信号的发送和接收方向都有它自己的通路。在全双工、多节点连接中，一个节点可以在一条通路上向所有其他节点发送信息,而在另一条通路上接收来自其他节点的信息。

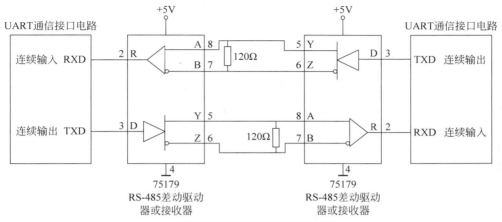

(a) 两个RS-485端口的全双工连接

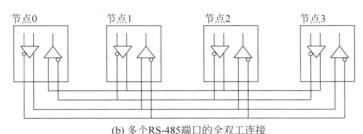

(b) 多个RS-485端口的全双工连接

图 3-11　RS-485 端口的全双工连接

　　两点之间全双工连接的通信在发送和接收上都不会存在问题。但当多个节点共享信号通路时,需要以某种方式对网络控制权进行管理,这是在全双工、半双工连接中都需要解决的问题。

　　RS-232C 和 RS-485 之间的转换可采用相应的转换模块,RS-232 转 RS-485 模块如图 3-12所示。

(a) 普通RS-232转换为RS-485模块

(b) 工业级RS-232转换为RS-485模块

图 3-12　RS-232 转 RS-485 模块

3.4 蓝牙通信技术

互联网得以快速发展的关键之一是解决了"最后一公里"的问题,物联网得以快速发展的关键之一是解决了"最后一百米"的问题。在"最后一百米"的范围内,可连接的设备密度远远超过了"最后一公里",特别是在智能家居、智慧城市、工业物联网等领域。围绕着物联网"最后一百米"的技术解决方案,业界提出了多种中短距离无线标准,随着技术的不断进步,这些无线标准在向实用落地中不断迈进。低功耗蓝牙的标准始终在围绕物联网发展的需求而不断升级迭代,自蓝牙 4.0 开始,蓝牙技术进入低功耗蓝牙时代,在智能可穿戴设备领域,低功耗蓝牙已经是应用最广泛的技术标准之一,并在消费物联网领域大获成功。低功耗蓝牙在点对点、点对多点、多角色、长距离通信、复杂 Mesh(网格)网络、蓝牙测向等方面不断增加的新特性,低功耗蓝牙标准在持续拓展物联网的应用场景及边界,获得了令人瞩目的发展。

从低功耗蓝牙 4.0 到 5.3,低功耗蓝牙 5.x 是最重要的版本,越来越多的开发者开始把目光投向低功耗蓝牙 5.x。

Nordic 推出了采用双核处理器架构的无线多协议 SoC 芯片 nRF5340,该芯片不仅支持低功耗蓝牙 5.x,还支持蓝牙 Matter、Mesh、ZigBee、Thread、IEEE 802.15.4、ANT、NFC 等协议和 2.4GHz 私有协议,使得采用 nRF5340 开发的产品具有极高的灵活性和平台通用性。对于物联网开发人员而言,选择一个好的平台是十分重要的,好的平台可以使开发的产品具备更高的灵活性,并提供了进行创新的基础与支撑条件,使开发的产品在无线通信可靠性、功耗效率和用户体验等方面得到重要提升。

3.4.1 蓝牙通信技术概述

蓝牙是一种支持设备短距离(一般 10m 内)通信的无线电技术,能在包括移动电话、掌上电脑(Personal Digital Assistant,PDA)、无线耳机、笔记本电脑、相关外设等设备之间进行无线信息交换。利用蓝牙技术,能够有效地简化移动通信终端设备之间的通信,也能够成功地简化设备与因特网(Internet)之间的通信,从而使数据传输变得更加迅速高效,为无线通信拓宽道路。蓝牙采用分散式网络结构以及快跳频和短包技术,支持点对点及点对多点通信,工作在全球通用的 3.4GHz ISM(即工业、科学、医学)频段,其数据速率为 1Mb/s。采用时分双工传输方案实现全双工传输。

下面讲述蓝牙通信技术的发展及蓝牙 1.0 到蓝牙 5.0 的阶段变化。

1. 蓝牙的由来

蓝牙自 20 世纪末诞生以来,就被赋予了连接的使命,从音频传输、图文传输、视频传输,发展到以低功耗为主的智能物联网传输,蓝牙创新应用的场景变得越来越广阔。据蓝牙联盟预测,到 2025 年,蓝牙设备的出货量将超过 60 亿。

蓝牙(Bluetooth)一词取自 10 世纪丹麦国王哈拉尔的名字——Harald Bluetooth。传说哈拉尔国王特别喜欢吃蓝莓,甚至吃得牙齿都变成蓝色了,因而当时人们把这位国王的牙齿称为蓝牙。

1996 年,英特尔、诺基亚、爱立信等公司都在短距离无线技术领域进行了研究。英特尔研究"商业无线"的项目,爱立信研究"MC-Link"网络,而诺基亚研究"低功耗无线"项目。在这种情况下,与 3 个或更多个的独立标准相比,有一个统一的标准显然是更好的选择,并且更容易在市场上取得成功。因此,这些利益相关方聚在一起,成立了特别兴趣小组(SIG),以制定一个共同的标准。

1997 年夏天,英特尔的吉姆·卡尔达奇和爱立信的斯文·马蒂森一起去了一家酒吧。在酒吧里,他们开始谈论历史,斯文·马蒂森说他最近读完了《长船》,该书讲述的是丹麦国王哈拉尔·戈尔姆森的统治。吉姆·卡尔达奇回家后读了一本名叫《维京人》的书,在这本书中,他更多地了解了当时的国王是如何统一斯堪的纳维亚半岛的。后来,吉姆·卡尔达奇建议特别兴趣小组(SIG)的名称就叫蓝牙特别兴趣小组(Bluetooth SIG),通常也将蓝牙特别兴趣小组称为蓝牙联盟。

2007 年,吉姆·卡尔达奇在一篇专栏文章中写道:蓝牙的名称是从 10 世纪丹麦国王 Harald Bluetooth 的名字中借鉴来的;哈拉尔因统一斯堪的纳维亚半岛而闻名,正如我们打算用短距离无线技术的统一标准将个人计算机和手机连接起来一样。

这就是蓝牙名字的由来,蓝牙成为统一的通用传输标准——将所有分散的设备与内容互联互通。蓝牙的 LOGO 来自后弗萨克文的字母组合,将国王 Harald Bluetooth 名字的首字母 H 和 B 对应后弗萨克文的字母拼在一起,构成了大家熟知的蓝色 LOGO"🅑"。

1999 年 5 月 20 日,爱立信、IBM、英特尔、诺基亚及东芝等公司创立了蓝牙特别兴趣小组(Special Interest Group,SIG),也称为蓝牙技术联盟或蓝牙联盟。

蓝牙联盟既不生产、也不出售蓝牙设备,其主要任务是发布蓝牙规范,进行资格管理,保护蓝牙商标,推广蓝牙技术。来自蓝牙联盟的成员在蓝牙技术的发展中扮演重要的角色。

2. 经典蓝牙(Classic Bluetooth)阶段:从蓝牙 1.0 到蓝牙 3.0

(1) 第一代蓝牙:关于蓝牙早期的探索。

1999 年:蓝牙 1.0。

蓝牙 1.0 不仅存在很多问题,产品的兼容性也不好,而且蓝牙设备还十分昂贵,因此蓝牙 1.0 推出以后,蓝牙技术并未得到广泛的应用。

2003 年:蓝牙 1.2。

针对蓝牙 1.0 的安全问题,蓝牙 1.2 完善了匿名方式,可以保护用户免受身份嗅探攻击和跟踪。此外,蓝牙 1.2 还增加了 4 项新功能:适应性跳频(Adaptive Frequency Hopping,AFH)功能,可减少蓝牙产品与其他无线通信装置之间的干扰问题;延伸同步连接导向频道(Extended Synchronous Connection-Oriented links,ESCO)功能,可提供服务质量(Quality of Service,QoS)的音频传输,进一步满足高阶语音与音频产品的需求;快速连接(Faster Connection,FS)功能,可缩短重新搜索与再连接的时间,使连接过程变得更加稳定快速;支持 Stereo 音效的传输要求,但只能以单工方式工作。

（2）第二代蓝牙：蓝牙进入实用阶段。

2004 年：蓝牙 2.0。

蓝牙 2.0 是蓝牙 1.2 的改良版,蓝牙设备的传输速率可达 3Mb/s,蓝牙 2.0 支持双工模式。

2007 年：蓝牙 2.1。

蓝牙 2.1 改善了蓝牙设备的配对体验,同时提升了使用和安全强度,可以支持近场通信（Near Field Communication,NFC）配对,无须手动输入。

（3）第三代蓝牙：高速蓝牙,传输速率可高达 24Mb/s。

2009 年：蓝牙 3.0。

蓝牙 3.0 新增了可选 High Speed 功能,该功能可以使蓝牙通过 IEEE 802.11 的物理层实现高速数据传输,传输速率高达 24Mb/s,是蓝牙 2.0 的 8 倍。

3. 低功耗蓝牙与经典蓝牙并存的阶段：从蓝牙 4.0 开始

在过去的十年中,低功耗蓝牙（Bluetooth Low Energy,BLE）以一种新的方式发展起来,从第一款配备低功耗蓝牙的智能手机可连接非常简单的配件,到现在已经可以连接更先进的设备。

如今,低功耗蓝牙已成为人机接口设备（Human Interface Device,HID）键盘/鼠标、平板电脑手写笔、多种训练设备,以及健康医疗设备中不可或缺的一部分。智能灯泡、热能控制和工业控制等通过采用低功耗蓝牙技术,可以有效减少能源消耗,为推动低碳节能提供帮助。卫生部门通过基于低功耗蓝牙的智能脉搏血氧饱和度仪和智能体温计来监测患者,为健康与救助生命助力。

蓝牙联盟于 2010 年发布了蓝牙 4.0,蓝牙 4.0 由经典蓝牙和低功耗蓝牙两个部分组成。

（1）为什么会出现低功耗蓝牙。

经过多年的发展,蓝牙技术和产品已经广泛应用于消费电子领域,日常所使用的手机都已内置了蓝牙。经典蓝牙可以满足传输音频、图片及文件等应用场景的需求,对于更多需要低功耗、多连接的应用场景却有心无力。

在低功耗蓝牙出现以前,不少运动健康类的产品使用的是传统蓝牙技术,但蓝牙 2.1 或者 3.0 的耗电是个难以规避的问题,这些产品只能持续工作一天至数天,特别是对于那些采用纽扣电池供电的运动健康类产品及可穿戴设备,尽管有很好的创意,但由于必须经常更换电池或充电,实际使用效果和用户体验均不理想,我们也很少看到传统蓝牙在这方面有成功的应用。

低功耗蓝牙技术就是在这种需求的推动下应运而生的。

（2）低功耗蓝牙的起源。

低功耗蓝牙的前身是诺基亚、北欧半导体（Nordic Semiconductor,简称为 Nordic）、颂拓（Suunto）等公司于 2006 年发起的致力于超低功耗应用的 Wibree 技术联盟。低功耗蓝牙是一项专为移动设备开发的功耗极低的移动无线通信技术,其目的是开发与蓝牙互补的低功耗应用,并希望凭借低功耗的优势,除了在智能手机,还在智能手表、无线 PC 外设、运动和医疗设备,甚至儿童玩具上获得广泛应用。

上述 3 家公司都是相关领域中的领先者:诺基亚当时在手机领域有巨大的影响力;Nordic 专注于低功耗无线芯片的设计;颂拓是专业的运动手表厂商。这 3 家公司形成了良好的应用基础和生态。

Wibree 技术联盟的发展引起了蓝牙联盟的关注。蓝牙联盟已经认识到低功耗无线应用的巨大潜力,也一直希望得到低功耗无线技术,因此蓝牙联盟和 Wibree 技术联盟最终走到了一起,Wibree 技术联盟于 2007 年并入蓝牙联盟,作为蓝牙技术的扩展,相关技术成为蓝牙规范的组成部分,被称为低功耗蓝牙技术。

蓝牙 4.0 的芯片模式分为单模(Single Mode)与双模(Dual Mode)两种。单模只能与蓝牙 4.0 交互,无法与蓝牙 3.0/2.1/2.0 向下兼容,仅支持与低功耗蓝牙设备的连接;双模可以向下兼容蓝牙 3.0/2.1/2.0,通常智能手机、平板电脑、计算机等设备会采用双模的蓝牙芯片,以便与低功耗蓝牙设备和传统蓝牙设备进行交互。

单模主要面向高集成、低数据量、低功耗的应用场景,具有快速连接、可靠的点对多点数据传输、安全的加密连接等特性。本书主要探讨低功耗蓝牙的单模应用。

4. 低功耗蓝牙的物联网阶段:从低功耗蓝牙 5.0 开始

低功耗蓝牙 5.0 及后续版本围绕着物联网的应用场景持续发展和迭代。

1) 低功耗蓝牙 5.0 简介

低功耗蓝牙 5.0 是在 2016 年推出的,开启了"物联网时代"大门,低功耗蓝牙 5.0 具备更快、更远的传输能力。

(1) 低功耗蓝牙 5.0 的 PHY(物理层)传输速率是低功耗蓝牙 4.2 的 2 倍,低功耗蓝牙 4.2 的 PHY 传输速率的上限是 1Mb/s,低功耗蓝牙 5.0 的 PHY 传输速率为 2Mb/s。

(2) 低功耗蓝牙 5.0 的有效通信距离是低功耗蓝牙 4.2 的 4 倍。低功耗蓝牙 5.0 除了在硬件上支持 LE 1M PHY 和 LE 2M PHY,还支持两种编码方式的 PHY(LE Coded PHY)。这两种编码方式的 PHY 使用的是 LE 1M PHY 的物理通道,一种是 500kb/s(S=2)的 LE Coded PHY,另一种是 125kb/s(S=8)的 LE Coded PHY。LE Coded PHY 的数据包类型和 LE 1M PHY、LE 2M PHY 数据包类型略有不同,增加了编码指示(Coding Indicator,CI)和 TERM1、TERM2。CI 和 TERMM1/2 构成了前向纠错(Forward Error Correction,FEC),发射端在发送码元序列中加入差错控制码元,接收端不但能发现错码,还能将错码恢复其正确取值,是一种增加数据通信可信度的方法,从而提高了接收灵敏度和有效通信距离。

在低功耗蓝牙 4.2 及以前的版本中,低功耗蓝牙在无线传输中均未使用 FEC,蓝牙协议规定的基准接收灵敏度为 −70dBm(实际上每一家蓝牙芯片厂商都可以做到 −90dBm)。低功耗蓝牙从 5.0 开始引入了卷积前向纠错编码(Convolutional Forward Error Correction Coding),这不仅提高了接收端的抗干扰能力,将接收端的基准接收灵敏度提高到了 −75dBm,还提高了接收端的载干比(Carrier/Interference,C/I),载干比是指载波信号强度/干扰信号强度,在发射功率不变的情况下,可以将有效通信距离提高到低功耗蓝牙 4.2 的 4 倍。

(3) 低功耗蓝牙 5.0 的广播数据包容量是低功耗蓝牙 4.2 的 8 倍。在低功耗蓝牙 4.2 中,广播是在 40 个 2.4GHz 的工业、科学和医学(Industrial,Scientific and Medical,ISM)频道中的 3 个频道(第 37、38 和 39 个频道)上进行的。在低功耗蓝牙 5.0 中,将 40 个 2.4GHz 的 ISM 频道分为两组广播频道,即主(Primary)广播频道(第 37、38 和 39 个频道)和次(Secondary)广播频道(其他频道),广播可在所有的频道上进行。按照低功耗蓝牙 4.0 的定义,广播有效载荷最多为 31B。而在低功耗蓝牙 5.0 中,通过添加额外的广播频道(次广播频道)和新的广播协议数据单元(Protocol Data Unit,PDU),将有效载荷的上限提高到 255B,从而大幅提升了广播数据的传输量,使得设备能够在广播数据包中传输更多的数据,为面向非连接应用提供了更高的灵活性,提供更为丰富的应用场景。

2) 低功耗蓝牙 5.1 简介

2019 年,蓝牙联盟正式推出了低功耗蓝牙 5.1,引入了业界期待已久的寻向功能。通过寻向功能,可以侦测蓝牙信号的方向,实现厘米级的实时定位,不仅为室内定位的实现提供了一个解决方案,还为优化物联网的应用提供了多项新特性。

3) 低功耗蓝牙 5.2 简介

2019 年 12 月,蓝牙联盟发布了新版本的蓝牙核心规范(Bluetooth Core Specification)——低功耗蓝牙 5.2、针对低功耗蓝牙 5.1,低功耗蓝牙 5.2 增加了 3 个新功能:增强型属性协议(Enhanced Attribute Protocol,EATT)、LE 功率控制(LE Power Control)和 LE 同步频道(LE Isochronous Channel)。

LE 功率控制有以下优点。

(1) 通过在连接设备之间进行动态功率管理,降低发射端的总功耗。

(2) 通过控制接收端信号强度,使其保持在接收端的最佳范围内,从而提高可靠性。

(3) 与环境中使用 2.4GHz 频率的其他无线设备共存,减少相互间的干扰。这一优点对所有工作于相同频段的设备都有帮助,而不仅仅是低功耗蓝牙设备。

LE 功率控制的应用场景如下。

(1) 调整设备的发射功率并通知对方。

(2) 基于双方设备可接受的功率最佳值,调整自己的发射功率。

(3) 监控链路的路径损耗(Path Loss)。在这种应用场景中,可以使低功耗蓝牙设备既能保证通信质量,又能使功耗最小化,还能尽可能减少其对周边设备无线电环境的干扰与影响。

4) 低功耗蓝牙 5.3 简介

2021 年 7 月,蓝牙联盟发布了最新版本的蓝牙核心规范 5.3,这个新版本引入了两项增强功能和一项新功能。引入的增强功能包括周期广播增强(Periodic Advertising Enhancement)功能和频道分类增强(Channel Classification Enhancement)功能;引入的新功能是连接分级(Connection Subrating)功能。这些功能进一步提高了低功耗蓝牙的通信效率、降低了功耗、提高了无线共存性,使低功耗蓝牙设备的可靠性、能源效率和用户体验等得到了显著的改善。

3.4.2 无线多协议 SoC 芯片

SoC 芯片是一种集成电路的芯片,可以有效地降低电子/信息系统产品的开发成本,缩短开发周期,提高产品的竞争力,是未来工业界将采用的最主要的产品开发方式。下面讲述无线多协议 SoC 芯片。

1. 无线多协议 SoC 芯片简介

Nordic 是中短距离无线应用的领跑者,是低功耗蓝牙技术和标准的创始者之一,其超低功耗无线技术已成为业界的标杆。按照产品发展的脉络,Nordic 的低功耗蓝牙芯片分为 nRF51 系列、nRF52 系列、nRF53 系列。

(1) nRF51 系列芯片是 Nordic 早期推出的 SoC 芯片,采用 Arm Cortex-M0 内核处理器架构,支持低功耗蓝牙 4.0 及以上的特性,由于性能稳定、性价比高,目前在市面上还有较多客户在使用,该系列的代表芯片是 nRF51822。

(2) nRF52 系列芯片采用 Arm Cortex-M4 内核处理器架构,支持低功耗蓝牙 5.0 及以上的特性,功耗更优,约为 nRF51 系列芯片的一半;性能更强大,除了内存空间有所增加,支持无线多协议和 NFC,依赖于协议栈的支持,可同时作为主机和从机使用;在射频方面,nRF52 系列芯片的内部集成了巴伦芯片,减少了外部元器件。nRF52 系列芯片的规格型齐全,可满足不同应用要求,是市面上主流的低功耗蓝牙芯片,该系列的代表芯片有 nRF52832、nRF52840。巴伦是平衡不平衡转换器(balun)的英文音译,balun 是由"balanced"和"unbalanced"两个词组成的。其中 balance 代表差分结构,而 un-balance 代表单端结构。巴伦电路可以在差分信号与单端信号之间互相转换,巴伦电路有很多种形式,可以包括不必要的变换阻抗,平衡变压器也可以用来连接行不同的阻抗。

(3) nRF53 系列芯片是高端无线多协议 SoC 芯片,采用双 Arm Cortex-M33 内核处理架构,即一个内核用于处理无线协议,另一个内核用于应用开发。双核处理器高效协同工作在性能与功耗方面得到完美的结合,同时 nRF53 系列芯片还具备高性能、低功耗、可扩展等优势,可广泛用于智能家居、室内导航、专业照明、工业自动化、可穿戴设备以及其他复杂的物联网应用。该系列的代表芯片是 nRF5340。

2. 无线多协议 SoC 芯片的未来发展路线图

Nordic 致力于超低功耗中短距离无线技术的应用市场,目前已有规格齐全的芯片型号可满足不同应用场景的需要,并兼顾资源配置和性价比。在不久的将来,nRF53、nRF54 都会陆续推出新的芯片型号,在功耗、射频、安全加密等性能上会有更大的提升。

3.4.3 nRF5340 的主要规格参数

下面讲述 nRF5340 的主要规格参数。

1. nRF5340 简介

nRF5340 是 Nordic 推出的高端多协议系统级 SoC 芯片,是基于 Nordic 经过验证并在全球范围得到广泛采用的 nRF51 和 nRF52 系列无线多协议 SoC 芯片构建的,同时引入了具有先进安全功能的全新灵活双核处理器硬件架构,是世界上第一款配备双 Arm Cortex-M33 处理器的无线多协议 SoC 芯片。nRF5340 外形如图 3-13 所示,支持低功耗蓝牙 5.3、蓝牙 Mesh 网络、NFC、Thread、ZigBee 和 Matter。

图 3-13　nRF5340 外形

nRF5340 带有 512KB 的 RAM,可满足下一代高端可穿戴设备的需求;可通过高速串行外设接口(Serial Peripheral Interface,SPI)、队列串行外设接口(Queued SPI,QSPI)和通用串行总线(Universal Serial Bus,USB)等接口与外设连接,同时可最大限度地减少功耗。其中的 QSPI 接口,能够以 96MHz 的时钟频率与外部存储器连接;高速 SPI 接口能够以 32MHz 的时钟频率连接显示器和复杂传感器。

nRF5340 采用双核处理器架构,包括应用核处理器和网络核处理器。应用核处理器针对性能进行了优化,其时钟频率为 128MHz 或 64MHz,具有 1MB 的 Flash、512KB 的 RAM、一个浮点单元(Float Point Unit,FPU)、一个 8KB 的 2 路关联缓存和 DSP 功能。网络核处理器针对低功耗和效率进行了优化,其时钟频率为 64MHz,具有 256KB 的 Flash、64KB 的 RAM。两个处理器可以各自独立地工作,也可直接通过 IPC 外设连接,互相唤醒对方。

nRF5340 集成了 Arm TrustZone 的 Arm CryptoCell-312 技术和安全密钥存储,可提供最高级别的安全性。nRF5340 通过 Arm CryptoCell-312 对最通用的互联网加密标准进行了硬件加速,并与密钥管理单元(Key Management Unit,KMU)一起实现加密和安全密钥存储。同时 Arm TrustZone 通过在单个内核上创建安全和非安全代码执行区,为受信任的软件提供系统范围内的硬件隔离,并且与密钥管理单元外围设备一起实现加密和安全密钥存储。nRF5340 的安全性能可实现先进的信任根和安全的固件更新,同时保护自己免受恶意攻击。

nRF5340 支持多种无线协议且支持低功耗蓝牙,并且能够在蓝牙测向中实现到达角(Angle of Arrival,AoA)和离开角(Angle of Departure,AoD)测量的功能。此外,nRF5340 还支持 LE 音频、高速率通信(2Mb/s)、扩展广播数据包和长距离通信,以及对蓝牙 Mesh、Thread、ZigBee、NFC、ANT、IEEE 802.15.4 和 2.4GHz 等协议的支持,可以与低功耗蓝牙同时运行,通过智能手机能够调试、配置和控制 Mesh 网络节点。

nRF5340 集成了全新功耗优化的多协议 2.4GHz 无线电单元,其 TX 的电流仅为 3.2mA(在 0dBm、3V、DC/DC 的条件下),RX 的电流为 2.6mA(在 3V、DC/DC 的条件下),睡眠电流低至 1.1μA。作为一款高性能的 SoC 芯片,nRF5340 的特色是增强了对动态多协议的支持,可并发支持低功耗蓝牙和蓝牙 Mesh、Thread、ZigBee、Matter;可通过带低功耗蓝牙的智能手机对 nRF5340 进行配置、通信和调试,并与蓝牙 Mesh 交互;nRF5340 的射频单元具有低功耗蓝牙 5.1 测向的全部功能；nRF5340 的工作电压为 1.7～5.5V，可由可充电锂电池或 USB 供电。

值得一提的是，nRF5340 芯片内还集成了用于 32MHz 和 32.762kHz 晶体振荡器的负载电容，与 nRF52 系列芯片相比，所需的外部组件数目减少了 4 个，有利于减小产品的尺寸。

2. nRF5340 的主要特性

nRF5340 的主要特性如下。

（1）采用双核处理器架构。nRF5340 包含两个 Arm Cortex-M33 处理器，其中的网络核处理器用于处理无线协议和底层协议栈，应用核处理器用于开发应用及功能；双核处理器架构兼顾高性能和高效率，可进一步优化性能和效率，达到最优；低功耗蓝牙协议栈的主机（Host）和控制器（Controller）分别运行在不同的处理器上，效率更高。

（2）支持多协议。nRF5340 支持低功耗蓝牙 5.3 及更高版本；支持蓝牙 Mesh、Thread、ZigBee、NFC、ANT、IEEE 802.15.4。

（3）优化了射频功耗。在 TX 的峰值功耗降低 30%，即 0dBm 时，TX 的电流约为 3.2mA，RX 的电流约为 2.6mA；RX 的灵敏度为 −97.5dBm；在 −20dBm～+3dBm 的范围内，能够以 1dB 为单位调整 TX 的发射功率。

（4）高安全性。采用 Arm TrustZone 和安全密钥存储；可设置 Flash、RAM、GPIO 和外设的安全属性；采用 Arm CryptoCell-312 实现硬件加速加密；具有独立的密钥存储单元。

（5）全合一。采用全新的芯片系列、双核处理器架构、最高级别的安全加密技术，工作温度可以达到 105℃，具有更大的存储空间和内存、更快的运行效率，并且功耗更优。

（6）专为 LE 音频设计。支持同步频道、LC3，采用低抖动音频 PLL 时钟源。

（7）运行效率更高。CPU 运行在时钟频率 64MHz 时，无论网络处理器还是应用核处理器，nRF5340 的运算性能均高于 nRF52840。

3.4.4　nRF5340 的开发工具

下面讲述 nRF5340 的开发工具。

1. nRF Connect SDK 软件开发平台

nRF Connect SDK（NCS）是 Nordic 最新的软件开发平台，该平台支持 Nordic 所有产品线，集成了 Zephyr RTOS、低功耗蓝牙协议栈、应用示例和硬件驱动程序，统一了低功耗蜂窝物联网和低功耗中短距离无线应用开发。nRF Connect SDK 可以在 Windows、macOS 和 Linux 上运行，由 GitHub 提供源代码管理，并提供免费的 SES（SEGGER Embedded Studio）综合开发编译环境支持。

SES 是 SEGGER 公司开发的一个跨平台 IDE（支持 Windows、Linux、macOS）。从用户体验上来看，SES 是优于 IAR 和 MDK 的。同时，使用 Nordic 的 BLE 芯片可以免费使用这个 IDE，没有版权的纠纷，Nordic 官方跟 SEGGER 已经达成合作协议。

2. nRF5340 DK 开发板(Development Kit)

nRF5340 DK(Development Kit)是用于开发 nRF5340 的开发板,如图 3-14 所示,该开发板包含开发工作所需的硬件组件及外设。nRF5340DK 开发板支持使用多种无线协议,配有一个 SEGGER 的 J-Link 调试器,可对 nRF5340DK 开发板上的 nRF5340 或基于 Nordic 的 SoC 芯片的外部目标板进行全面的编程和调试。

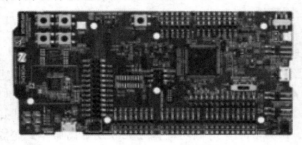

图 3-14　nRF5340 开发板

开发者可通过 nRF5340 DK 开发板的连接器和扩展接口使用 nRF5340 的模拟接口、数字接口及 GPIO,该开发板上配置了 4 个按钮和 4 个 LED,可简化 nRF5340 的输入和输出设置,并且可由开发者编程控制。

在实际使用时,nRF5340 DK 开发板既可以通过 USB 供电,也可以通过 1.7~5.0V 的外部电源供电。

3.4.5　低功耗蓝牙芯片 nRF51822 及其应用电路

Nordic 低功耗蓝牙 4.0 芯片 nRF51822 内含一颗 Cortex-M0 CPU,拥有 256/128KB Flash 和 32/16KB RAM,为低功耗蓝牙产品应用提供了性价比最高的单芯片解决方案,是超低功耗与高性能的完美结合。nRF51822 低功耗蓝牙模块外形如图 3-15 所示。

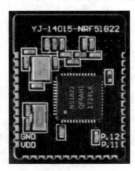

图 3-15　nRF51822 低功耗蓝牙模块外形

nRF51822 低功耗蓝牙模块的原理图如图 3-16 所示。

图 3-16 右边方框内的电路为阻抗匹配网络部分电路,将 nRF51822 的射频差分输出转为单端输出 50Ω 标准阻抗,相应的天线也应该是 50Ω 阻抗,这样才能确保功率最大化地传输到空间。

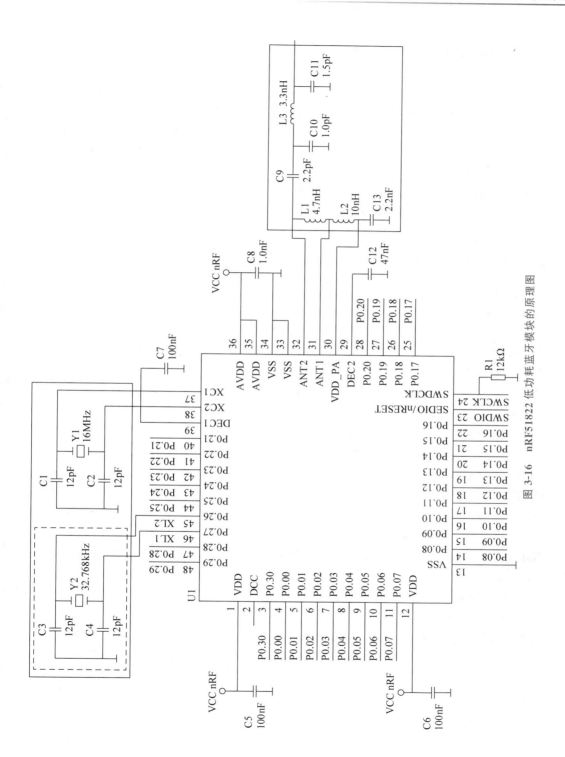

图 3-16 nRF51822 低功耗蓝牙模块的原理图

3.5　ZigBee 无线传感器网络

无线传感器网络(Wireless Sensor Network,WSN)采用微小型的传感器节点获取信息,节点之间具有自动组网和协同工作能力,网络内部采用无线通信方式,采集和处理网络中的信息,发送给观察者。目前 WSN 使用的无线通信技术过于复杂,非常耗电,成本很高。而 ZigBee 是一种短距离、低成本、低功耗、低复杂度的无线网络技术,在无线传感器网络应用领域极具发展潜力。

无线传感器网络有着十分广泛的应用前景,在工业、农业、军事、环境、医疗、数字家庭、绿色节能、智慧交通等传统和新兴领域都具有巨大的运用价值,无线传感器网络将无处不在,并将完全融入人们的生活。

3.5.1　ZigBee 无线传感器网络通信标准

下面讲述 ZigBee 无线传感器网络通信标准。

1. ZigBee 标准概述

ZigBee 技术在 IEEE 802.15.4 的推动下,不仅在工业、农业、军事、环境、医疗等传统领域取得了成功的应用,在未来其应用可能涉及人类日常生活和社会生产活动的所有领域,真正实现无处不在的网络。

ZigBee 技术是一种近距离、低复杂度、低功耗、低成本的双向无线通信技术,主要用于距离短、功耗低且传输速率不高的各种电子设备之间进行数据传输以及典型的有周期性数据、间歇性数据和低反应时间数据传输的应用,因此非常适用于家电和小型电子设备的无线控制指令传输。ZigBee 技术典型的传输数据类型有周期性数据(如传感器)、间歇性数据(如照明控制)和重复低反应时间数据(如鼠标),其目标功能是自动化控制。它采用跳频技术,使用的频段分别为 2.4GHz(ISM)、868MHz(欧洲)及 915MHz(美国),而且均为免执照频段,有效覆盖范围为 10～275m。当网络速率降低到 28kb/s 时,传输范围可以扩大到334m,具有更高的可靠性。

ZigBee 标准是一种新兴的短距离无线网络通信技术,它是基于 IEEE 802.15.4 协议栈,主要针对低速率的通信网络设计的。它本身的特点使得其在工业监控、传感器网络、家庭监控、安全系统等领域有很大的发展空间。ZigBee 体系结构如图 3-17 所示。

2. ZigBee 协议框架

ZigBee 堆栈是在 IEEE 802.15.4 标准的基础上建立的,定义了协议的介质访问控制(Medium Access Control,MAC)和物理(PHY)层。ZigBee 设备应该包括 IEEE 802.15.4 的 PHY 和 MAC 层,以及 ZigBee 堆栈层[网络层(NWK)、应用层和安全服务提供层]。

完整的 ZigBee 协议栈由物理层、介质访问控制子层、网络层、安全层和应用层组成,如图 3-18 所示。

ZigBee 协议栈的网络层、安全层和应用程序接口等由 ZigBee 联盟平台制定。物理层和

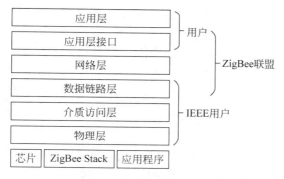

图 3-17　ZigBee 体系结构

应用层	应用层	用户
ZigBee平台通信栈	应用程序接口	ZigBee联盟平台
	安全层(128b加密)	
	网络层(星状/网状/树状)	
硬件实现	MAC子层	IEEE 802.15.4
	物理层868MHz/915MHz/2.4GHz	

图 3-18　ZigBee 协议栈

MAC 子层由 IEEE 802.15.4 标准定义。在 MAC 子层上面提供与上层的接口,可以直接与网络层连接,或者通过中间子层 SSCS 和 LLC 实现连接。ZigBee 联盟平台在 802.15.4 的基础上定义了网络层和应用层。其中,安全层主要实现密钥管理、存取等功能。应用程序接口负责向用户提供简单的应用程序接口(Application Program Interface,API),包括应用子层支持(Application Sub-layer Support,APS)、ZigBee 设备对象(ZigBee Device Object,ZDO)等,实现应用层对设备的管理。

3. ZigBee 网络层规范

协调器也被称为全功能设备(Full-Function Device,FFD),相当于蜂群结构中的蜂后,是唯一的,是 ZigBee 网络启动或建立网络的设备。

路由器相当于雄蜂,数目不多,需要一直处于工作状态,需要主干线供电。

末端节点则相当于数量最多的工蜂,也称之为精简功能设备(Reduced-Function Device,RFD),只能传送数据给 FFD 或从 FFD 接收数据,该设备需要的内存较小(特别是内部 RAM)。

4. ZigBee 应用层规范

ZigBee 协议栈的层结构包括 IEEE 802.15.4 介质访问控制层和物理层,以及 ZigBee 网络层,每一层通过提供特定的服务完成相应的功能。其中,ZigBee 应用层包括 APS 子层、ZDO(包括 ZDO 管理层)以及用户自定义的应用对象。APS 子层的任务包括维护绑定(Binding)表和绑定设备间消息传输。所谓的绑定指的是根据两个设备在网络中的作用,发现网络中的作用,发现网络中的设备并检查它们能够提供哪些应用服务,产生或者回应绑定请求,并在网络设备间建立安全的通信。

ZigBee 应用层有 3 个组成部分,包括应用子层支持、应用框架(Application Framework,AF)、ZigBee 设备对象。它们共同为各应用开发者提供统一的接口,规定了与应用相关的功能,如端点(EndPoint)的规定、绑定、服务发现和设备发现等。

3.5.2　ZigBee 开发技术

随着集成电路技术的发展,无线射频芯片厂商采用片上系统的方法,对高频电路进行了高度集成,大大地简化了无线射频应用程序的开发。其中最具代表性的是 TI 公司开发的CC2530 无线微控制器,为 2.4GHz、IEEE 802.15.4/ZigBee 片上系统提供解决方案。

TI 公司提供完整的技术手册、开发文档、工具软件,使得普通开发者开发无线传感器网络应用成为可能。TI 公司不仅提供了实现 ZigBee 网络的无线微控制器,而且免费提供了符合 ZigBee 2007 协议规范的协议栈 Z-Stack 和较为完整的开发文档。因此,CC2530+Z-Stack 成为目前 ZigBee 无线传感器网络开发的最重要技术之一。

1. CC2530 无线片上系统概述

CC2530 无线片上系统微控制器是一个用于 IEEE 802.15.4、ZigBee 和 RF4CE 应用的真正的片上系统解决方案。它能够以非常低的总材料成本建立强大的网络节点。CC2530结合了领先的 2.4GHz 的 RF 收发器的优良性能,业界标准的增强型 8051 微控制器,系统内可编程闪存,8kB RAM 和许多其他强大的功能。根据芯片内置闪存的不同容量,CC2530有 4 种不同的型号:CC2530F32/64/128/256。CC2530 具有不同的运行模式,使得它尤其适应超低功耗要求的系统。运行模式之间的转换时间短,这进一步确保了低能源消耗。

CC2530 大致可以分为 4 个部分:CPU 和内存、时钟和电源管理、外设,以及无线设备。

1) CPU 和内存

CC253x 系列芯片使用的 8051CPU 内核是一个单周期的 8051 兼容内核,包括一个调试接口和一个 18 输入扩展中断单元。

2) 时钟和电源管理

数字内核和外设由一个 1.8V 低差稳压器供电,它提供了电源管理功能,可以实现使用不同供电模式来延长电池寿命。

3) 外设

CC2530 包括许多不同的外设,允许应用程序设计者开发先进的应用。

4) 无线设备

CC2530 具有一个 IEEE 802.15.4 兼容无线收发器,RF 内核控制模拟无线模块。另外,它提供了 MCU 和无线设备之间的一个接口,这使得可以发出命令、读取状态、自动操作和确定无线设备事件的顺序。无线设备还包括一个数据包过滤和地址识别模块。

2. CC2530 引脚功能

CC2530 芯片采用 QFN40 封装,共有 40 个引脚,可分为 I/O 端口引脚、电源引脚和控制引脚，CC2530 外形和引脚，如图 3-19 所示。

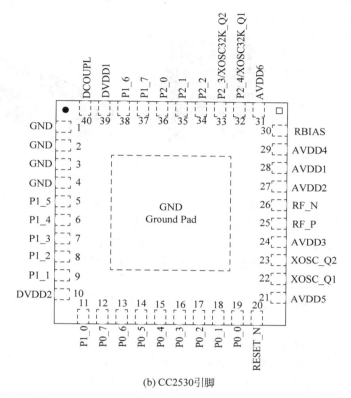

(a) CC2530外形

(b) CC2530引脚

图 3-19　CC2530 外形和引脚

1）I/O 端口引脚功能

CC2530 芯片有 21 个可编程 I/O 引脚，P0 和 P1 是完整的 8 位 I/O 端口，P2 只有 5 个可以使用的位。

2）电源引脚功能

AVDD1～AVDD6：为模拟电路提供 2.0～3.6V 工作电压。

DCOUPL：提供 1.8V 去耦电压，此电压不为外电路使用。

DVDD1,DVDD2：为 I/O 端口提供 2.0～3.6V 电压。

GND：接地。

3）控制引脚功能

RESET_N：复位引脚，低电平有效。

RBIAS：为参考电流提供精确的偏置电阻。

RF_N：RX 期间负 RF 输入信号到 LNA。

RF_P：RX 期间正 RF 输入信号到 LNA。

XOSC_Q1：32MHz 晶振引脚 1。

XOSC_Q2：32MHz 晶振引脚 2。

CC2530 无线模块如图 3-20 所示。

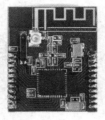 

(a) PCB印制天线　　　　　　　　　(b) 外置天线

图 3-20　CC2530 无线模块

3. CC2530 的应用领域

CC2530 应用领域如下：2.4GHz IEEE 802.15.4 系统、RF4CE 远程控制系统(需要大于 64KB Flash)、ZigBee 系统(需要 256KB Flash)、家庭/楼宇自动化、照明系统、工业控制和监控、低功耗无线传感网络、消费型电子、医疗保健。

3.6　W601 Wi-Fi MCU 芯片及其应用实例

2018 年初,联盛德(Winner Micro)推出了新一代 IoT Wi-Fi 芯片 W600,其上市伊始就以其优异的性价比优势迅速获得智能硬件领域的认可并取得骄人的业绩。

市面上的智能家电产品普遍采用主控 MCU＋Wi-Fi 模块的双芯片系统架构,MCU 负责实现和处理产品应用流程；Wi-Fi 模块负责处理联网通信和云端交互功能。单芯片 W601 既能够满足小家电领域 MCU 的应用需求也能够满足 Wi-Fi 模块的无线通信功能需求,让智能家电方案更加优化,这既提高了系统集成度,减少了主板面积和器件,又降低了系统成本。

本节讲述北京联盛德微电子公司推出的具有 Cortex-M3 内核的 Wi-Fi 和蓝牙 SoC 系列芯片及其应用。

3.6.1　W601/W800/W801/W861 概述

W601/W800/W801/W861 是北京联盛德微电子公司推出的具有 Cortex-M3 内核的 Wi-Fi 和蓝牙 SoC 系列芯片,简单介绍如下。

1) W601-智能家电 Wi-Fi MCU 芯片

W601 Wi-Fi MCU 是一款支持多功能接口的 SoC 芯片,可作为主控芯片应用于智能家电、智能家居、智能玩具、医疗监护、工业控制等物联网领域。该 SoC 芯片集成 Cortex-M3 内核,内置 Flash,支持 SDIO、SPI、UART、GPIO、RC、PWM、I2S、7816、LCD、ADC 等丰富的接口,支持多种硬件加解密协议,如 PRNG/SHA1/MD5/RC4/DES/3DES/AES/CRC/RSA 等；支持 IEEE 802：11b/g/n 国际标准。集成射频收发前端 RF Transceiver,PA 功率放大器,基带处理器/媒体访问控制。

2）W800-安全物联网 Wi-Fi/蓝牙 SoC 芯片

W800 芯片是一款安全 IoT Wi-Fi/蓝牙双模 SoC 芯片,支持 2.4GHz IEEE 802.11b/g/n Wi-Fi 通信协议及 BLE4.2 协议。W800 芯片集成 32 位 CPU 处理器,内置 UART、GPIO、SPI、I2C、I2S、7816 等数字接口;支持可信执行环境（Trusted Execution Environment,TEE）安全引擎,支持多种硬件加解密算法,内置 DSP、浮点运算单元,支持代码安全权限设置,内置 2MB Flash 存储器,支持固件加密存储、固件签名、安全调试、安全升级等多项安全措施,保证产品安全特性。W800 芯片适用于智能家电、智能家居、智能玩具、无线音/视频、工业控制、医疗监护等物联网领域。

3）W801-IoT Wi-Fi/BLE SoC 芯片

W801 芯片是一款安全 IoT Wi-Fi/蓝牙双模 SoC 芯片,提供丰富的数字功能接口,支持 2.4GHz IEEE 802.11b/g/nWi-Fi 通信协议,BT/BLE 双模工作模式,以及 BT/BLE4.2 协议。芯片集成 32 位 CPU 处理器,内置 UART、GPIO、SPI、I2C、I2S、7816、SDIO、ADC、PSRAM、LCD、TouchSensor（触摸感应器）等数字接口;支持 TEE 安全引擎,支持多种硬件加解密算法,内置 DSP、浮点运算单元与安全引擎,支持代码安全权限设置,内置 2MB Flash 存储器,支持固件加密存储、固件签名、安全调试、安全升级等多项安全措施,保证产品的安全特性。W801 芯片同样适用于智能家电、智能家居、智能玩具、无线音/视频、工业控制、医疗监护等物联网领域。

4）W861 大内存 Wi-Fi/蓝牙 SoC 芯片

W861 芯片是一款安全 IoT Wi-Fi/蓝牙双模 SoC 芯片。芯片提供大容量 RAM 和 Flash 空间,支持丰富的数字功能接口。支持 2.4GHz IEEE 802.11b/g/n Wi-Fi 通信协议;支持 BLE4.2 协议。芯片集成 32 位 CPU 处理器,内置 UART、GPIO、SPI、I2C、I2S、7816、SDIO、ADC、LCD、TouchSensor 等数字接口;内置 2MB Flash 存储器,2MB 内存;支持 TEE 安全引擎,支持多种硬件加解密算法,内置 DSP、浮点运算单元与安全引擎,支持代码安全权限设置,支持固件加密存储、固件签名、安全调试、安全升级等多项安全措施,保证产品安全特性。W861 芯片同样适用于智能家电、智能家居、智能玩具、无线音/视频、工业控制、医疗监护等物联网领域。

本节以 W601 Wi-Fi MCU 芯片为例,讲述该系列芯片的应用。

W601 Wi-Fi MCU 芯片的外形如图 3-21 所示。

W601 主要有如下优势。

（1）具有 Cortex M3 内核,拥有强劲的性能,更高的代码密度、位带操作、可嵌套中断、低成本低功耗,高达 80MHz 的主频,非常适合物联网场景的使用。

（2）该芯片最大的优势就是集成了 Wi-Fi 功能,单芯片方案可代替传统的 Wi-Fi 模组＋外置 MCU 方案,并且采用 QFN68 封装,可以大大缩小产品体积。

图 3-21　W601 Wi-Fi MCU 芯片的外形

（3）具有丰富的外设，拥有高达 288KB 的片内 SRAM 和 1MB 的片内 Flash，并且支持 SDIO、SPI、UART、GPIO、I2C、PWM、I2S、7861、LCD、ADC 等外设。

W601 内嵌 Wi-Fi 功能，对于 Wi-Fi 应用场景来说，该国产芯片是个非常不错的选择，既可以缩小产品体积，又可以降低成本。

1. W601 特征

W601 具有如下特征。

1）芯片外观

W601 为 QFN68 封装。

2）芯片集成程度

（1）集成 32 位嵌入式 Cortex-M3 处理器，工作频率 80MHz。

（2）集成 288KB 数据存储器。

（3）集成 1MB Flash。

（4）集成 8 通道直接存储器存取（Direct Memory Access，DMA）控制器，支持任意通道分配给硬件使用或软件使用，支持 16 个硬件申请，支持软件链表管理。

（5）集成 2.4GHz 射频收发器，满足 IEEE 802.11 规范。

（6）集成 PA/LNA/TR-Switch。

（7）集成 10bit 差分 ADC/DAC。

（8）集成 32.768kHz 时钟振荡器。

（9）集成电压检测电路、LDO、电源控制电路、集成上电复位电路。

（10）集成通用加密硬件加速器，支持 PRNG/SHA1/MD5/RC4/DES/3DES/AES/CRC/RSA 等多种加解密协议。

3）芯片接口

（1）集成 1 个 SDIO2.0 Device 控制器，支持 SDIO 1 位/4 位/SPI 3 种操作模式；工作时钟范围为 0～50MHz。

（2）集成 2 个 UART 接口，支持 RTS/CTS，波特率范围为 1200b/s～2Mb/s。

（3）集成 1 个高速 SPI 设备控制器，工作时钟范围为 0～50MHz。

（4）集成 1 个 SPI 主/从接口，主设备支持 20Mb/s 工作频率，从设备支持 6Mb/s 数据传输速率。

（5）集成一个 IC 控制器，支持 100/400kb/s 速率。

（6）集成 GPIO 控制器。

（7）集成 PWM 控制器，支持 5 路 PWM 单独输出或者 2 路 PWM 输入。最高输出频率为 20MHz，最高输入频率为 20MHz。

（8）集成双工 I2S 控制器，支持 32kHz 到 192kHz I2S 接口编解码。

（9）集成 7816 接口，支持 ISO-78117-3T=0/1 模式，支持 EVM2000 规范，并兼容串口功能。

（10）集成 LCD 控制器，支持 8×16/4×20 接口，支持 2.7～3.6V 电压输出。

4）协议与功能

（1）支持 GB 15629.11—2006、IEEE 802.11 b/g/n/e/i/d/k/r/s/w。

（2）支持 WAPI 2.0；支持 Wi-Fi WMM/WMM-PS/WPA/WPA2/WPS；支持 Wi-Fi Direct。

（3）支持 EDCA 信道接入方式；支持 20/40Mb/s 带宽工作模式。

（4）支持 STBC、GreenField、Short-GI、支持反向传输；支持 RIFS 帧间隔；支持 AMPDU、AMSDU。

（5）支持 IEEE 802.11n MCS 0～7、MCS32 物理 8 层传输速率挡位，传输速率最高为 150Mb/s；2/5.5/11Mb/s 速率发送时支持 Short Preamble。

（6）支持 HT-immediate Compressed BlockAck、Normal Ack、No Ack 应答方式；支持 CTS to self；支持 AP 功能；支持作为 AP 和 STA 同时使用。

（7）在 BSS 网络中，支持多个组播网络，并且支持各个组播网络加密方式不同，最多可以支持总和为 32 个的组播网络和入网 STA 加密；BSS 网络支持作为 AP 使用时，支持站点与组的总和为 32 个，IBSS 网络中支持 16 个站点。

5）供电与功耗

（1）3.3V 单电源供电。

（2）支持 PS-Poll、U-APSD 功耗管理。

（3）SoC 芯片待机电流小于 10μA。

2. W601 芯片结构

W601 芯片结构如图 3-22 所示。

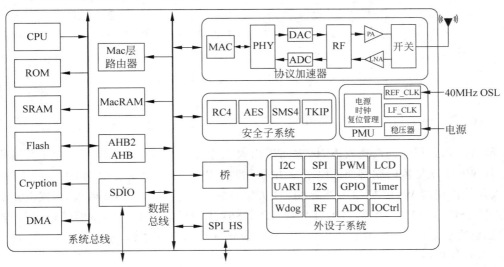

图 3-22　W601 芯片结构

3. W601 管脚定义

W601 引脚布局如图 3-23 所示。

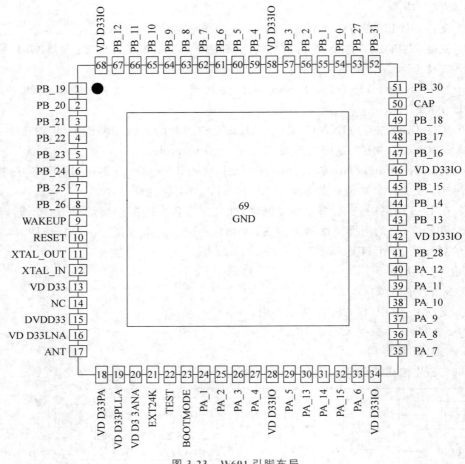

图 3-23　W601 引脚布局

3.6.2　ALIENTEK W601 开发板

随着嵌入式行业的高速发展,国内涌现出大批芯片厂商,ALIENTEK W601 开发板的主芯片 W601 就是国内联盛德微电子推出的一款集 Wi-Fi 与 MCU 于一体的 Wi-Fi 芯片方案,以代替传统的 Wi-Fi 模组+外置 MCU 方案。它集成了 Cortex-M3 内核,内置 Flash,支持 SDIO、SPI、UART、GPIO、I2C、PWM、I2S、7861、LCD 和 ADC 等丰富的接口,支持多种硬件加解密协议,并支持 IEEE 802.11b/g/n 国际标准,集成射频收发前端 RF、PA 功率放大器、基带处理器等。

1. W601 开发板介绍

正点原子新推出的一款 Wi-Fi MCU SoC 芯片的 ALIENTEK W601 开发板。

ALIENTEK W601 开发板的资源如图 3-24 所示。

从图 3-24 可以看出,W601 开发板资源丰富,接口繁多,W601 芯片的绝大部分内部资

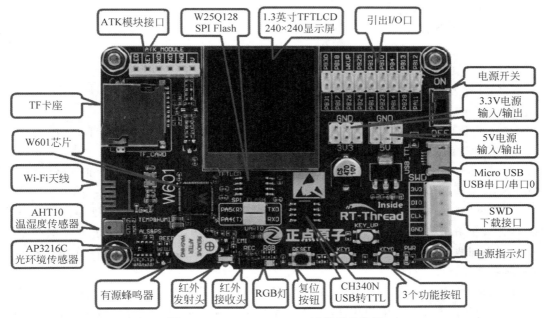

图 3-24 ALIENTEK W601 开发板的资源

源都可以在此开发板上验证,同时扩充丰富的接口和功能模块,整个开发板显得十分大气。

开发板的外形尺寸为 53mm×80mm,比身份证还要小,方便随身携带,板子的设计十分人性化,经过多次改进,最终确定了这样的外观。

ALIENTEK W601 开发板载资源如下。

(1) MCU:W601,QFN68,SRAM(288KB),Flash(1MB)。

(2) 外扩 SPI Flash:W25Q128(16MB)。

(3) 1 个电源指示灯(蓝色)。

(4) 1 个 SWD 下载接口(仿真器下载接口)。

(5) 1 个 Micro USB 接口(可用于供电、串口通信和串口下载)。

(6) 1 组 5V 电源供应/接入口。

(7) 1 组 3.3V 电源供应/接入口。

(8) 1 个电源开关,控制整个板的电源。

(9) 1 组 I/O 口扩展接口,可自由配置使用方式。

(10) 1 个 TFTLCD 显示屏:1.3 英寸 240×240 分辨率。

(11) 1 个 ATK 模块接口,支持蓝牙/GPS/MPU6050/RGB/LORA 等模块。

(12) 1 个 TF 卡座。

(13) 1 个板载 Wi-Fi PCB 天线。

(14) 1 个温湿度传感器:AHT10。

(15) 1 个光环境传感器:AP3216C。

（16）1 个有源蜂鸣器。

（17）1 个红外发射头。

（18）1 个红外接收头，并配备一款小巧的红外遥控器。

（19）1 个 RGB 状态指示灯(红、绿、蓝三色)。

（20）1 个复位按钮。

（21）3 个功能按钮。

（22）1 个 USB 转 TTL 芯片 CH340N,可用于串口通信和串口下载功能。

2．软件资源

上面详细介绍了 ALIENTEK W601 开发板的硬件资源。接下来,简要介绍一下 ALIENTEK W601 开发板的软件资源。

由于 ALIENTEK W601 开发板是正点原子、RT-Thread 和星通智联推出的一款基于 W601 芯片的开发板,所以这款开发版的软件资料有两份,一份是正点原子提供的基于 W601 的基础裸机学习例程,还有一份就是 RT-Thread 提供的基于 RT-Thread 操作系统的进阶学习例程。

正点原子提供的基础例程多达 21 个,这些例程全部是基于官方提供的最底层的库编写的。这些例程拥有非常详细的注释,代码风格统一、循序渐进,非常适合初学者入门。

3.6.3　W601 LED 灯硬件设计

本小节将要实现的是控制 ALIENTEK W601 开发板上的 RGB 实现一个类似跑马灯的效果,该实验的关键在于如何控制 W601 的 I/O 口输出。了解了 W601 的 I/O 口是如何输出的,就可以实现跑马灯。通过这一小节的学习,将初步掌握 W601 基本 I/O 口的使用,而这是迈向入门的第一步。

在讲解 W601 的 GPIO 之前,首先打开跑马灯实例工程,可以看到实例工程目录如图 3-25 所示。

工程目录下面的组件以及重要文件如下。

（1）组 USER 下面存放的主要是用户代码。main.c 文件主要存放的是主函数。

（2）组 SYSTEM 是 ALIENTEK 提供的共用代码,这些代码提供了时钟配置函数、延时函数和串口驱动函数。

（3）组 WMLIB 下面存放的是 W601 官方提供的库文件,每一个源文件.c 都对应一个头文件.h。可以根据工程需要添加和删除分组内的源文件。其中还存放有 W601 的启动文件 startup.s 文件。

（4）组 HARDWARE 下面存放的是每个实验的外设驱动代码,它是通过调用 WMLIB 下面的 HAL 库文件函数实现的,如 led.c 中函数调用 wm_gpio.c 内定义的函数对 led 进行初始化,这里面的函数是讲解的重点。后面的实验中可以看到会引入多个源文件。

W601 芯片的每个 GPIO 都可以通过软件单独配置,设置其作为输入端口、输出端口,并且可以设置浮空、上拉、下拉状态。

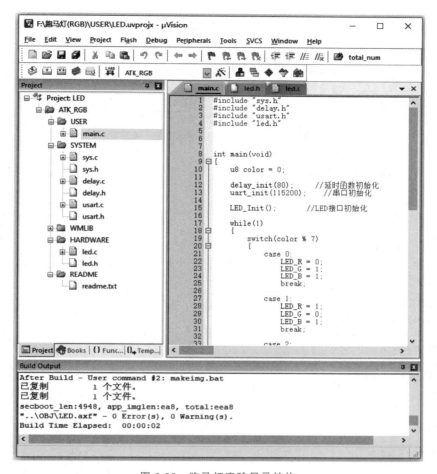

图 3-25　跑马灯实验目录结构

使用 W601 芯片的 I/O 口非常简单,只需要调用官方提供的以下函数就可以完成对某个 I/O 口的初始化。

void tls_gpio_cfg(enum tls_io_name gpio_pin, enum tls_gpio_dir dir, enum tls_gpio_attr attr)

其中 gpio_pin 是 I/O 口的引脚名;dir 是 I/O 口的数据传输方向,可以设置成输入还是输出;attr 为 I/O 口的状态,设置成浮空、上拉或者下拉状态;而 I/O 口的电平状态可以通过位带操作来实现。

本实例用到的硬件只有 RGB 灯。电路在 ALIENTEK W601 开发板上默认是已经连接好的。

开机上电后,先初始化与 RGB 灯连接的 I/O 口,然后每 500ms 改变一下 RGB 灯的颜色(RGB 可以通过 R/G/B 三色组合处多种不同颜色),以实现类似跑马灯的效果。

红色 LED(R)接 PA13,绿色 LED(G)接 PA14,蓝色 LED(B)接 PA15,由于 R、G、B 这3 个 LED 是共阳的,所以 I/O 口输出低电平才能使灯亮,其连接原理图如图 3-26 所示。

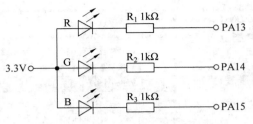

图 3-26 RGB 灯与 W601 连接原理图

3.6.4 W601 LED 灯软件设计

程序代码如下：

1. led.h

```
# ifndef _LED_H
# define _LED_H
# include "sys.h"

//RGB 接口定义
# define LED_R      PAout(13)
# define LED_G      PAout(14)
# define LED_B      PAout(15)

void LED_Init(void);

# endif
```

2. led.c

```
# include "led.h"
/ **
 * @brief      LED IO 初始化函数
 *
 * @param    void
 *
 * @return   void
 * /
void LED_Init(void)
{
    / *
      LED - B    PA13
      LED - G    PA14
      LED - R    PA15
    * /
    tls_gpio_cfg(WM_IO_PA_13,WM_GPIO_DIR_OUTPUT, WM_GPIO_ATTR_PULLHIGH);
    tls_gpio_cfg(WM_IO_PA_14, WM_GPIO_DIR_OUTPUT, WM_GPIO_ATTR_PULLHIGH);
    tls_gpio_cfg(WM_IO_PA_15, WM_GPIO_DIR_OUTPUT, WM_GPIO_ATTR_PULLHIGH);

    LED_R = 1;
```

```
    LED_G = 1;
    LED_B = 1;
}
```

3. main.c 函数

```c
# include "sys.h"
# include "delay.h"
# include "usart.h"
# include "led.h"

int main(void)
{
    u8 color = 0;

    delay_init(80);                    //延时函数初始化
    uart_init(115200);                 //串口初始化

    LED_Init();                        //LED 接口初始化

    while(1)
    {
        switch(color % 7)
        {
            case 0:
                LED_R = 0;
                LED_G = 1;
                LED_B = 1;
                break;

            case 1:
                LED_R = 1;
                LED_G = 0;
                LED_B = 1;
                break;

            case 2:
                LED_R = 1;
                LED_G = 1;
                LED_B = 0;
                break;

            case 3:
                LED_R = 0;
                LED_G = 0;
                LED_B = 1;
                break;

            case 4:
                LED_R = 0;
                LED_G = 1;
```

```
                    LED_B = 0;
                    break;

                case 5:
                    LED_R = 1;
                    LED_G = 0;
                    LED_B = 0;
                    break;

                case 6:
                    LED_R = 0;
                    LED_G = 0;
                    LED_B = 0;
                    break;

                default:
                    break;
            }

            color++;
            delay_ms(500);                    //延时 500ms 就改变一次颜色
        }

    }
```

程序下载完之后,可以看到 ALIENTEK W601 开发板上的 RGB 灯以不同颜色闪烁,
每 500ms 改变一次颜色。

习题

1. 简述什么是蓝牙技术。
2. nRF5340 的主要特性是什么?
3. 简述什么是 ZigBee 技术?
4. CC2530 无线片上系统大致可以分为几部分?
5. W601 Wi-Fi MCU 是一款什么芯片?
6. W601 主要优势有哪些?

第 4 章　人工智能和大数据技术

本章讲述人工智能、智能系统、大数据技术。

4.1　人工智能

人工智能(Artificial Intelligence,AI)是新兴的科学与工程领域之一,是 21 世纪三大尖端技术(基因工程、纳米科学、人工智能)之一,这是因为 30 多年来它迅速发展,在很多学科领域获得了广泛应用,并取得了丰硕的成果。人工智能已逐步成为一门独立的学科,无论在理论上还是在工程上都已自成体系。

4.1.1　人工智能概述

人工智能是研究使用计算机来模拟人的某些思维过程和智能行为(如学习、推理、思考、规划等)的学科,主要包括计算机实现智能的原理、制造类似于人脑智能的计算机,使计算机能实现更高层次的应用。

人工智能涉及计算机科学、心理学、哲学和语言学等学科,可以说几乎涉及自然科学和社会科学的所有学科,其范围已远远超出了计算机科学的范畴。人工智能与思维科学的关系是实践和理论的关系,人工智能是处于思维科学的技术应用层次,是它的一个应用分支。从思维观点看,人工智能不仅限于逻辑思维,还要考虑形象思维、灵感思维才能促进人工智能的突破性发展。数学常被认为是多种学科的基础科学,也进入了语言、思维领域。人工智能学科必须借用数学工具。数学不仅在标准逻辑、模糊数学等范围发挥作用,而且将进入人工智能学科,它们将互相促进并更快地发展。

人工智能企图了解智能的实质,并生产出一种新的能与人类智能相似的方式做出反应的智能机器。该领域的研究包括机器人、语言识别、图像识别、自然语言处理和专家系统等。

人工智能从诞生以来,理论和技术日益成熟,应用领域不断扩大,可以设想,未来人工智能带来的科技产品,将会是人类智慧的"容器"。人工智能可以对人的意识、思维的信息过程进行模拟。人工智能不是人的智能,但能像人那样思考、也可能超过人的智能。

随着大数据、类脑计算和深度学习等技术的发展,人工智能的浪潮又一次掀起。信息技术、互联网等领域几乎所有主题和热点,如搜索引擎、智能硬件、机器人、无人机和工业 4.0,其发展突破的关键环节都与人工智能有关。

1956 年,4 位年轻学者麦卡锡、明斯基、罗彻斯特和香农共同发起和组织召开了用机器模拟人类智能的夏季专题讨论会。会议邀请了包括数学、神经生理学、精神病学、心理学、信息论和计算机科学领域的 10 名学者参加,为期两个月。此次会议是在美国的新罕布什尔州的达特茅斯(Dartmouth)召开,也称为达特茅斯夏季讨论会。

会议上,科学家运用数理逻辑和计算机的成果,提供关于形式化计算和处理的理论,模拟人类某些智能行为的基本方法和技术,构造具有一定智能的人工系统,让计算机去完成需要人的智力才能胜任的工作。其中明斯基的神经网络模拟器、麦卡锡的搜索法、西蒙和纽厄尔的"逻辑理论家"成为讨论会的 3 个亮点。

在达特茅斯夏季讨论会上,麦卡锡提议用人工智能作为这一交叉学科的名称,定义为制造智能机器的科学与工程,标志着人工智能学科的诞生。半个多世纪以来,人们从不同的角度、不同的层面给出了对人工智能的定义。

下面介绍 4 种对人工智能的定义。

1. 类人行为方法

库兹韦勒提出人工智能是一种创建机器的技艺,这种机器能够执行需要人的智能才能完成的功能,这与图灵测试的观点很吻合,是一种类人行为定义的方法。1950 年,图灵提出图灵测试,并将"计算"定义为:应用形式规则,对未加解释的符号进行操作。将一个人与一台机器置于一间房间中,而与另外一个人分隔开来,并把后一个人称为询问者;询问者不能直接见到屋中任一方,也不能与他们说话,因此他不知道到底哪一个实体是机器,只可以通过一个类似终端的文本设备与他们联系;然后让询问者仅根据通过这个仪器提问收到的答案辨别出哪个是机器,哪个是人;如果询问者不能区别出机器和人,那么根据图灵的理论,就可以认为这个机器是智能的。

2. 类人思维方法

1978 年,贝尔曼提出人工智能是那些与人的思维、决策、问题求解和学习等有关活动的自动化。他主要采用的是认知模型的方法——关于人类思维工作原理的可检测的理论。

3. 理性思维方法

1985 年,查尼艾克和麦克德莫特提出人工智能是用计算模型研究智力能力,这是一种理性思维方法。一个系统如果能够在它所知范围内正确行事,它就是理性的。

4. 理性行为方法

尼尔森认为人工智能关心的是人工制品中的智能行为。这种人工制品主要指能够动作的智能体(Agent)。行为上的理性指的是已知某些信念,执行某些动作以达到某个目标。智能体可以被看作可以进行感知和执行动作的某个系统。在这种方法中,可以认为人工智能就是研究和建造理性智能体。

4.1.2　人工智能的发展过程

人类对智能机器的梦想和追求可以追溯到三千多年前。早在我国西周时代(前 1046—前 771 年),就流传有关巧匠偃师献给周穆王艺伎的故事。东汉(25—220 年)张衡(78—139 年)发明的指南车是世界上最早的机器人雏形。

古希腊斯吉塔拉人亚里士多德(前 384—前 322 年)的《工具论》,为形式逻辑奠定了基础。布尔(Boole)创立的逻辑代数系统,用符号语言描述了思维活动中推理的基本法则,被后世称为"布尔代数"。这些理论基础对于人工智能的创立发挥着重要作用。

人工智能的发展历史,可大致分为孕育期、形成期、低潮时期、基于知识的系统、神经网络的复兴和智能体的兴起。

1. 人工智能的孕育期(1956 年以前)

人工智能的孕育期大致可以认为是在 1956 年以前的时期,这一时期的主要成就是数理逻辑、自动机理论、控制论、信息论、神经计算和电子计算机等学科的建立和发展,为人工智能的诞生,奠定了理论和物质的基础。

这一时期主要有以下贡献。

(1) 1936 年,图灵创立了理想计算机模型的自动机理论,提出了以离散量的递归函数作为智能描述的数学基础,给出了基于行为主义的测试机器是否具有智能的标准,即图灵测试。

(2) 1943 年,心理学家麦克洛奇和数理逻辑学家皮兹在《数学生物物理公报》(*Bulletin of Mathematical Biophysics*)上发表了关于神经网络的数学模型。总结了神经元的一些基本生理特性,提出神经元形式化的数学描述和网络的结构方法,从此开创了神经计算的时代。

(3) 1945 年,冯·诺依曼提出存储程序概念,1946 年研制成功第一台电子计算机 ENIAC。

(4) 1948 年,香农发表了《通信的数学理论》,这标志着一门新学科——信息论的诞生。

(5) 1948 年,维纳创立了控制论,它是一门研究和模拟自动控制的生物和人工系统的学科,标志着人们根据动物心理和行为科学进行计算机模拟研究和分析的基础已经形成。

2. 人工智能的形成期(1956—1969 年)

人工智能的形成期大约从 1956 年开始到 1969 年。这一时期的主要成就包括 1956 年在美国的达特茅斯(Dartmouth)学院召开的为期两个月的学术研讨会,提出了"人工智能"这一术语,标志着这门学科的正式诞生。另外,还有包括在定理机器证明、问题求解、定位编号分离协议(Locator ID Separation Protocol,LISP)语言、模式识别等关键领域的重大突破。

3. 低潮时期(1966—1973 年)

人工智能快速发展了一段时期后,遇到了许多的困难,遭受了许多的挫折。如鲁宾逊的归结法的归结能力是有限的,证明两个连续函数之和还是连续函数时,推了十万步还没有推出来。

4．基于知识的系统(1969—1988 年)

1965 年,斯坦福大学的费根鲍姆和化学家勒德贝格合作研制出 DEN-DRAL 系统。1972—1976 年,费根鲍姆又成功开发出医疗专家系统 MYCIN。此后,许多著名的专家系统相继研发成功,其中较具代表性的有探矿专家系统 PROSPECTOR、青光眼诊断治疗专家系统 CASNET、钻井数据分析专家系统 ELAS 等。20 世纪 80 年代,专家系统的开发趋于商品化,创造了巨大的经济效益。

1977 年,费根鲍姆在第五届国际人工智能联合会议上提出知识工程的新概念。

知识工程的兴起,确立了知识处理在人工智能学科中的核心地位,使人工智能摆脱了纯学术研究的困境,使人工智能的研究从理论转向应用,从基于推理的模型转向知识的模型,使人工智能的研究走向了实用。

5．神经网络的复兴(1986 年至今)

1982 年,美国加州工学院物理学家霍普菲尔德使用统计力学的方法来分析网络的存储和优化特性,提出了离散的神经网络模型,从而有力地推动了神经网络的研究。1984 年霍普菲尔德又提出了连续神经网络模型。

20 世纪 80 年代,神经网络复兴的真正推动力是反向传播算法的重新研究。

6．智能体的兴起(1993 年至今)

20 世纪 90 年代,随着计算机网络、计算机通信等技术的发展,关于智能体的研究成为人工智能的热点。1993 年,肖哈姆提出面向智能体的程序设计。1995 年,罗素和诺维格出版了《人工智能》一书,提出"将人工智能定义为对从环境中接收感知信息并执行行动的智能体的研究"。因此,智能体应该是人工智能的核心问题。

4.1.3　人工智能研究的基本内容

人工智能是一门新兴的边缘学科,是自然科学和社会科学的交叉学科,它吸取了自然科学和社会科学的最新成果,以智能为核心,形成了具有自身研究特点的新的体系。人工智能的研究涉及广泛的领域,包括知识表示、搜索技术、机器学习、求解数据和知识不确定问题的各种方法等。人工智能的应用领域包括博弈、定理证明、语言和图像理解、机器人学和专家系统等。

人工智能也是一门综合性的学科,它是在控制论、信息论和系统论的基础上诞生的,涉及哲学和认知科学、数学、心理学、计算机科学及各种工程学方法,这些学科为人工智能的研究提供了丰富的知识和研究方法。图 4-1 给出了与人工智能有关的学科以及人工智能的研究和应用领域。

1．认知建模

美国心理学家休斯敦等把认知归纳为如下 5 种类型。

(1) 认知是信息的处理过程。

(2) 认知是心理上的符号运算。

(3) 认知是问题求解。

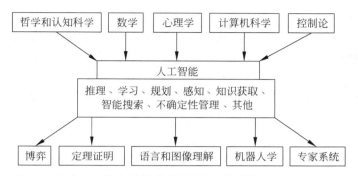

图 4-1　与人工智能有关的学科以及人工智能的研究和应用领域

（4）认知是思维。

（5）认知是一组相关的活动，如知觉、记忆、思维、判断、推理、问题求解、学习、想象、概念形成和语言使用等。

人类的认知过程是非常复杂的，建立认知模型的技术常被称为认知建模，目的是从某些方面探索和研究人的思维机制，特别是人的信息处理机制，同时也为设计相应的人工智能系统提供新的体系结构和技术方法。

2. 知识表示

人类的智能活动过程主要是一个获得并运用知识的过程，知识是智能的基础。人们通过实践，认识到客观世界的规律性，经过加工整理、解释、挑选和改造而形成知识。为了使计算机具有智能，模拟人类的智能行为，就必须使它具有适当形式表示的知识。知识表示是人工智能中一个十分重要的研究领域。

所谓知识表示实际上是对知识的一种描述，或者一组约定，一种计算机可以接受的用于描述知识的数据结构。知识表示是研究机器表示知识的可行的、有效的、通用的原则和方法。知识表示问题一直是人工智能研究中最活跃的部分之一。常用的知识表示方法有逻辑模式、产生式系统、框架、语义网络、状态空间、面向对象和连接主义等。

3. 自动推理

从一个或几个已知的判断逻辑推论出一个新的判断的思维形式被称为推理，这是事物的客观联系在意识中的反映。自动推理是知识的使用过程，人解决问题就是利用以往的知识，通过推理得出结论。自动推理是人工智能研究的核心问题之一。

按照新的判断推出的途径来划分，自动推理可分为演绎推理、归纳推理和反绎推理。演绎推理是一种从一般到个别的推理过程。演绎推理是人工智能中的一种重要的推理方式，目前研制成功的智能系统中，大多是用演绎推理实现的。归纳推理是一种从个别到一般的推理过程。归纳推理是机器学习和知识发现的重要基础，是人类思维活动中最基本、最常用的一种推理形式。反绎推理是由结论倒推原因。在反绎推理中，给定规则 $p \rightarrow q$ 和 q 的合理信念。然后希望在某种解释下得到谓词 p 为真。反绎推理是不可靠的，但由于 q 的存在，它又被称为最佳解释推理。

4. 机器学习

机器学习是研究计算机怎样模拟或实现人类的学习行为,以获取新的知识或技能,重新组织已有的知识结构使之不断改善自身的性能。只有让计算机系统具有类似人的学习能力,才有可能实现人类水平的人工智能。机器学习是人工智能研究的核心问题之一,是当前人工智能理论研究和实际应用非常活跃的研究领域。

主要学习方法为:基于解释的学习,基于事例的学习,基于概念的学习,基于神经网络的学习,遗传学习,增强学习,深度学习,超限学习以及数据挖掘和知识发现等。

另外,人工智能的应用领域还有专家系统、机器视觉、神经网络、智能控制、自动程序设计、计算智能、智能调度与指挥、智能检索等。

深度学习是机器学习研究中的一个新的领域,其概念由欣顿(G. E. Hinton)等学者于2006年提出,它模仿人脑神经网络进行分析学习的机制来解释图像、声音和文本等数据。

机器学习是人工智能领域一个极其重要的研究方向,而深度学习则是机器学习一个非常接近 AI 的分支,其思路为建立进行分析学习的神经网络,模仿人脑感知与组织的方式,根据输入数据做出决策。深度学习在快速的发展过程中,不断有与其相关的产品推向市场,显然,深度学习的应用将会日趋广泛。

深度学习是无监督学习的一种,其概念源于人工神经网络的研究。含多隐层的多层感知器就是一种深度学习结构。深度学习通过组合低层特征形成更加抽象的高层,表示属性类别或特征,以发现数据的分布式特征。

深度学习和人脑相似,人脑和深度学习模型都拥有大量的神经元,这些神经元在独立的情况下并不太智能,但当其相互作用时,就会变得相当智能。深度学习主要由神经网络构成,当数据穿过这个神经网络时,每一层都会处理这些数据,对数据进行过滤、聚合、辨别、分类及识别等操作,并产生最终输出。

4.1.4　人工智能的编程工具 Python 和 TensorFlow

下面介绍人工智能的编程工具 Python 和 TensorFlow。

1. Python

Python 是一种高层次的兼具解释性、编译性、互动性的面向对象的脚本语言。它主要基于其他语言发展而来,包括 ABC、Modula-3-3、C、C++、Algol-68、SmallTalk、UNIX shell 等脚本语言,该语言是在 20 世纪 80 年代末 90 年代初由基多·范·罗苏姆在荷兰国家数学和计算机科学研究所设计出来的。

Python 语言的应用越来越广泛,得益于它自身的良好特性。

1) 易于学习

Python 语言简单优雅,代码容易看明白且少,定位于简单、易于学习,而且 Python 代码易于维护,完全可以满足复杂应用的开发需求。

2) 跨平台开源

Python 可以运行在多种主流平台,如 Linux、Windows 和 macOS。由于 Python 是纯粹

的自由软件,源代码和解释器 CPython 均遵循 GPL(GNU General Public License)协议。

3) 广泛的标准库

Python 拥有丰富的、跨平台的库,与 UNIX、Windows 和 macOS 兼容。Python 包含网络、文件、GUI、数据库、文本、数值计算、游戏开发、硬件访问等大量的库,用户可利用自行开发的库和众多的第三方库简化编程,从而节省很多精力和时间成本,缩减开发周期。

4) 数据科学处理功能强大

Python 在数据处理方面具有先天优势,其内置的库外加第三方库(如 Numpy 库实现各种数据结构、SciPy 库实现强大的科学计算方法、Pandas 库实现数据分析、Matplotlib 库实现数据化套件、Urllib 和 Beautifulsoup 库实现 HTML 解析等)简化了数据处理,可以高效实现各类数据科学处理。

5) 广泛应用于人工智能领域

Python 在人工智能、数据挖掘、机器学习、神经网络、深度学习等领域均得到了广泛的支持和应用,如翻译语言、控制机器人、图像分析、文档摘要、语音识别、图像识别、手写识别、目标检测、采集数据、预测疾病、预测点击率与股票、合成音乐等。

6) 种类繁多的解释器

Python 是一门解释型语言,代码通过解释器执行,为了适应不同的平台,其可运行多种解释器,每个解释器有不同的特点,都能够正常运行 Python 代码。

2. TensorFlow

近年来,机器学习已经从科学和理论专家的技术资产转变为 IT 领域大多数大型企业日常运营中的常见主题。深度学习等相关技术开始用于应对数据量的爆炸问题,使得访问前所未有的大量信息成为可能。此外,硬件领域的限制促使研发人员开发大量的并行设备,这让用于训练同一模型的数据能够成倍增长。

硬件和数据可用性方面的进步使研究人员能够重新审视先驱者在基于视觉的神经网络架构(卷积神经网络等)方面开展的工作,将它们用于许多新的问题,这都归功于具备普遍可用性的数据以及现在计算机拥有的强悍的计算能力。

为了解决这些新的问题,机器学习的从业者创建了许多优秀的机器学习包,它们每个都拥有一个特定的目标来定义、训练和执行机器学习模型。

2011 年,谷歌开展了大规模的面向科学和产品开发的深度学习应用研究,其中就包括 TensorFlow 的前身 DistBelief。DistBelief 主要用于构建各尺度下的神经网络分布式学习和交互系统,又被称为"第一代机器学习系统",其在 Alphabet 旗下其他公司的产品开发中得到改进和广泛应用。

2015 年,在 DistBelief 的基础上,谷歌完成了对"第二代机器学习系统"TensorFlow 的开发并对代码进行了开源。相比 DistBelief,TensorFlow 的性能得到了改进,构架更灵活、可移植性更强。此后 TensorFlow 得到了快速发展。

TensorFlow 是一个采用数据流图(Data Flow Graph)进行数值计算的开源软件库。TensorFlow 最初由谷歌大脑小组(隶属于谷歌机器智能研究机构)的研究员和工程师开发,是基于 DistBelief 研发的第二代人工智能学习系统,用于机器学习和深度神经网络方面的研究,但这个系统的通用性使其也可广泛用于其他计算领域。2015 年 11 月 9 日,谷歌发布人工智能系统 TensorFlow 并宣布开源。

TensorFlow 的命名来源于本身的原理,Tensor(张量)意味着 N 维数组,Flow(流)意味着基于数据流图的计算。TensorFlow 的运行过程就是张量从图的一端流动到另一端的计算过程。张量从图中流过的直观图像是其取名为"TensorFlow"的原因。

随着 TensorFlow 技术的发展与完善,其不仅支持多种客户端语言下的安装和运行,还可以绑定并支持版本兼容运行的 C 和 Python 语言。

TensorFlow 能在这么短的时间内得到如此广泛的应用,主要得益于它自身的特点。

首先,TensorFlow 作为一个支持深度学习的计算框架,能够支持 Linux、Windows 等各种系统。

其次,TensorFlow 本身提供了非常丰富的机器学习相关的 API,是目前所有机器学习框架中提供 API 最齐全的。在 TensorFlow 中可实现基本的向量矩阵计算、各种优化算法、卷积神经网络、循环神经网络等,TensorFlow 提供了可视化的辅助工具和及时更新的最新算法库。

更重要的是,谷歌大力支持 TensorFlow,同时开源世界众多贡献者为其添砖加瓦,使其得到飞速发展。

TensorFlow 主要具有如下特点。

1) 灵活性高

在 TensorFlow 中,只要把一个计算过程表示成数据流图即可实现计算。可以用计算图建立计算网络进行相关操作。用户可以基于 TensorFlow 编写自己的库,还可以编写底层的 C++ 代码,并能自定义地将编写的功能添加到 TensorFlow 中。

2) 可移植性强

TensorFlow 有很强的可移植性,可以在台式计算机中的一个或多个 CPU(或 GPU)服务器、移动设备等上运行。

3) 自动求微分

TensorFlow 有强大的自动求微分能力。TensorFlow 用户只需要定义预测模型的结构,将结构和目标函数结合在一起、添加数据,即可利用 TensorFlow 自动计算相关的微分导数。

4) 支持多种语言

TensorFlow 支持多种语言,如 Python、C++、Java、Go 等,它可以直接采用 Python 来构建和执行计算图,还可以采用交互式的 IPython 语言执行 TensorFlow 程序。

5) 开源项目丰富

TensorFlow 在 GitHub 上的主项目下包含了许多应用领域的最新研究算法的实现代码,如自然语言某些处理领域达到人类专家水平的 syntaxnet 项目等。TensorFlow 的使用者可以方便地借鉴这些已有的高质量项目快速构建自己的机器学习应用。

6）算法库丰富

TensorFlow 的算法库是开源机器学习框架中最齐全的，而且还可以不断地添加新的算法库。这些算法库基本上满足了用户的大部分需要。

7）性能最优化

由于给予了线程、队列、异步操作等最佳的支持，TensorFlow 可以将用户硬件的计算潜能全部发挥出来。用户可以自由地将 TensorFlow 图中的计算元素分配到不同设备上，TensorFlow 可以帮用户管理好这些不同的副本。

8）科研和产品相结合

谷歌的科学家用 TensorFlow 尝试新的算法，产品团队则用 TensorFlow 来训练和使用计算模型，并直接提供给在线用户。TensorFlow 可以让应用型研究者将想法快速运用到产品中，还可以让学术型研究者更直接地彼此分享代码，从而提高科研产出率。

4.1.5　人工智能的计算方法

人工智能各个学派，不仅其理论基础不同，计算方法也不尽相同。因此人工智能和智能系统计算方法也不尽相同。

基于符号逻辑的人工智能学派强调基于知识的表示与推理，而不强调计算，但并非没有计算。图搜索、谓词演算和规则运算都属广义上的计算。显然，这些计算是与传统的采用数理方程、状态方程、差分方程、传递函数、脉冲传递函数和矩阵方程等数值分析计算有根本区别的。

随着人工智能的发展，出现了各种新的智能计算技术，如模糊计算、神经计算、进化计算、免疫计算和粒子群计算等，它们是以算法为基础的，也与数值分析计算方法有所不同。

归纳起来，人工智能和智能系统中采用的主要计算方法如下。

1. 概率计算

在专家系统中，除了进行知识推理外，还经常采用概率推理、贝叶斯推理、基于可信度推理、基于证据理论推理等不确定性推理方法。在递阶智能机器和递阶智能系统中，蓝牙信息熵计算各层级的作用。实质上，这些都是采用概率计算，属于传统的数学计算方法。

2. 符号规则逻辑运算

一阶谓词逻辑的消解（归结）原理、规则演绎系统和产生式系统，都是建立在谓词符号演算基础上的 IF→THEN（如果→那么）规则运算。这种运算法在基于规则的专家系统和专家控制系统中得到普遍应用。这种基于规则的符号运算特别适用于描述过程的因果关系和非解析的映射关系等。

3. 模糊计算

利用模糊集合及其隶属度函数等理论，对不确定性信息进行模糊化、模糊决策和模糊判决（解模糊）等，实现模糊推理与问题求解。根据智能系统求解过程的一些定性知识，采用模糊数学和模糊逻辑中的概念与方法，建立系统的输入和输出模糊集以及它们之间的模糊关系。从实际应用的观点来看，模糊理论的应用大部分集中在模糊系统上，也有一些模糊专家系统将模糊计算应用于医疗诊断和决策支持,模糊控制系统主要应用模糊计算技术。

4. 神经计算

认知心理学家通过计算机模拟提出的一种知识表征理论,认为知识在人脑中以神经网络形式存储,神经网络由可在不同水平上被激活的节点组成,节点间有连接作用,并通过学习对神经网络进行训练,形成了人工神经网络学习模型。

5. 进化计算与免疫计算

可将进化计算与免疫计算用于智能系统。这两种新的智能计算方法都是以模拟计算模型为基础的,具有分布式并行计算特征,强调自组织、自学习与自适应。

此外,还有群化计算、蚁群算法等。

4.1.6　人工智能的应用

当前,几乎所有的科学与技术的分支都在共享着人工智能领域所提供的理论和技术。下面列举一些经典的、有代表性和有重要影响的人工智能应用领域。

1. 数据挖掘

数据挖掘是人工智能领域中一个令人激动的成功应用,它能够满足人们从大量数据中挖掘出隐含的、未知的、有潜在价值的信息和知识的要求。对数据拥有者而言,在他的特定工作或生活环境里,自动发现隐藏在数据内部的、可被利用的信息和知识。要实现这些目标,需要有大量的原始数据、明确的挖掘目标、相应的领域知识、友善的人机界面,以及合适的开发方法。挖掘结果供数据拥有者决策使用,必须得到拥有者的支持、认可和参与。目前,数据挖掘在市场营销、银行、制造业、保险业、计算机安全、医药、交通和电信等领域已经有许多成功案例。

2. 自然语言处理

自然语言处理研究计算机通过人类熟悉的自然语言与用户进行听、说、读、写等交流技术,是一门与语言学、计算机科学、数学、心理学和声学等学科相联系的交叉性学科。

自然语言处理的研究内容主要包括:语言计算、语言资源建设、机器翻译或机器辅助翻译、汉语和少数民族语言文字输入输出及其智能处理、中文手写和印刷体识别、中文语音识别及文语转换、信息检索、信息抽取与过滤、文本分类、中文搜索引擎和以自然语言为枢纽的多媒体检索等。

3. 智能机器人

智能机器人是一种具有智能的、高度灵活的、自动化的机器,具备感知、规划、动作和协同等能力,是多种高新技术的集成体。智能机器人是将体力劳动和智力劳动高度结合的产物,构建能“思维”的人造机器。

4. 模式识别

模式识别(Pattern Recognition)是指对表征事物或现象的各种形式的信息进行处理和分析,以便对事物或现象进行描述、辨认、分类和解释的过程。模式是信息赖以存在和传递的形式,如波谱信号、图形、文字、物体的形状、行为的方式和过程的状态等都属于模式的范畴。人们通过模式感知外部世界的各种事物或现象,这是获取知识、形成概念和做出反应的基础。

5. 分布式人工智能

分布式人工智能(Distributed Artificial Intelligence)研究一组分布的、松散耦合的智能体如何运用它们的知识、技能和信息,为实现各自的或全局的目标协同工作。20 世纪 90 年代以来,互联网的迅速发展为新的信息系统、决策系统和知识系统的发展提供了极好的条件,它们在规模、范围和复杂程度上增加极快,分布式人工智能技术的开发与应用越来越成为这些系统成功的关键。

6. 互联网智能

如果说计算机的出现为人工智能的实现提供了物质基础,那么互联网的产生和发展则为人工智能提供了更加广阔的空间,成为当今人类社会信息化的标志。互联网已经成为越来越多人的"数字图书馆",人们普遍使用谷歌(Google)、百度等搜索引擎,为自己的日常工作和生活服务。

语义 Web(Semantic Web)追求的目标是让 Web 上的信息能够被机器可理解,从而实现 Web 信息的自动处理,以适应 Web 信息资源的快速增长,更好地为人类服务。语义 Web 提供了一个通用的框架,允许跨越不同应用程序、企业和团体的边界共享和重用数据。

语义 Web 成功地将人工智能的研究成果应用到互联网,包括知识表示、推理机制等。人们期待未来的互联网是一本按需索取的百科全书,可以定制搜索结果,可以搜索隐藏的 Web 页面,可以考虑用户所在的位置,可以搜索多媒体信息,甚至可以为用户提供个性化服务。

7. 博弈

博弈(Game Playing)是人类社会和自然界中普遍存在的一种现象,如下棋、打牌、战争等。博弈的双方可以是个人、群体,也可以是生物群或智能机器,各方都力图用自己的智慧获取成功或击败对方。博弈过程可能产生庞大的搜索空间。要搜索这些庞大而且复杂的空间需要使用强大的技术来判断备择状态、探索问题空间,这些技术被称为启发式搜索。博弈为人工智能提供了一个很好的实验场所,可以对人工智能的技术进行检验,以促进这些技术的发展。

4.2　智能系统

智能系统(Intelligence System)是具有专家解决问题能力的计算机程序系统,能运用大量领域专家水平的知识与经验,模拟领域专家解决问题的思维过程进行推理判断,有效地处理复杂问题。智能基于知识,信息有序化为知识,智能系统要研究知识的表示、获取、发现、保存、传播、使用方法;智能存在于系统中,系统是由部件组成的有序整体,智能系统要研究系统结构、组织原理协同策略、进化机制和性能评价等。

4.2.1　智能系统的主要特征

智能系统的主要特征如下。

1）处理对象

智能系统的处理对象，不仅有数据，还有知识。表示、获取、存取和处理知识的能力是智能系统与传统系统的主要区别之一。因此，一个智能系统也是一个基于知识处理的系统，它需要有知识表示语言，知识组织工具，建立、维护与查询知识库的方法与环境，并要求支持现存知识的重用。

2）处理结果

智能系统往往采用人工智能的问题求解模式来获得结果。它与传统系统所采用的求解模式相比，有 3 个明显特征，即其问题求解算法往往是非确定性的（或称启发式的）、其问题求解在很大程度上依赖知识、其问题往往具有指数型的计算复杂性。智能系统通常采用的问题求解方法大致分为搜索、推理和规划 3 类。

3）智能系统与传统系统的区别

智能系统与传统系统的另一个重要区别在于：智能系统具有现场感应（环境适应）的能力。所谓现场感应，是指它可能与所处现场依次进行交往，并适应这种现场，这种交往包括感知、学习、推理、判断，并做出相应的动作，这就是通常人们所说的自组织性与自适应性。

4）智能系统的实现原理

智能系统包含硬件与软件两个部分，在实际的应用中，需要软硬件紧密结合才能更加高效地完成工作。

硬件包括处理器（CPU）、存储器（内存、硬盘等）、显示设备（显示器、投影仪等）、输入设备（鼠标、键盘等）、感应设备（感应器、传感器、扫描仪等）等部件。在硬件配置方面，可以根据需求对智能系统的硬件设备进行定制，以满足不同的需求。在实际的应用中，比较常见的硬件设备是工控机（IPC）、智能终端等产品。

4.2.2　智能系统的发展前景

下面介绍智能系统的发展前景。

1. 专家系统

在智能系统发展早期，比较典型的综合性应用成果之一就是专家系统。专家系统是利用人工智能方法与技术开发的一类智能程序系统，主要模仿某个领域专家的知识经验来解决该领域特定的一类专业问题。专家系统的基本原理是通过利用形式化表征的专家知识与经验，模仿人类专家的推理与决策过程，从而解决原本需要人类专家解决的一些专门领域的复杂问题。

自 1965 年美国斯坦福大学开发出第一个化学结构分析专家系统 DENDRAL 以来，各种专家系统层出不穷，已经遍布了几乎所有专业领域，成为应用最为广泛、最为成功、最为实效的智能系统。

1) 专家系统的主要特点

① 专家系统主要运用专家的经验知识来进行推理、判断、决策,从而解决问题,因此可以启发帮助大量非专业人员去独立开展原本不熟悉的专业领域工作。

② 用户使用专家系统不仅可以得到所需要的结论,而且可以了解获得结论的推导理由与过程,因此比直接向一些性格古怪的人类专家咨询来得更加方便、透明和可信赖。

③ 专家系统作为一种人工构造的智能程序系统,对其中知识库的维护、更新与完善更加灵活迅速,可以满足用户不断增长的需要。

2) 专家系统的分类

根据目前已开发的、数量众多的、应用广泛的专家系统求解问题的性质不同,可以将专家系统分为以下 7 类。

① 解释型专家系统:主要任务是对已知信息和数据进行分析与解释,给出其确切的含义,应用范围包括语音分析、图像分析、电路分析、化学结构分析、生物信息结构分析、卫星云图分析和各种数据挖掘分析等。

② 诊断型专家系统:主要任务是根据观察到的数据情况来推断观察对象的病症或故障及原因,主要应用范围有医疗诊断(包括中医诊断)、故障诊断、软件测试、材料失效诊断等。

③ 预测型专家系统:主要任务是通过对过去与现状的分析,来推断未来可能发生的情况,应用范围有气象预报、选举预测、股票预测、人口预测、经济预测、交通路况预测、军事态势预测和政治局势预测等。

④ 设计型专家系统:主要任务是根据设计目标的要求,给出满足设计问题约束条件的设计方案或图纸,应用范围有集成电路设计、建筑工程设计、机械产品设计、生产工艺设计和艺术图案设计等。

⑤ 规划型专家系统:主要任务是寻找某个实现给定目标的动作序列或动态实施步骤,应用范围包括机器人路径规划、交通运输调度、工程项目论证、生产作业调度、军事指挥调度和财务预算执行等。

⑥ 监视型专家系统:主要任务是对某类系统、对象或过程的动态行为进行实时观察与监控,发现异常及时发出警报,应用范围包括生产安全监视、传染病疫情监控、国家财政运行状况监控、公共安全监控和边防口岸监控等。

⑦ 控制型专家系统:主要任务是全面管理受控对象的行为,使其满足预期的要求,应用范围包括空中管制系统、生产过程控制和无人机控制等。

另外,还有调试型、教学型、修理型等类型的专家系统,这里不再赘述。

总之,专家系统具有以下能力:存储知识能力,即存放专门领域知识的能力;描述能力,即可以描述问题求解过程中涉及的中间过程;推理能力,即解决问题所需要的推理能力;问题解释,即对于求解问题与步骤能够给出合理的解释;学习能力,即知识的获取、更新与扩展能力;交互能力,即向专家或用户提供良好的人机交互手段与界面。

专家系统与一般应用程序的主要区别在于:专家系统将应用领域的问题求解知识独立

形成一个知识库，可以随时进行更新、删减与完善等维护，这样就可以充分运用人工智能有关知识表示技术、推理引擎技术和系统构成技术；而一般应用程序将问题求解的知识直接隐含地编入程序，要更新知识就必须重新变动整个程序，并且难以引入有关智能技术。

正因为专家系统有这么多的优点，随着技术的不断进步，其应用范围才越来越广阔。自20世纪70年代，专家系统诞生以来，其已经广泛应用到科学、工程、医疗、军事、教育、工业、农业、交通等领域，产生了良好的经济与社会效益，为社会技术进步做出了重大贡献。

2. 智能机器

智能机器是一类具有一定智能能力的机器，如智能机床、智能航天器、无人飞机、智能汽车及先进的智能武器等。大多数智能机器均具有高度自治能力，能够灵活适应不断变化的复杂环境，并高效自动地完成赋予的特定任务。与专家系统的纯软件性不同，一般智能机器是智能软件与专用硬件设备相结合的产物。

通常，智能机器内部拥有一个智能软件，其通过机器装备的传感器和效应器捕获环境的变化并进行实时分析，然后对机器行为做适当的调整，以应对环境的变化，完成预定的各项任务。

智能软件是智能机器的大脑中枢，负责推理、记忆、想象、学习、控制等；传感器则负责收集外部或内部信息，如视觉、听觉、触觉、嗅觉、平衡觉等；效应器则主要实施智能机器人的言行动作，作用于周围环境，如整步电动机、扬声器、控制电路等，实现类似人类的嘴、手、脚、鼻子等的功能。智能机器的主体是支架，其在不同形状、用途的智能机器中差异很大。

智能机器人之所以称为智能机器人，是因为它有相当发达的"大脑"。在"脑"中起作用的是中央计算机，这种计算机与操作它的人有直接的联系，其可以根据目的实施相关的动作。对于可移动的智能机器或智能机器人，还要考虑机器人导航、路径规划等问题。

目前，智能机器人研制工作吸引了众多国家的人工智能领域的科学家与工程师参与，在美国、日本、德国等国家，各种智能机器人层出不穷，并被应用到各个领域，从日常生活到太空、深海，到处都有智能机器人的身影。

据不完全统计，各类智能机器人分布在众多不同的应用领域，包括医疗、餐厅、军事、玩具、水下、太空、体育、社区、工业和农业等，为人类社会的进步做出了杰出贡献。

一般而言，智能机器人不同于普通机器人，应具备如下3个基本功能。

（1）感知功能，能够认知周围环境状态及其变化，既包括视觉、听觉、距离等遥感型传感器，也包括压力、触觉、温度等接触型传感器。

（2）运动功能，能够自主对环境做出行为反应，并能够进行无轨道自由行动，除了需要有移动机构，一般还需要配备机械手等能够进行作业的装置。

（3）思维功能，根据获取的环境信息进行分析、推理、决策，并给出采取应对行动的控制指令，这是智能机器人的关键功能，也是与普通机器人区分的标准。

按照智能机器人功能实现的侧重点不同，可以将智能机器人分为传感型、交互型和自主型3类。

（1）传感型机器人：又称外部受控机器人，这种机器人本身并没有智能功能，只有执行机构和感应机构；其智能功能主要由外部控制机器来完成，其通过发出控制指令来指挥机器人的动作。

（2）交互型机器人：有一定的智能功能，主要通过人机对话来实现机器人的控制与操作；虽然交互型机器人具有部分处理和决策功能，能够独立地实现一些功能（如轨迹规划、简单的避障等），但还要受到外部的控制。

（3）自主型机器人：无须人的干预，能够在各种环境下自动完成各项拟人任务；自主型机器人本身就具有感知、处理、决策、执行等模块，可以像一个自主的人一样独立地活动和处理问题。

科学技术进步的重要推动力是军事的需要。因此，一个国家的科学技术最高成就往往首先体现在军事装备上。

所谓智能武器，就是结合了人工智能技术研制的武器装备，其除了具有传统武器的杀伤力，还集成了信息采集与处理、知识利用、智能辅助决策、智能跟踪等功能。因此，可以自行完成侦察、搜索、瞄准、跟踪、攻击任务，或者进行信息的收集、整理、分析等情报获取任务，使得武器装备更加灵活、智能。

因此，智能武器也称为具有智能性的现代高技术兵器，包括精确制导武器、无人驾驶飞机、智能坦克、无人操纵火炮、智能鱼雷及多用途自主智能作战机器人等。这些智能武器不同于常规武器，具备一定的智能能力。

总之，无论是民用的智能机器，还是军用的智能武器，随着智能科学技术的不断发展与进步，将来智能机器人也必将具备越来越多的智能功能。特别是随着对生物、神经、认知等方面认识的不断深化，这种直接利用脑机制来实现机器人行为控制的技术将大大加快智能机器人的发展步伐。另外，有关意识机器人研究工作的开展，也会使智能机器人发生质的飞跃。

3．智能社会

延展心智的哲学观认为，人类的心智具有延展性，而分布式认知观则认为思维不仅是单个个体心智的事情，而且是经过群体心智相互合作而产生的。不管哪种观点，都可以看出人类心智能力均有社会性的一面。因此，智能科学技术的应用自然也会波及人们社会生活的各方面，包括智能社会的构建。

4．智能产业

智能化指由现代通信与信息技术、计算机网络技术、行业技术、智能控制技术汇集而成的针对某个方面应用的智能集合。随着信息技术的不断发展，其技术含量及复杂程度也越来越高，智能化的概念开始逐渐渗透到各行各业及人们生活中的方方面面，相继出现了智能住宅小区、智能医院等。

智能产业的发展主要包括芯片产业、软件产业、大数据产业、通信技术、云技术等产业技术的发展。

（1）芯片产业：包括 CPU 芯片、存储芯片、图像处理芯片 GPU。

（2）软件产业：行业软件需要对行业的需求、行业的业务流程、流程中的问题解决方案进行分析设计。

（3）大数据产业：所有的智能处理都是建立在已有方案与未知问题的分析基础上的，数据越多越详细，越有助于信息的分析。

（4）通信技术：数据的传播形式是无线、大流量、低延迟。

（5）云技术：包括数据的云计算、云存储。

智能系统的发展，一方面促进了产业的发展，另一方面又对某些产业进行了淘汰。就像智能手机的出现，淘汰了之前广泛应用的卡片相机、随身播放器，甚至与手机毫不相干的纸质报纸。

智能系统对工业、农业、金融、医疗、无人驾驶、安全、智能教育、智能家居等行业也正在产生深远的影响。

在第一产业，天地一体化的智能农业信息遥感监测网络在农田实现全覆盖，智能牧场、智能农场、智能渔场、智能果园、智能加工车间、智能供应链等智能化集成应用成为现实。

在第二产业，随着智能制造核心支撑软件、关键技术装备、工业互联网等的广泛应用，离散智能制造、网络化协同制造、远程诊断和服务等新型制造模式成为可能，企业的智能供给能力大幅度提升。

此外，在物流产业，随着搬运装卸、包装分拣、配送加工等深度感知智能物流系统的推广应用，以及深度感知智能仓储系统的研发建立，最终建立在智能化基础上的物流系统可将目前的仓储运营效率提升数十倍。

人工智能是产业升级的新引擎，一方面可以促进产业结构的优化升级，另一方面将会给我国经济转型升级带来深刻影响。而人工智能之所以能够对产业结构升级产生促进作用，则源于其能够提高要素的使用效率，最终实现创新驱动型、资源再生型、内涵开发型的经济增长方式。

4.3　大数据技术

大数据技术是指大数据的应用技术，涵盖各类大数据平台、大数据指数体系等大数据应用技术。大数据是指无法在一定时间范围内用常规软件工具进行捕捉、管理和处理的数据集合，是需要新处理模式才能具有更强的决策力、洞察发现力和流程优化能力的海量、高增长率和多样化的信息资产。

4.3.1　大数据概述

对于"大数据"，麦肯锡全球研究所给出的定义是：一种规模大到在获取、存储、管理、分析方面大大超出了传统数据库软件工具能力范围的数据集合，具有海量的数据规模、快速的数据流转、多样的数据类型和价值密度低四大特征。

在《大数据时代》一书中，大数据指不用随机分析法（抽样调查）这样的捷径，而采用所有数据进行分析处理。

大数据适用领域范围：商业智能(BI)、工业 4.0、云计算、物联网、互联网＋和人工智能。

1．大数据技术的战略意义

大数据技术的战略意义不在于掌握庞大的数据信息，而在于对这些含有意义的数据进行专业化处理。换而言之，如果把大数据比作一种产业，那么这种产业实现盈利的关键，在于提高对数据的"加工能力"，通过"加工"实现数据的"增值"。

从技术上看，大数据与云计算的关系就像一枚硬币的正反面一样密不可分。大数据必然无法用单台的计算机进行处理，必须采用分布式架构。它的特色在于对海量数据进行分布式数据挖掘，但它必须依托云计算的分布式处理、分布式数据库和云存储、虚拟化技术。随着云时代的来临，大数据吸引了越来越多的关注。大数据需要特殊的技术，以有效地处理大量的容忍经过时间内的数据。

适用于大数据的技术，包括大规模并行处理(MPP)数据库、分布式文件系统、分布式数据库、云计算平台、互联网和可扩展的存储系统。

2．大数据的价值

现在的社会是一个高速发展的社会，科技发达，信息流通，人们之间的交流越来越密切，生活越来越方便，大数据就是这个高科技时代的产物。

有人把数据比喻为蕴藏能量的煤矿。煤炭按照性质有焦煤、无烟煤、肥煤、贫煤等分类，而露天煤矿、深山煤矿的挖掘成本又不一样。与此类似，大数据并不在"大"，而在于"有用"。价值含量、挖掘成本比数量更为重要。对于很多行业而言，如何利用这些大规模数据是成为赢得竞争的关键。

大数据的价值体现在以下几个方面。

(1) 对大量消费者提供产品或服务的企业可以利用大数据进行精准营销。

(2) 做小而美模式的中长尾企业可以利用大数据做服务转型。

(3) 面临互联网压力之下必须转型的传统企业需要与时俱进充分利用大数据的价值。

不过，"大数据"在经济发展中的巨大意义并不代表其能取代一切对于社会问题的理性思考，科学发展的逻辑不能被湮没在海量数据中。

著名经济学家路德维希·冯·米塞斯曾提醒过："就今日言，有很多人忙碌于资料之无益累积，以致对问题之说明与解决，丧失了其对特殊的经济意义的了解。"这确实是需要警惕的。

在这个快速发展的智能硬件时代，困扰应用开发者的一个重要问题就是如何在功率、覆盖范围、传输速率和成本之间找到那个微妙的平衡点。企业利用相关数据和分析可以帮助他们降低成本、提高效率、开发新产品、做出更明智的业务决策等。

3．大数据的效益

通过结合大数据和高性能的分析，可能会发生对企业如下有益的情况。

(1) 及时解析故障、问题和缺陷的根源，为企业节省费用。

(2) 为成千上万的快递车辆规划实时交通路线，躲避拥堵。

(3) 分析所有库存量单位(Stock Keeping Unit，SKU)，以利润最大化为目标来定价和清理库存。

（4）根据客户的购买习惯，为其推送他可能感兴趣的优惠信息。

（5）从大量客户中快速识别出金牌客户。

（6）使用点击流分析和数据挖掘来规避欺诈行为。

4．大数据的发展趋势

大数据的发展趋势如下。

1）数据的资源化

资源化是指大数据成为企业和社会关注的重要战略资源，并已成为大家争相抢夺的新焦点。因而企业必须要提前制定大数据营销战略计划，抢占市场先机。

2）与云计算的深度结合

大数据离不开云处理，云处理为大数据提供了弹性可拓展的基础设备，是产生大数据的平台之一。自 2013 年，大数据技术已开始和云计算技术紧密结合，预计未来两者关系将更为密切。除此之外，物联网、移动互联网等新兴计算形态，将共同助力大数据发展，让大数据营销发挥出更大的价值。

3）科学理论的突破

随着大数据的快速发展，就像互联网一样，大数据很有可能是新一轮的技术革命。随之兴起的数据挖掘、机器学习和人工智能等相关技术，可能会改变数据世界里的很多算法和基础理论，实现科学技术上的突破。

4）数据科学和数据联盟的成立

未来，数据科学将成为一门专门的学科，被越来越多的人所认知。各大高校将设立专门的数据科学类专业，这会催生一批与之相关的新的就业岗位。与此同时，基于数据这个基础平台将建立起跨领域的数据共享平台，之后，数据共享将扩展到企业层面，并且成为未来产业的核心一环。

5）数据泄露泛滥

未来几年数据泄露事件的增长率也许会达到 100%，除非数据在其源头就能够得到安全保障。可以说，在未来，每个财富 500 强企业都会面临数据攻击，无论他们是否已经做好安全防范。而所有企业，无论规模大小，都需要重新审视今天的安全定义。在财富 500 强企业中，超过 50% 将会设置首席信息安全官这一职位。企业需要从新的角度来确保自身以及客户数据，所有数据在创建之初便需要获得安全保障，而并非在数据保存的最后一个环节，仅仅加强后者的安全措施已被证明于事无补。

6）数据管理成为核心竞争力

数据管理成为核心竞争力，直接影响财务表现。当"数据资产是企业核心资产"的概念深入人心之后，企业对于数据管理便有了更清晰的界定，将数据管理作为企业核心竞争力，持续发展，战略性规划与运用数据资产，成为企业数据管理的核心。

7）数据质量是商业智能成功的关键

采用自助式商业智能工具进行大数据处理的企业将会脱颖而出。其中要面临的一个挑

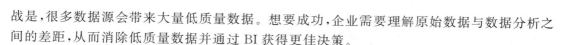

战是,很多数据源会带来大量低质量数据。想要成功,企业需要理解原始数据与数据分析之间的差距,从而消除低质量数据并通过 BI 获得更佳决策。

8）数据生态系统复合化程度加强

大数据的世界不只是一个单一的、巨大的计算机网络,而是一个由大量活动构件与多元参与者元素所构成的生态系统,终端设备提供商、基础设施提供商、网络服务提供商、网络接入服务提供商、数据服务使能者、数据服务提供商、触点服务、数据服务零售商等一系列的参与者共同构建的生态系统。而今,这样一套数据生态系统的基本雏形已然形成,接下来的发展将趋向于系统内部角色的细分,也就是市场的细分;系统机制的调整,也就是商业模式的创新;系统结构的调整,也就是竞争环境的调整等,从而使得数据生态系统复合化程度逐渐增强。

4.3.2　大数据的应用

大数据无处不在,包括金融、汽车、餐饮、电信、能源、体育和娱乐等在内的社会各行各业都已经融入了大数据的印迹,大数据在各个领域的应用情况如下。

（1）制造业:利用工业大数据提升制造业水平,包括产品故障诊断与预测、分析工艺流程、改进生产工艺、优化生产过程能耗、工业供应链分析与优化、生产计划与排程。

（2）金融行业:大数据在高频交易、社交情绪分析和信贷风险分析三大金融创新领域发挥重要作用。

（3）汽车行业:利用大数据和物联网技术的无人驾驶汽车,在不远的将来将进入人们的日常生活。

（4）互联网行业:借助于大数据技术,可以分析客户行为,进行商品推荐和有针对性的广告投放。

（5）餐饮行业:利用大数据实现餐饮 O2O 模式,彻底改变传统的餐饮经营方式。

（6）电信行业:利用大数据技术实现客户离网分析,及时掌握客户离网倾向,出台客户挽留措施。

（7）能源行业:随着智能电网的发展,电力公司可以掌握海量的用户用电信息,利用大数据技术分析用户用电模式,可以改进电网运行,合理地设计电力需求响应系统,确保电网运行安全。

（8）物流行业:利用大数据优化物流网络,提高物流效率,降低物流成本。

（9）城市管理:可以利用大数据实现智能交通、环保检测、城市规划和智能安防。

（10）生物医学:大数据可以帮助人们实现流行病预测、智慧医疗、健康管理,同时还可以帮助解读 DNA,了解更多的生命奥秘。

（11）体育和娱乐:体育方面,大数据可以帮助训练球队以及预测比赛结果;娱乐方面,大数据可以辅助决定投拍哪种题材的影视作品。

（12）安全领域:政府可以利用大数据技术构建起强大的国家安全保障体系,企业可以利用大数据抵御网络攻击,警察可以借助大数据来预防犯罪。

（13）个人生活：大数据还可以应用于个人生活，利用与每个人相关联的"个人大数据"，分析个人生活行为习惯，为其提供更加周到的个性化服务。

4.3.3　大数据关键技术

当人们谈到大数据时，往往并非仅指数据本身，而是数据和大数据技术这二者的综合。所谓大数据技术，是指随着大数据的采集、存储、分析和应用的相关技术，是一系列使用非传统的工具来对大量的结构化、半结构化和非结构化数据进行处理，从而获得分析和预测结果的一系列数据处理和分析技术。

大数据的基本处理流程主要包括数据采集、存储、分析和结果呈现等环节。数据无处不在，互联网网站、政务系统、零售系统、办公系统、自动化生产系统、监控摄像头、传感器等，每时每刻都在不断产生数据。这些分散在各处的数据，需要采用相应的设备或软件进行采集。采集到的数据通常无法直接用于后续的数据分析，因为对于来源众多、类型多样的数据而言，数据缺失和语义模糊等问题是不可避免的，因而必须采取相应措施有效解决这些问题，这就需要一个被称为"数据预处理"的过程，把数据变成一个可用的状态。数据经过预处理以后，会被存放到文件系统或数据库系统中进行存储与管理，然后采用数据挖掘工具对数据进行处理分析，最后采用可视化工具为用户呈现结果。在整个数据处理过程中，还必须注意隐私保护和数据安全问题。

因此，从数据分析全流程的角度，大数据技术主要包括数据采集与预处理、数据存储和管理、数据处理与分析、数据安全和隐私保护等几个层面的内容，大数据技术的不同层面及其功能如下。

1）数据采集与预处理

利用 ETL 工具将分布的、异构数据源中的数据，如关系数据、平面数据文件等，抽取到临时中间层后进行清洗、转换、集成，最后加载到数据仓库或数据集中，成为联机分析处理、数据挖掘的基础；也可以利用日志采集工具（如 Flume、Kaka 等）把实时采集的数据作为流计算系统的输入，进行实时处理分析。

2）数据存储和管理

利用分布式文件系统、数据仓库、关系数据库、NoSQL 数据库、云数据库等，实现对结构化、半结构化和非结构化海量数据的存储和管理。

3）数据处理与分析

利用分布式并行编程模型和计算框架，结合机器学习和数据挖掘算法，实现对海量数据的处理和分析；对分析结果进行可视化呈现，帮助人们更好地理解数据、分析数据。

4）数据安全和隐私保护

在从大数据中挖掘潜在的巨大商业价值和学术价值的同时，构建隐私数据保护体系和数据安全体系，有效保护个人隐私和数据安全。

大数据技术是许多技术的一个集合体，这些技术也不都是新生事物，如关系数据库、数据仓库、数据采集、ETL、OLAP、数据挖掘、数据隐私和安全、数据可视化等技术是已经发展多年的技术,在大数据时代得到不断补充、完善、提高后又有了新的升华,也可以视为大数据技术的一个组成部分。

4.3.4 大数据计算模式

MapReduce 是被大家所熟悉的大数据处理技术,当人们提到大数据时就会很自然地想到 MapReduce,可见其影响力之广。实际上,大数据处理的问题复杂多样,单一的计算模式是无法满足不同类型的计算需求的,MapReduce 其实只是大数据计算模式中的一种,它代表了针对大规模数据的批量处理技术,除此以外,还有查询分析计算、图计算、流计算等多种大数据计算模式。大数据计算模式及其代表产品如表 4-1 所示。

表 4-1 大数据计算模式及其代表产品

大数据计算模式	解决问题	代表产品
批处理计算	针对大规模数据的批量处理	MapReduce、Spark 等
流计算	针对流数据的实时计算	Storm、S4、Flume、Streams、Puma、DStream、Super Mario、银河流数据处理平台等
图计算	针对大规模图结构数据的处理	Pregel、GraphX、Giraph、PowerGraph、Hama、GoldenOrb 等
查询分析计算	大规模数据的存储管理和查询分析	Dremel、Hive、Cassandra、Impala 等

1. 批处理计算

批处理计算主要解决针对大规模数据的批量处理,也是日常数据分析工作中非常常见的一类数据处理需求。MapReduce 是最具有代表性和影响力的大数据批处理技术,可以并行执行大规模数据处理任务,用于大规模数据集(大于 1TB)的并行运算。MapReduce 极大地方便了分布式编程工作,它将复杂的、运行于大规模集群上的并行计算过程高度地抽象到了两个函数——Map 和 Reduce 上,编程人员在不会分布式并行编程的情况下,也可以很容易地将自己的程序运行在分布式系统上,完成海量数据集的计算。

Spark 是一个针对超大数据集合的低延迟的集群分布式计算系统,比 MapReduce 快许多。Spark 启用了内存分布数据集,除了能够提供交互式查询外,还可以优化迭代工作负载。在 MapReduce 中,数据流从一个稳定的来源进行一系列加工处理后,流出到一个稳定的文件系统(如 HDFS)。而对于 Spark 而言,则使用内存替代分布式文件系统(Hadoop Distributed File System,HDFS)或本地磁盘来存储中间结果,因此 Spark 要比 MapReduce 的速度快许多。

2. 流计算

流数据也是大数据分析中的重要数据类型。流数据(或数据流)是指在时间分布和数量上无限的一系列动态数据集合体,数据的价值随着时间的流逝而降低,因此必须采用实时计算的方式给出秒级响应。流计算可以实时处理来自不同数据源的、连续到达的流数据,经过实时分析处理,给出有价值的分析结果。

3. 图计算

在大数据时代,许多大数据以大规模图或网络的形式呈现,如社交网络、传染病传播途径、交通事故对路网的影响等,此外,许多非图结构的大数据也常常会被转换为图模型后再进行处理分析。MapReduce 作为单输入、两阶段、粗粒度数据并行的分布式计算框架,在表达多迭代、稀疏结构和细粒度数据时,往往显得力不从心,不适合用来解决大规模图计算问题。因此,针对大型图的计算,需要采用图计算模式。

4. 查询分析计算

针对超大规模数据的存储管理和查询分析,需要提供实时或准实时的响应,才能很好地满足企业经营管理需求。

4.3.5　大数据与云计算及物联网

云计算、大数据和物联网代表了 IT 领域最新的技术发展趋势,三者相辅相成,既有联系又有区别。

云计算、大数据和物联网代表了 IT 领域最新的技术发展趋势,三者既有区别又有联系。云计算最初主要包含了两类含义:一类是以谷歌的谷歌文件系统(Google File System,GFS)和 MapReduce 为代表的大规模分布式并行计算技术;另一类是以亚马逊的虚拟机和对象存储为代表的"按需租用"的商业模式。

随着大数据概念的提出,云计算中的分布式计算技术开始更多地被列入大数据技术,而人们提到云计算时,更多指的是底层基础 IT 资源的整合优化以及以服务的方式提供 IT 资源的商业模式[如基础设施即服务(Infrastructure as a Service,IaaS)、平台即服务(Platform as a Service,PaaS)、软件即服务(Software as a Service,SaaS)]。从云计算和大数据概念的诞生到现在,二者之间的关系非常微妙,既密不可分,又千差万别。因此,不能把云计算和大数据割裂开来作为截然不同的两类技术来看待。此外,物联网也是和云计算、大数据相伴相生的技术。

第一,大数据、云计算和物联网的区别。大数据侧重于对海量数据的存储、处理与分析,从海量数据中发现价值,服务于生产和生活;云计算本质上旨在整合和优化各种 IT 资源,并通过网络以服务的方式廉价地提供给用户;物联网的发展目标是实现物物相连,应用创新是物联网发展的核心。

第二,大数据、云计算和物联网的联系。从整体上看,大数据、云计算和物联网这三者是相辅相成的。大数据根植于云计算,大数据分析的很多技术来自云计算,云计算的分布式数据存储和管理系统提供了海量数据的存储和管理能力,分布式并行处理框架 MapReduce 提供了海量数据分析能力,没有这些云计算技术作为支撑,大数据分析就无从谈起。反之,大数据为云计算提供了"用武之地",没有大数据这个"练兵场",云计算技术再先进,也不能发挥它的应用价值。物联网的传感器源源不断产生的大量数据,构成了大数据的重要数据来源,没有物联网的飞速发展,就不会带来数据产生方式的变革,即由人工产生阶段转向自动产生阶段,大数据时代也不会这么快就到来。同时,物联网需要借助于云计算和大数据技术,实现物联网大数据的存储、分析和处理。

可以说,云计算、大数据和物联网三者已经彼此渗透、相互融合,在很多应用场合可以同时看到三者的身影。在未来,三者会继续相互促进、相互影响,更好地服务于社会生产和生活的各个领域。

4.3.6 大数据处理架构 Hadoop

Hadoop 是一个开源的、可运行于大规模集群上的分布式计算平台,它实现了 MapReduce 计算模型和分布式文件系统等功能,在业内得到了广泛的应用,同时也成为大数据的代名词。借助 Hadoop,程序员可以轻松地编写分布式并行程序,将其运行于计算机集群上,完成海量数据的存储与处理分析。

1. Hadoop

Hadoop 是 Apache 软件基金会旗下的一个开源分布式计算平台,为用户提供了系统底层细节透明的分布式基础架构。Hadoop 是基于 Java 语言开发的,具有很好的跨平台特性,并且可以部署在廉价的计算机集群中。Hadoop 的核心是分布式文件系统和 MapReduce。HDFS 是针对谷歌文件系统的开源实现,是面向普通硬件环境的分布式文件系统,具有较高的读写速度、很好的容错性和可伸缩性,支持大规模数据的分布式存储,其冗余数据存储的方式很好地保证了数据的安全性。

Hadoop 被公认为行业大数据标准开源软件,在分布式环境下提供了海量数据的处理能力。几乎所有主流厂商都围绕 Hadoop 提供开发工具、开源软件、商业化工具和技术服务,如谷歌(Google)、雅虎(Yahoo)、微软、思科、淘宝等都支持 Hadoop。

2. Hadoop 的特性

Hadoop 是一个能够对大量数据进行分布式处理的软件框架,并且是以一种可靠、高效、可伸缩的方式进行处理的,它具有以下几个方面的特性。

(1)高可靠性。采用冗余数据存储方式,即使一个副本发生故障,其他副本也可以保证正常对外提供服务。

(2)高效性。作为并行分布式计算平台,Hadoop 采用分布式存储和分布式处理两大核心技术,能够高效地处理 PB 级数据。

(3)高可扩展性。Hadoop 的设计目标是可以高效稳定地运行在廉价的计算机集群上,可以扩展到数以千计的计算机节点上。

(4)高容错性。采用冗余数据存储方式,自动保存数据的多个副本,并且能够自动将失败的任务进行重新分配。

(5)成本低。Hadoop 采用廉价的计算机集群,成本比较低,普通用户很容易用自己的 PC 搭建 Hadoop 运行环境。

(6)运行在 Linux 平台上。Hadoop 是基于 Java 语言开发的,可以较好地运行在 Linux 平台上。

(7)支持多种编程语言。Hadoop 上的应用程序也可以使用其他语言编写,如 C++。

4.3.7 Spark

Spark 是专为大规模数据处理而设计的快速通用的计算引擎。最初由美国加州大学伯克利分校(UC Berkeley)的 AMP(Algorithms,Machines and People)实验室于 2009 年开发,是基于内存计算的大数据并行计算框架,可用于构建大型的、低延迟的数据分析应用程序。

Spark 是一种与 Hadoop 相似的开源集群计算环境,但是两者之间还存在一些不同之处。这些不同之处使 Spark 在某些工作负载方面表现得更加优越,换句话说,Spark 启用了内存分布数据集,除了能够提供交互式查询外,它还可以优化迭代工作负载。

Spark 作为大数据计算平台的后起之秀,在 2014 年打破了 Hadoop 保持的基准排序(Sot Benchmark)纪录,使用 206 个节点在 23min 的时间里完成了 100TB 数据的排序,而 Hadoop 则是使用 2000 个节点在 72min 的时间里才完成同样数据的排序。也就是说,Spark 仅使用了十分之一的计算资源,获得了比 Hadoop 快 3 倍的速度。新纪录的诞生,使得 Spark 获得多方追捧,也表明了 Spark 可以作为一个更加快速、高效的大数据计算平台。

Spark 具有如下 4 个主要特点。

(1) 运行速度快。Spark 使用先进的有向无环图(Directed Acyclic Graph,DAG)执行引擎,以支持循环数据流与内存计算,基于内存的执行速度可比 Hadoop MapReduce 快上百倍,基于磁盘的执行速度也能快十倍。

(2) 容易使用。Spark 支持使用 Scala、Java、Python 和 R 语言进行编程,简洁的 API 设计有助于用户轻松构建并行程序,并且可以通过 Spark Shell 进行交互式编程。

(3) 通用性。Spark 提供了完整而强大的技术栈,包括 SQL 查询、流式计算、机器学习和图算法组件,这些组件可以无缝整合在同一个应用中,足以应对复杂的计算。

(4) 运行模式多样。Spark 可运行于独立的集群模式中,或者运行于 Hadoop 中,也可运行于 Amazon EC2 等云环境中,并且可以访问 HDFS、Cassandra、HBase、Hive 等多种数据源。

习题

1. 什么是人工智能?
2. 什么是机器学习?
3. 机器学习的主要学习方法有哪些?
4. Python 是什么?
5. TensorFlow 是什么?
6. 人工智能的计算方法有哪些?
7. 人工智能的应用有哪些?
8. 智能系统的主要特征是什么?
9. 大数据的定义是什么?
10. 大数据的应用有哪些?

第 5 章

云计算和边缘计算

本章讲述云计算和边缘计算,包括云计算、边缘计算概述、边缘计算的基本结构和特点、边缘计算的基础资源架构技术、边缘计算软件架构、边缘计算应用案例、边缘计算安全与隐私保护和 APAX-5580/AMAX-5580 边缘智能控制器。

5.1　云计算

云计算是基于互联网的相关服务的增加、使用和交付模式,通常涉及通过互联网提供动态易扩展,以及经常是虚拟化的资源。

5.1.1　云计算概述

云是网络、互联网的一种比喻说法。因此,云计算甚至可以让用户体验每秒 10 万亿次的计算能力,拥有这么强大的计算能力可以模拟核爆炸、预测气候变化和市场发展趋势。用户通过计算机、手机等方式接入数据中心,按自己的需求进行运算。

美国国家标准与技术研究院(NIST)对云计算的定义为:

云计算是一种按使用量付费的模式,这种模式提供可用的、便捷的、按需的网络访问,进入可配置的计算资源(资源包括网络、服务器、存储、应用软件、服务)共享池,这些资源能够被快速提供,只需投入很少的管理工作,或与服务供应商进行很少的交互。

云计算是继 19 世纪 80 年代大型计算机到客户端云计算—服务器的大转变之后的又一种巨变。

云计算是分布式计算(Distributed Computing)、并行计算(Parallel Computing)、效用计算(Utility Computing)、网络存储(Network Storage)、虚拟化(Virtualization)、负载均衡(Load Balance)、热备份冗余(High Available)等传统计算机和网络技术发展融合的产物。

5.1.2　云计算的基本特点

云计算是通过使计算分布在大量的分布式计算机上,而非本地计算机或远程服务器中,企业数据中心的运行将与互联网更相似,这使得企业能够将资源切换到需要的应用上,根据需求访问计算机和存储系统。好比是从古老的单台发电机模式转向了电厂集中供电的模式。它意味着计算能力也可以作为一种商品进行流通,就像煤气、水电一样,取用方便,费用低廉。最大的不同之处在于,它是通过互联网进行传输的。

云计算具有如下特点。

1) 超大规模

"云"具有相当的规模,谷歌云计算已经拥有100多万台服务器,亚马逊、国际商业机器公司(IBM)、微软、雅虎等的"云"均拥有几十万台服务器。企业私有云一般拥有数百上千台服务器。"云"能赋予用户前所未有的计算能力。

2) 虚拟化

云计算支持用户在任意位置使用各种终端获取应用服务。所请求的资源来自"云",而不是固定的有形的实体。应用在"云"中某处运行,但实际上用户无须了解也不用担心应用运行的具体位置。只需要一台笔记本电脑或者一个手机,用户就可以通过网络服务来实现需要的一切,甚至包括超级计算这样的任务。

3) 高可靠性

"云"使用数据多副本容错、计算节点同构可互换等措施保障服务的高可靠性,使用云计算比使用本地计算可靠。

4) 通用性

云计算不针对特定的应用,在"云"的支撑下可以构造出千变万化的应用,同一个"云"可以同时支撑不同的应用运行。

5) 高可扩展性

"云"的规模可以动态伸缩,满足应用和用户规模增长的需要。

6) 按需服务

"云"是一个庞大的资源池,用户可按需购买;云可以像自来水、电、煤气那样计费。

7) 极其廉价

由于"云"的特殊容错措施,可以采用极其廉价的节点构成云,"云"的自动化集中式管理使大量企业无须负担日益高昂的数据中心管理成本,"云"的通用性使资源的利用率较之传统系统大幅提升,因此用户可以充分享受"云"的低成本优势,经常只要花费几百美元、几天时间就能完成以前需要数万美元、数月时间才能完成的任务。

云计算可以彻底改变人们未来的生活,但同时也要重视环境问题,这样才能真正为人类进步做贡献,而不是简单的技术提升。

8) 潜在的危险性

云计算除了提供计算服务外,还提供了存储服务。但是云计算服务当前垄断在私人机构(企业)手中,而他们仅仅能够提供商业信用。对于政府机构、商业机构(特别像银行这样持有敏感数据的商业机构),选择云计算服务应保持足够的警惕。一旦商业机构用户大规模使用私人机构提供的云计算服务,无论其技术优势有多强,都不可避免地让这些私人机构以"数据(信息)"的重要性挟制整个社会。对于信息社会而言,"信息"是至关重要的。云计算中的数据对于数据所有者以外的其他用户是保密的,但是对于提供云计算的商业机构而言,这些数据对他们确实毫无秘密可言。所有这些潜在的危险,是商业机构和政府机构选择云计算服务,特别是选择国外机构提供的云计算服务时,不得不考虑的一个重要的前提。

5.1.3　云计算的总体架构

云计算推动了IT领域自20世纪50年代以来的3次变革浪潮,对各行各业数据中心基础设施的架构演进及上层应用与中间件层软件的运营管理模式产生了深远的影响。在云计算发展早期,Google、Amazon、Facebook等互联网企业在其超大规模Web搜索、电子商务及社交等创新应用的牵引下,率先提出了云计算的技术和商业架构理念,并树立了云计算参考架构的标杆与典范。但是在那个时期,多数行业与企业IT的数据中心仍然采用传统的以硬件资源为中心的架构,即便是已进行了部分云化的探索,也多为新建的孤岛式虚拟化资源池(如基于VMware的服务器资源整合),或者仅仅对原有软件系统的服务器进行虚拟化整合改造。

随着云计算技术与架构在各行各业信息化建设和数据中心的演进变革,以及更加广泛和全面的落地部署与应用,企业数据中心IT架构正在面临一场前所未有的,以"基础设施软件定义与管理自动化""数据智能化与价值转换"以及"应用架构开源化及分布式无状态化"为特征的转化。

从架构视角来看,云计算正在推动全球IT的格局进入新一轮"分久必合、合久必分"的历史演进周期,通过分离回归融合的过程从3个层面进行表述,企业IT架构的云化演进路径如图5-1所示。

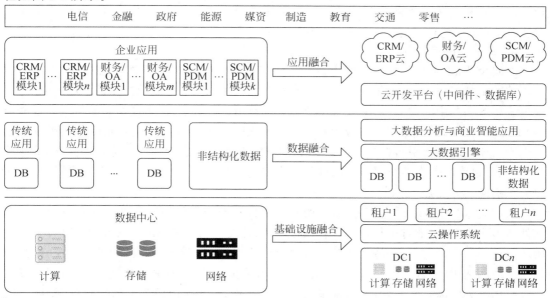

图 5-1　企业 IT 架构的云化演进路径

1. 基础设施资源层融合

面向企业 IT 基础设施运维者的数据中心计算、存储、网络资源层,不再体现为彼此独立和割裂的服务器、网络、存储设备,以及小规模的虚拟化资源池,而是通过引入云操作系统,在数据中心将多个虚拟化集群资源池统一整合为规格更大的逻辑资源池,甚至进一步在地理上分散,但相互间通过多协议标签交换(Multi-Protocol Label Switching,MPLS)/虚拟私人网络(Virtual Private Network,VPN)专线或公网连接的多个数据中心以及多个异构云中的基础设施资源整合为统一的逻辑资源池,并对外抽象为标准化、面向外部租户(公有云)和内部租户(私有云)的基础设施服务,租户仅需制定其在软件定义的 API 参数中所需资源的数量、服务级别协议(Service Level Agreement,SLA)/服务质量(Quality of Service,QoS)及安全隔离需求,即可从底层基础设施服务中以全自动模式弹性、按需、敏捷地获取到上层应用所需的资源配备。

2. 数据层融合

面向企业日常业务经营管理者的数据信息资产层,不再体现为散落在各个企业、消费者 IT 应用中,如多个看似关联不大的结构化事务处理记录(关系型数据库)数据孤岛,非结构化的文档、媒体以及日志数据信息片段,而是通过引入大数据引擎,将这些结构化与非结构化的信息进行统一汇总,汇聚存储和处理,基于多维度的挖掘分析与深度学习,从中迭代训练出对业务发展优化及客户满意度提升有关键价值的信息,从而将经营管理决策从纯粹依赖人员经验积累转变到更多依赖基于大数据信息内部蕴藏的智慧信息,来支撑更科学、更敏捷的商业决策。除大数据之外,数据层融合的另一个驱动力,来自传统商业数据库在处理高并发在线处理及后分析处理扩展性方面所遭遇的不可逾越的架构与成本的瓶颈,从而驱动传统商业闭源数据库逐步被 Scale Out 架构的数据库分表分库及水平扩展的开源数据库所替代。

3. 应用平台层融合

面向企业 IT 业务开发者和供应者的应用平台层,在传统 IT 架构下,根据具体业务应用领域的不同,呈现出条块化分割、各自为战的情况,各应用系统底层的基础中间件能力,以及可重用的业务中间件能力,尽管有众多可共享重用的机会点,但重复建设的情况非常普遍(如 ERP 系统和 SCM 系统都涉及库存管理),开发投入浪费相当严重。各业务应用领域之间由于具体技术实现平台选择的不同,也无法做到通畅的信息交互与集成;而企业 IT 应用开发本身,也面临着在传统瀑布式软件开发模型下开发流程笨重、测试验证上线周期长、客户需求响应慢等痛点。

因此,人们开始积极探索基于云应用开发平台实现跨应用领域基础公共开发平台与中间件能力去重整合,节省重复投入,同时通过在云开发平台中集成透明的开源中间件替代封闭的商业中间件平台套件,特别通过引入面向云原生应用的容器化应用安装、监控、弹性伸缩及生命周期版本灰度升级管理的持续集成与部署流水线,推动企业应用从面向高复杂度、厚重应用服务的瀑布式开发模式,逐步向基于分布式、轻量化微服务的敏捷迭代、持续集成的开发模式演进。以往复杂、费时的应用部署与配置,乃至自动化测试脚本,如今都可以将这些动作从生产环境的上线部署阶段,前移到持续开发集成与测试阶段。应用部署与环境依赖可以被固化在一起,在后续各阶段以及多个数据中心及应用上下文均可以批量复制,从而将企业应用的开发周期从数月降低到数周,大大提升了企业应用相应客户需求的敏捷度。

综上所述,企业 IT 架构云计算演进中上述 3 个层次的融合演进,最终目的只有一个,那就是推动企业 IT 走向极致的敏捷化、智能化以及投入产出比的最优化,使得企业 IT 可以更好地支撑企业核心业务,进而带来企业业务敏捷性、核心生产力与竞争力的大幅提升,以便更加从容地应对来自竞争对手的挑战,更轻松地应对客户需求的快速多变。

那么,云计算新发展阶段具体的架构形态究竟是怎样的呢? 是否存在一个对于所有垂直行业的企业数据中心基础设施云化演进,以及无论对于公有云、私有云及混合云场景都普遍适用的一个标准化云平台架构呢? 答案无疑是肯定的。

尽管从外在表象上来看,私有云与公有云在商业模式、运营管理集成存在显著差别,然而从技术架构视角来看,宏观上不妨可将云计算整体架构划分为云运营(Cloud BSS)、云运维(Cloud OSS)以及云平台系统(IaaS/PaaS/SaaS)三大子系统,这三大子系统相互间毫无疑问是完全面向服务的体系结构(Service-Oriented Architecture,SOA)解耦的关系,云平台和云运营支撑子系统很明显是可以实现在公有云和私有云场景下完全重用的,仅在云运营子系统部分,对于公有云和私有云/混合云存在一定差异。

因此,只需要将这部分进一步细分解耦打开,即可看到公有云、私有云可以共享的部分,如基础计量计费,身份识别与访问管理(Identity and Access Management,IAM)认证鉴权,私有云所特有的信息技术基础架构库(Information Technology Infrastructure Library,ITIL)流程对接与审批、多层级租户资源配额管理等,以及公有云所特有的批价、套餐促销和在线动态注册等。

由此可以看到,无论是公有云、私有云,还是混合云,其核心实质是完全相同的,都是在基础设施层、数据层,以及应用平台层上,将分散的、独立的多个信息资产孤岛,依托相应层次的分布式软件实现逻辑上的统一整合,然后基于此资源池,以 Web Portal 或者 API 为界面,向外部云租户或者内部云租户提供按需分配与释放的基础设施层、数据层以及应用平台服务,云租户可以通过 Web Portal 或者 API 界面给出其从业务应用的需求视角出发,向云计算平台提出自动化、动态、按需的服务能力消费需求,并得以满足。

综上所述,一套统一的云计算架构完全可以同时覆盖于公有云、私有云、混合云等所有典型应用场景。

5.1.4　云计算的总体分层架构

云计算架构应用上下文的相关角色包括云租户/云服务消费者、云应用开发者、云服务运营者/提供者、云设备/物理基础设施提供者。

1. 云租户/云服务消费者

云租户是指这样一类组织、个人或 IT 系统,其消费由云计算平台提供的业务服务(如请求使用云资源配额,改变指配给虚拟机的 CPU 处理能力,增加 Web 网站的并发处理能力等)组成。该云租户/云服务消费者可能会因其与云业务的交互而被计费。

云租户也可被看作一个云租户/云服务消费者组织的授权代表。

2. 云应用开发者

云应用发者负责开发和创建一个云计算增值业务应用,该增值业务应可以拖管在云平台运营管理者环境内运行,或者云租户(服务消费者)来运行。典型场景下云应用开发者依托于云平台的 API 能力进行增值业务的开发,但也可能调用由业务支撑系统(Business Support System,BSS)和运营支撑系统(Operation Support System,OSS)系统负费开放的云管理 API 能力。

云业务开发者全程负责云增值业务的设计、部署并维护运行时主体功能及其相关的管理功能。

3. 云服务运营者/提供者

云服务运营者/提供者承担着向云租户/云服务消费者提供云服务的角色,云服务运营者/提供者的定义来源于其对 OSS/BSS 管理子系统拥有直接的或者虚拟的运营权。同时,作为云服务运营者以及云服务消费者的个体,也可以成为其他对外转售云服务提供者的合作伙伴,消费其云服务,在此基础上加入增值服务,并将增值后的云服务对外提供。

4. 云设备/物理基础设施提供者

云设备提供者提供各种物理设备,包括服务器、存储设备、网络设备、一体机设备,利用各种虚拟化平台,构筑成各种形式的云服务平台。这些云服务平台可能是某个地点的超大规模数据中心,也可能是由地理位置分布的区域数据中心组成的分布式云数据中心。

云设备/物理基础设施提供者可能是云服务运营者/提供者,也可能就是一个纯粹的云设备提供者,他将云设备租用给云服务运营者/提供者。

这里,特别强调云设备/物理基础设施提供者必须能够做到不与唯一的硬件设备厂商绑定。

云计算总体分层架构如图 5-2 所示。

5.1.5 云计算的关键技术

云计算是一种新型的超级计算方式,以数据为中心,是一种数据密集型的超级计算。云计算的目标是以低成本的方式提供高可靠、高可用、规模可伸缩的个性化服务。如果要实现这个目标,需要分布式海量数据存储、虚拟化技术、云平台技术、并行编程技术、数据管理技术等关键技术的支持。

1. 分布式海量数据存储

随着信息化建设的不断深入,信息管理平台已经完成了从信息化建设到数据积累的职能转变,在一些信息化起步较早、系统建设较规范的行业,如通信、金融、大型生产制造等领域,海量数据的存储、分析需求的迫切性日益明显。

以移动通信运营商为例,随着移动业务和用户规模的不断扩大,每天都会产生海量的业务、计费以及网关数据,然而庞大的数据量使得传统的数据库存储已经无法满足存储和分析

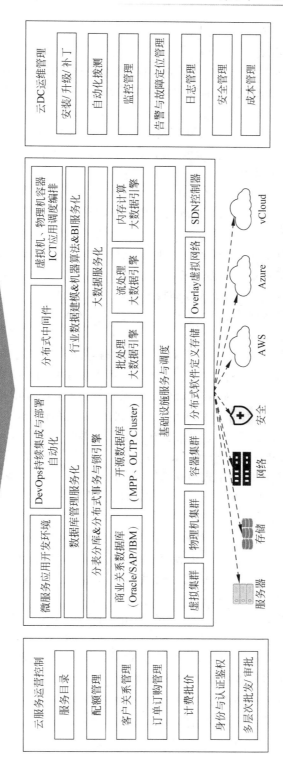

图 5-2 云计算总体分层架构

需求,主要面临如下的问题。

1) 数据库容量有限

关系型数据库并不是为海量数据而设计的,在设计之初并没有考虑到数据量能够庞大到 PB 级。为了继续支撑系统,不得不进行服务器升级和扩容,成本高昂,让人难以接受。

2) 并行取数困难

除了分区表可以并行取数外,其他情况都要对数据进行检索才能将数据分块,并行读数效果不明显,甚至增加了数据检索的消耗。虽然可以通过索引来提升性能,但实际业务证明,数据库索引的作用有限。

3) 对 J2EE 应用来说,JDBC 的访问效率太低

由于 Java 的对象机制,读取的数据都需要序列化,读数速度很慢。

4) 数据库并发访问数太多

数据库并发访问数太多,导致产生 I/O 瓶颈和数据库的计算负担太重两个问题,甚至出现内存溢出、崩溃等现象,但数据库扩容成本太高。

为了解决以上问题,使分布式存储技术得以发展,在技术架构上,可以分为解决企业数据存储和分析使用的大数据技术、解决用户数据云端存储的对象存储技术,以及满足云端操作系统实例需要用到的块存储技术。

对于大数据技术,理想的解决方案是把大数据存储到分布式文件系统中,云计算系统由大量服务器组成,同时为大量用户服务,此云计算系统采用分布式存储的方式存储数据,用冗余存储的方式(集群计算、数据冗余和分布式存储)保证数据的可靠性。冗余的方式通过任务分解和集群,用低配计算机替代超级计算机的性能保证低成本,这种方式保证分布式数据的高可用、高可靠和经济性,即为同一份数据存储多个副本。在云计算系统中广泛使用的数据存储系统是 Google 的 GFS 和 Hadoop 团队开发的 GFS 的开源实现——HDFS。

GFS 是一个可扩展的分布式文件系统,用于大型的、分布式的、对大量数据进行访问的应用。它运行于廉价的普通硬件上,但可以提供容错功能。它可以给大量的用户提供总体性能较高的服务。

对于对象存储,大家非常熟悉的云盘就是基于该技术实现的。用户可以将照片、文本、视频直接通过图形界面进行云端上传、浏览和下载。其实,上传等操作的界面最终都通过 Webservice 与后台的对象存储系统打交道,前端界面更多的是在用户、权限以及管理层面上提供支持。其主要特点如下。

(1) 所有的存储对象都有自身的元数据和一个 URL,这些对象在尽可能唯一的区域复制 3 次,而这些区域可以被定义为一组驱动器、一个节点、一个机架等。

(2) 开发者通过一个 RESTful HTTP API 与对象存储系统相互作用。

(3) 对象数据可以放置在集群的任何地方。

(4) 在不影响性能的情况下,集群通过增加外部节点进行扩展。

(5) 数据无须迁移到一个全新的存储系统。

(6) 集群可增加新的节点。

（7）故障节点和磁盘可无宕机调换。

（8）在标准硬件上运行，普通的 x86 服务器即可接入。

2. 虚拟化技术

虚拟化技术是云计算系统的核心组成部分之一，是将各种计算及存储资源充分整合和高效利用的关键技术。云计算的虚拟化技术不同于传统的单一虚拟化，它是涵盖整个 IT 架构的，包括资源、网络、应用和桌面在内的全系统虚拟化。通过虚拟化技术可以实现将所有硬件设备、软件应用和数据隔离开来，打破硬件配置、软件部署和数据分布的界限实现 IT 架构的动态化，实现资源集中管理，使应用能够动态地使用虚拟资源和物理资源，提高系统适应需求和环境的能力。

虚拟化技术具有如下特点。

1）资源分享

通过虚拟机封装用户各自的运行环境，有效实现多用户分享数据中心资源。

2）资源定制

用户利用虚拟化技术配置私有的服务器，指定所需的 CPU 数目内存容量、磁盘空间，实现资源的按需分配。

3）细粒度资源管理

将物理服务器拆分成若干虚拟机，可以提高服务器的资源利用率，减少浪费，而且有助于服务器的负载均衡和节能。

基于以上特点，虚拟化技术成为实现云计算资源池化和按需服务的基础。

3. 云平台技术

云计算资源规模庞大，服务器数量众多且分布在不同的地点，同时运行着数百种应用。如何有效地管理这些服务器保证整个系统提供不间断的服务是对用户巨大的挑战。

云平台技术能够使大量的服务器协同工作，方便进行业务部署，快速发现和修复系统故障，通过自动化、智能化的手段实现大规模系统的可靠运营。

云平台的主要特点是用户不必关心云平台底层的实现。用户使用平台，或开发者使用云平台发布第三方应用，只需要调用平台提供的接口就可以在云平台中完成自己的工作。利用虚拟化技术，云平台提供商可以实现按需提供服务，这一方面降低了云的成本，另一方面保证了用户的需求得到满足。云平台基于大规模的数据中心或者网络，因此云平台可以提供高性能的计算服务，并且对于云平台用户而言，云的资源几乎是无限的。

4. 并行编程技术

目前两种最重要的并行编程模型是数据并行和消息传递，数据并行编程模型的编程级别比较高，编程相对简单，但它仅适用于数据并行问题；消息传递编程模型的编程级别相对较低，但消息传递编程模型有更广泛的应用范围。

数据并行编程模型是一种较高层次上的模型，它给编程者提供一个全局的地址空间，一般这种形式的语言本身就提供了并行执行的语义。因此对于编程者来说，只需要简单地指明执行什么样的并行操作和并行操作的对象就实现了数据并行的编程。

　　例如,对于数组运算,为使数组 B 和 C 的对应元素相加后送给 A,则通过语句 A＝B＋C或其他的表达方式就能够实现,使并行机对 B、C 的对应元素并行相加,并将结果并行赋给A,因此数据并行的表达是相对简单和简洁的,它不需要编程者关心并行机是如何对该操作进行并行执行的。数据并行编程模型虽然可以解决一大类科学与工程计算问题,但对于非数据并行类的问题,如果通过数据并行的方式来解决,一般难以取得较高的效率。

　　消息传递是各并行执行的部分之间通过传递消息来交换信息、协调步伐、控制执行,消息传递一般是面向分布式内存的,但是它适用于共享内存的并行机。消息传递为编程者提供了更灵活的控制手段和表达并行的方法,一些用数据并行方法很难表达的并行算法都可以用消息传递模型来实现灵活性和控制手段的多样化,这是消息传递并行程序能提供高执行效率的重要原因。

　　消息传递编程模型一方面为编程者提供了灵活性,另一方面,它也将各个并行执行部分之间复杂的信息交换和协调、控制任务交给了编程者,这在一定程度上增加了编程者的负担,这是消息传递编程模型的编程级别低的主要原因。虽然如此,但消息传递的基本通信模式是简单和清楚的,大家学习和掌握这些部分并不困难。

　　因此,目前大量的并行程序设计仍然采用消息传递编程模型。

　　云计算采用并行编程模型。在并行编程模型下,并发处理、容错、数据分布、负载均衡等细节都被抽象到一个函数库中,通过统一接口,用户的大型计算任务被自动并发和分布执行,即将一个任务自动分成多个子任务,并行地处理海量数据。

　　5. 数据管理技术

　　云计算系统对大数据集进行处理、分析并向用户提供高效的服务。因此首先,数据管理技术必须高效地管理大数据集;其次,如何在规模巨大的数据中找到特定的数据,也是云计算数据管理技术待解决的问题。

　　应用于云计算的最常见的数据管理技术是 Google 的 BigTable 数据管理技术,由于它采用列存储的方式管理数据,如何提高数据的更新速率以及进一步提高随机读速率是未来云计算数据管理技术必须解决的问题。

　　Google 提出的 BigTable 技术是建立在 GFS 和 MapReduce 之上的一个大型的分布式数据库,BigTable 实际上是一个很庞大的表,它的规模可以超过 1PB(1024TB),它将所有数据都作为对象来处理,形成一个巨大的表格。

　　Google 对 BigTable 给出了如下定义:

　　BigTable 是一种为了管理结构化数据而设计的分布式存储系统,这些数据可以扩展到非常大的规模,如在数千台商用服务器上达到 PB 规模的数据,现在有很多 Google 的应用程序建立在 BigTable 之上,如 Google Earth 等,而基于 BigTable 模型实现的 Hadoop HBase 也在越来越多的应用中发挥作用。

5.1.6　云计算的服务模式

　　根据现在较常用,也是比较权威的美国国家标准技术研究院(National Institute of

Standards and Technology，NIST）的定义，云计算主要分为 3 种服务模式，分别是 SaaS、PaaS 和 IaaS，并且这 3 种服务模式主要是从用户体验的角度出发的。

云计算的服务模式和类型如图 5-3 所示。

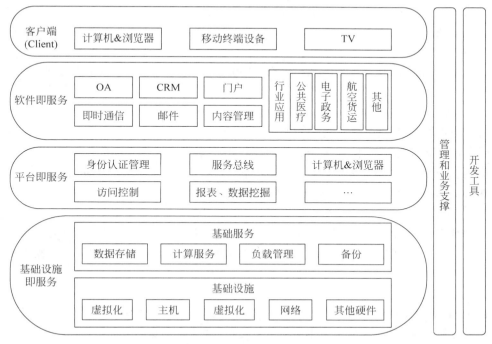

图 5-3 云计算的服务模式和类型

对于普通用户而言，面对的主要是 SaaS 这种服务模式，而且几乎所有的云计算服务最终的呈现形式都是 SaaS。

1. SaaS

SaaS 是一种通过网络提供软件的模式，用户无须购买软件，而是向提供商租用基于 Web 的软件管理企业经营活动。相对于传统的软件，SaaS 解决方案有明显的优势，包括较低的前期成本、便于维护、快速展开使用、由服务提供商维护和管理软件，并且提供软件运行的硬件设施，用户只需拥有接入互联网的终端即可随时随地使用软件。SaaS 软件被认为是云计算的典型应用之一。

SaaS 主要有如下功能。

1）随时随地访问

在任何时候、任何地点，只要接上网络，用户就能访问 SaaS 服务。

2）支持公开协议

通过支持公开协议（如 HTML4、HTML5），SaaS 能够方便用户使用。

3）安全保障

SaaS 供应商需要提供一定的安全机制，不仅要使存储在云端的用户数据处于绝对安全的境地,而且要在客户端实施一定的安全机制(如 HTTPS)保护用户。

4) 多租户

通过多租户(Multi-Tenant)机制,不仅能更经济地支持庞大的用户规模,而且能提供一定的可指定性,以满足用户的特殊需求。

用户消费的服务完全是从网页(如 Netfix、MOG、Google Apps、Box. net、Dropbox 或者苹果公司的 iCloud)进入这些分类。

一些用作商务的 SaaS 应用包括 Citrix 公司的 GoToMeeting、Cisco 公司的 WebEx,以及 Salesforce 公司的 CRM、ADP 等。

2. PaaS

将服务器平台或者开发环境作为服务进行提供就是 PaaS。所谓 PaaS,实际上是指将软件研发的平台作为一种服务,以 SaaS 的模式提交给用户。因此,PaaS 也是 SaaS 模式的一种应用。但是,PaaS 的出现可以加快 SaaS 的发展,尤其是加快 SaaS 应用的开发速度。

在云计算应用的大环境下,PaaS 具有如下优势。

1) 开发简单

因为开发人员能限定应用自带的操作系统、中间件和数据库等软件的版本,如 SLES11、WAS7 和 DB29.7 等这样将非常有效地缩小开发和测试的范围,从而极大地降低开发测试的难度和复杂度。

2) 部署简单

首先,如果使用虚拟器件方式部署能将本来需要几天的工作缩短到几分钟,能将本来几十步的操作精简到轻轻一击鼠标即可完成;其次,能非常简单地将应用部署或者迁移到公有云上,以应对突发情况。

3) 维护简单

因为整个虚拟器件都来自同一个独立软件商(Independent Software Vendor,ISV)所以任何软件的升级和技术支持都只要和一个 ISV 联系就可以了,不仅避免了常见的沟通不当现象,而且简化了相关流程。

PaaS 具有如下主要功能。

1) 有好的开发环境

通过 SDK 和 IDE 等工具让用户能在本地方便地进行应用的开发和测试。

2) 丰富的服务

PaaS 平台会以 API 的形式将各种各样的服务提供给上层应用。

3) 自动的资源调度

自动的资源调度也就是可伸缩特性,它不仅能优化系统资源,而且能自动调整资源帮助运行于其上的应用更好地应对突发流量。

4) 精细的管理和监控

通过 PaaS 能够提供对应用层的管理和监控,如能够观察应用运行的情况和具体数值(如吞吐量和响应时间)更好地衡量应用的运行状态,还能够通过精确计量应用所消耗的资源来更好地计费。

涉足 PaaS 市场的公司在网上提供了各种开发和分发应用的解决方案,如虚拟服务器和操作系统,既节省了用户在硬件上的费用,也让分散的工作室之间的合作变得更加容易。这些解决方案包括网页应用管理、应用设计、应用虚拟主机、存储、安全以及应用开发协作工具等。

一些大的 PaaS 提供商有 Google(App Engine)、微软(Azure)、Salesforce(Heroku)等。

3. IaaS

IaaS 使消费者可以通过互联网从完善的计算机基础设施获得服务。基于互联网的服务(如存储和数据库)是 IaaS 的一部分。在 IaaS 模式下,服务提供商将多台服务器组成的"云端"服务(包括内存、I/O 设备、存储和计算能力等)作为计量服务提供给用户,其优点是用户只需提供低成本硬件,按需租用相应的计算能力和存储能力即可。

IaaS 具有如下主要功能。

1) 资源抽象

使用资源抽象的方法,能更好地调度和管理物理资源。

2) 负载管理

通过负载管理,不仅使部署在基础设施上的应用能更好地应对突发情况,而且还能更好地利用系统资源。

3) 数据管理

对云计算而言,数据的完整性、可靠性和可管理性是对 IaaS 的基本要求。

4) 资源部署

资源部署也就是将整个资源从创建到使用的流程自动化。

5) 安全管理

IaaS 的安全管理的主要目标是保证基础设施和其提供的资源被合法地访问和使用。

6) 计费管理

通过细致的计费管理能使用户更灵活地使用资源。

过去如果用户想在办公室或者公司的网站上运行一些企业应用,需要去买服务器,或者其他昂贵的硬件来控制本地应用,让业务运行起来。但是使用 IaaS,用户可以将硬件外包到其他地方。涉足 IaaS 市场的公司会提供场外服务器、存储和网络硬件,用户可以租用,这样就节省了维护成本和办公场地并可以在任何时候利用这些硬件运行其应用。

一些大的 IaaS 提供商有亚马逊、微软、VMware、Rackspace 和 Red Hat。不过这些公司都有自己的专长,如亚马逊和微软提供的不只是 IaaS,还会将其计算能力出租给用户来管理自己的网站。

5.1.7　云计算的应用市场

云计算时代,除了现有 IT 公司积极参与外,将会有新的公司借机崛起。正是因为意识到云计算是一场改变 IT 格局的变革,众多跨国 IT 公司和初创企业开始在云计算领域扎根。

众多 IT 公司从不同领域和角度参与到云计算变革中来，Intel、AMD、Cisco、Microsoft、Oracle、SAP、IBM、HP、Dell、VMware、Citrix、Redhat、Novel1、Amazon、Yahoo、Google、Sun,几乎囊括了所有的重量级 IT 企业，而在全球与云计算相关的中小公司更是如雨后春笋般不断出现。

1. 云物联

物联网就是物物相连的互联网，这有两层意思：第一，物联网的核心和基础仍然是互联网，是在互联网基础上的延伸和扩展的网络；第二，其用户端延伸和扩展到了任何物品与物品之间，进行信息交换和通信。

物联网的两种业务模式：M2M 应用集成（M2M Application Integration，MAI），内部MaaS；M2M 即服务（M2M as a Service，MaaS），MMO，多租户模型。

随着物联网业务量的增加，对数据存储和计算量的需求将带来对"云计算"能力的要求：

（1）云计算：从计算中心到数据中心在物联网的初级阶段，售点广告（Point of Purchase，PoP）即可满足需求。

（2）在物联网高级阶段，可能出现移动虚拟网络运营商（Mobile Virtual Network Operator，MVNO）/大型多人在线（Massive Multiplayer Online，MMO）营运商，需要虚拟化云计算技术，SOA 等技术的结合实现互联网的泛在服务：一切即服务（everyThing as a Service，TaaS）。

2. 云安全

云安全（Cloud Security）是一个从"云计算"演变而来的新名词。云安全的策略构想是：使用者越多，每个使用者就越安全，因为如此庞大的用户群，足以覆盖互联网的每个角落，只要某个网站被挂马或某个新木马病毒出现，就会立刻被截获。

"云安全"通过网状的大量客户端对网络中软件行为的异常监测，获取互联网中木马、恶意程序的最新信息，推送到服务端进行自动分析和处理，再把病毒和木马的解决方案分发到每一个客户端。

3. 云存储

云存储是在云计算概念上延伸和发展出来的一个新的概念，是指通过集群应用、网格技术或分布式文件系统等功能，将网络中大量各种不同类型的存储设备通过应用软件集合起来协同工作，共同对外提供数据存储和业务访问功能的一个系统。当云计算系统运算和处理的核心是大量数据的存储和管理时，云计算系统中就需要配置大量的存储设备，那么云计算系统就转变成为一个云存储系统，所以云存储是一个以数据存储和管理为核心的云计算系统。

4. 云游戏

云游戏是以云计算为基础的游戏方式，在云游戏的运行模式下，所有游戏都在服务器端运行，并将渲染完毕后的游戏画面压缩后通过网络传送给用户。在客户端，用户的游戏设备不需要任何高端处理器和显卡，只需要基本的视频解压能力就可以。

5.2 边缘计算概述

边缘计算(Edge Computing)又译为边缘运算,是一种分散式运算的架构,将应用程序、数据资料与服务的运算,由网络中心节点移往网络逻辑上的边缘节点来处理。边缘计算是将原本完全由中心节点处理大型服务加以分解,切割成更小与更容易管理的部分,分散到边缘节点去处理。边缘节点更接近于用户终端装置,可以加快资料的处理与传送速度,减少延迟。在这种架构下,资料的分析与知识的产生,更接近于数据资料的来源,因此更适合处理大数据。

5.2.1 边缘计算简介

对于边缘计算的定义,目前还没有统一的结论。

太平洋西北国家实验室(PNNL)将边缘计算定义为:一种把应用、数据和服务从中心节点向网络边缘拓展的方法,可以在数据源端进行分析和知识生成。

ISO/IEC JTC1/SC38 对边缘计算给出的定义为:一种将主要处理和数据存储放在网络的边缘节点的分布式计算形式。

边缘计算产业联盟对边缘计算的定义是:在靠近物或数据源头的网络边缘侧,融合网络、计算、存储、应用核心能力的开放平台,就近提供边缘智能服务,满足行业数字化在敏捷连接、实时业务、数据优化、应用智能、安全与隐私保护等方面的关键需求。作为连接物理和数字世界的桥梁,实现智能资产、智能网关、智能系统和智能服务。

边缘计算的不同定义表述虽然各有差异,但内容实质已达共识:在靠近数据源的网络边缘某处就近提供服务。

综合以上定义,边缘计算是指数据或任务能够在靠近数据源头的网络边缘侧进行计算和执行计算的一种新型服务模型,允许在网络边缘存储和处理数据,和云计算协作,在数据源端提供智能服务。网络边缘侧可以理解为从数据源到云计算中心之间的任意功能实体,这些实体搭载着融合网络、计算、存储、应用核心能力的边缘计算平台。

边缘计算作为云计算模型的扩展和延伸,直面目前集中式云计算模型的发展短板,具有缓解网络带宽压力、增强服务响应能力、保护隐私数据等特征;同时,边缘计算在新型的业务应用中的确起到了显著的提升、改进作用。

在智慧城市、智能制造、智能交通、智能家居、智能零售以及视频监控系统等领域,边缘计算都在扮演着先进的改革者形象,推动传统的"云到端"演进为"云-边-端"的新兴计算架构,这种新兴计算架构无疑更匹配今天万物互联时代各种类型的智能业务。

对物联网而言,边缘计算技术取得突破,意味着许多控制将通过本地设备实现而无须交由云端,处理过程将在本地边缘计算层完成,这无疑将大大提升处理效率,减轻云端的负荷。由于更加靠近用户,还可为用户提供更快的响应,将需求在边缘端解决。

在国外,以思科为代表的网络公司以雾计算为主。思科已经不再成为工业互联网联盟的创立成员,但却集中精力主导 OpenFog 开放雾联盟。

无论是云、雾还是边缘计算,本身只是实现物联网、智能制造等所需要计算技术的一种方法或者模式。严格地讲,雾计算和边缘计算本身并没有本质的区别,都是在接近于现场应用端提供的计算。就其本质而言,都是相对于云计算而言的。

全球智能手机的快速发展,推动了移动终端和"边缘计算"的发展,而万物互联、万物感知的智能社会,则是与物联网发展相伴而生,边缘计算系统因此应运而生。

在国内,边缘计算联盟(Edge Computing Consortium,ECC)正在努力推动 OICT[运营(Operational)、信息(Information)、通信(Communication Technology)]的融合。而其计算对象,则主要定义了如下 4 个领域。

(1)设备域。出现的纯粹的 IoT 设备,与自动化的 I/O 采集相比较而言,有不同但也有重叠部分。那些可以直接用于顶层优化,而并不参与控制本身的数据,可以直接放在边缘侧完成处理。

(2)网络域。在传输层面,直接的末端 IoT 数据与来自自动化产线的数据,其传输方式、机制、协议都会有不同。因此,这里要解决传输的数据标准问题。在 OPC UA 架构下可以直接访问底层自动化数据,但是,对于 Web 数据的交互而言,这里会存在 IT 与 OT 之间的协调问题,尽管有一些领先的自动化企业已经提供了针对 Web 方式数据传输的机制,但是,大部分现场的数据仍然存在这些问题。

(3)数据域。数据传输后的数据存储、格式等这些数据域需要解决的问题,包括数据的查询与数据交互的机制和策略问题都是在这个领域里需要考虑的问题。

(4)应用域。这个可能是最难以解决的问题,针对这一领域的应用模型尚未有较多的实际应用。

边缘计算联盟对于边缘计算的参考架构的定义,包含设备、网络、数据与应用 4 个领域,平台提供者主要提供在网络互联(包括总线)、计算能力、数据存储与应用方面的软硬件基础设施。

事实上自动化以"控制"为核心。控制是基于"信号"的,而"计算"则是基于数据进行的,更多是指"策略""规划"。因此,它更多聚焦于"调度、优化、路径"。就像对全国的高铁进行调度的系统一样,每增加或减少一个车次都会引发调度系统的调整,它是基于时间和节点的运筹与规划问题。边缘计算在工业领域的应用更多是这类"计算"。

简单地说,传统的自动控制基于信号的控制,而边缘计算则可以理解为"基于信息的控制"。

值得注意的是,边缘计算、雾计算虽然说的是低时延,但是 50ms、100ms 这种周期对于高精度机床、机器人、高速图文印刷系统的 100μS 这样的"控制任务"而言,仍然是有非常大的延迟的,边缘计算所谓的"实时",从自动化行业的视角来看,依然被归在"非实时"的应用里的。

IT 与 OT 事实上也是相互渗透的,自动化厂商都已经开始在延伸其产品中的 IT 能力,包括 Bosch、SIEMENS、GE 这些大的厂商在信息化、数字化软件平台方面,包括像贝加莱、罗克韦尔等都在提供基础的 IoT 集成、Web 技术的融合方面的产品与技术。事实上 IT 技术也开始在其产品中集成总线接口、HMI 功能的产品,以及工业现场传输设备网关、交换机等产品。

边缘计算/雾计算要落地,尤其是在工业中,"应用"才是最为核心的问题,所谓的 IT 与 OT 的融合,更强调在 OT 侧的应用,即运营的系统所要实现的目标。

在工业领域,边缘应用场景包括能源分析、物流规划、工艺优化分析等。就生产任务分配而言,需根据生产订单为生产进行最优的设备排产排程,这是制造执行系统(Manufacturing Execution System,MES)的基本任务单元,需要大量计算。这些计算是靠具体 MES 厂商的软件平台,还是"边缘计算"平台——基于 Web 技术构建的分析平台,在未来并不会存在太多差别。从某种意义上说 MES 系统本身是一种传统的架构,而其核心既可以在专用的软件系统,也可以存在于云、雾或者边缘侧。

5.2.2 边缘计算发展历史

边缘计算是在高带宽、时间敏感型、物联网集成这个背景下发展起来的技术,边缘(Edge)这个概念最早是由 ABB、B&R、Schneider、KUKA 等自动化/机器人厂商所提出的,其本意是涵盖那些"贴近用户与数据源的 IT 资源",这是属于从传统自动化厂商向 IT 厂商延伸的一种设计。

20 世纪 90 年代,Akamai 公司首次定义了内容分发网络(Content Delivery Network,CDN),这一事件被视为边缘计算的最早起源。在 CDN 的概念中,提出在终端用户附近设立传输节点,这些节点被用于存储缓存的静态数据,如图像和视频等。边缘计算通过允许节点参与并执行基本的计算任务,进一步提升了这一概念。

1997 年,计算机科学家 Brian Noble 成功地将边缘计算应用于移动技术的语音识别,两年后边缘计算又被成功应用于延长手机电池的使用寿命,这一过程在当时被称为"Cyber foraging",也就是当前苹果 Siri 和谷歌语音识别的工作原理。

1999 年,点对点计算(Peer to Peer Computing)出现。

2006 年,亚马逊公司发布了 EC2 服务,从此云计算正式问世,并开始被各大企业纷纷采用。

在 2009 年发布的"移动计算汇总的基于虚拟机的 Cloudlets 案例"中,时延与云计算之间的端到端关系被详细介绍和分析,并提出了两级架构的概念:第一级是云计算基础设施,第二级是由分布式云元素构成的 Cloudlet。这一概念在很多方面成为现代边缘计算的理论基础。

2013 年,"雾计算"由思科(Cisco)带头成立的 OpenFog 组织正式提出,其中心思想是提升互联网可扩展性的分布式云计算基础设施。

2014 年,欧洲电信标准协会(ETSI)成立移动边缘计算规范工作组,推动边缘计算标准化,旨在为实现计算及存储资源的弹性利用,将云计算平台从移动核心网络内部迁移到移动接入边缘。

ETSI 在 2016 年提出把移动边缘计算的概念扩展为多接入边缘计算（Multi-Access Edge Computing，MEC），将边缘计算从电信蜂窝网络进一步延伸至其他无线接入网络，如 Wi-Fi。

自此，MEC 成为一个可以运行在移动网络边缘的执行特定任务计算的云服务器。在计算模型的演进过程中，边缘计算紧随面向数据的计算模型的发展。数据规模的不断扩大与人们对数据处理性能、能耗等方面的高要求正成为日益突出的难题。

为了解决上述难题，在边缘计算产生之前，学者们在解决面向数据传输、计算和存储过程的计算负载和数据传输带宽的问题中，已经开始探索如何在靠近数据的边缘端增加数据处理功能，即开展由计算中心处理的计算任务向网络边缘迁移的相关研究，其中典型的模型包括：分布式数据库模型、P2P（Peer to Peer）模型、CDN 模型、移动边缘计算（Mobile Edge Computing，MEC）模型、雾计算（Fog Computing）模型。

1. 分布式数据库模型

分布式数据库系统通常由许多较小的计算机组成，这些计算机可以被单独放置在不同的地点。每台计算机不仅可以存储数据库管理系统的完整复制副本或部分复制副本，还可以具有自己的局部数据库。通过网络将位于不同地点的多台计算机互相连接，共同组成一个具有完整且全局的、逻辑上集中、物理上分布的大型数据库系统。分布式数据库由一组数据构成，这组数据分布在不同的计算机上，计算机可以成为具有独立处理数据管理能力的网络节点，这些节点执行局部应用，称为场地自治。同时，通过网络通信子系统，每个节点能执行全局应用。

在集中式数据库系统计算基础上发展起来的分布式数据库系统具有如下特性。

1）数据独立性

集中式数据库系统中的数据独立性包括数据逻辑独立性和数据物理独立性两个方面，即用户程序与数据全局逻辑结构和数据存储结构无关。在分布式数据库系统中还包括数据分布独立性，即数据分布透明性。数据分布透明性是指用户不必关心以下数据问题：数据的逻辑分片、数据物理位置分布的细节、数据重复副本（冗余数据）一致性问题以及局部场地上数据库支持哪种数据模型。

2）数据共享性

数据库是多个用户的共享资源，为了保证数据库的安全性和完整性，在集中式数据库系统中，对共享数据库采取集中控制，同时配有数据库管理员负责监督，维护系统正常运行。在分布式数据库系统中，数据的共享有局部共享和全局共享两个层次。局部共享是指在局部数据库中存储局部场地各用户常用的共享数据。全局共享是指在分布式数据库系统的各个场地同时存储其他场地的用户常用共享数据，用以支持系统全局应用。因此，对应的控制机构具有集中和自治两个层次。

3）适当增加数据冗余度

尽量减少数据冗余度是集中式数据库系统的目标之一，这是因为冗余数据不仅浪费存储空间，而且容易造成各数据副本之间的不一致性。集中式数据库系统不得不付出一定的维护代价来减少数据冗余度,以保证数据一致性和实现数据共享。相反,在分布式数据系统中却希望适当增加数据冗余度,即将同一数据的多个副本存储在不同的场地。适当增加数据冗余度可以提升分布式数据系统的可靠性、可用性,即当某一场地出现故障时,系统可以对另一场地上的相同副本进行操作,以避免一处发生故障而造成整个系统的瘫痪。

4) 数据全局一致性和可恢复性

在分布式数据库系统中,各局部数据库不仅要达到集中式数据库的一致性、并发事务的可串行性和可恢复性要求,还要保证达到数据库的全局一致性、全局并发事务的可串行性和系统的全局可恢复性要求。

2. P2P 模型

对等网络(P2P)是一种新兴的通信模式,也被称为对等连接或工作组。对等网络定义每个参与者都可以发起一个通信对话,对等节点所有参与者具有同等的能力。在对等网络上的每台计算机具有相同的功能,没有主从之分,没有专用服务器,也没有专用工作站,任何一台计算机既可以作为服务器,又可以作为工作站。

3. CDN 模型

CDN 是在现有的 Internet 中添加一层新的网络架构,更接近用户,被称为网络边缘。网站的内容被发布到最接近用户的网络"边缘",用户可以就近取得所需的内容,从而缓解 Internet 网络拥塞状况,提高用户访问网站的响应速度,从技术上全面解决网络带宽小、用户访问量大、网点分布不均等造成的网站响应速度慢的问题。

从狭义角度讲,CDN 以一种新型的网络构建方式,在传统的 IP 网中作为特别优化的网络覆盖层用于大宽带需求的内容分发和存储。

从广义角度讲,CDN 是基于质量与秩序的网络服务模式的代表。

近年来,主动内容分发网络(Active Content Distribution Network,ACDN)以一种新的体系结构模型被研究人员提出。ACDN 改进了传统的 CDN,根据需要将应用在各服务器之间进行复制和迁移,成功地帮助内容提供商避免了一些新算法的研究设计。

4. 移动边缘计算模型

移动边缘计算通过将传统电信蜂窝网络和互联网业务深度融合,大大降低了移动业务交付的端到端时延,进而提升用户体验,无线网络的内在能力成功发掘。

通常的移动边缘终端设备被认为不具备计算能力,于是人们提出在移动边缘终端设备和云计算中心之间建立边缘服务器,将终端数据的计算任务放在边缘服务器上完成。而在移动边缘计算模型中,终端设备是具有较强的计算能力的。由此可见,移动边缘计算模型是边缘计算模型的一种,非常类似于边缘计算服务器的架构和层次。

5. 雾计算模型

雾计算是在 2011 年由哥伦比亚大学的斯特尔佛教授(Prof. Stolfo)首次提出的,旨在利用"雾"阻挡黑客入侵。2012 年,雾计算被思科公司定义为一种高度虚拟化的计算平台,中心思想是将云计算中心任务迁移到网络边缘设备上。

雾计算作为对云计算的补充,提供在终端设备和传统云计算中心之间的计算、存储、网络服务。

由于概念上的相似性,雾计算和边缘计算在很多场合被用来表示相同或相似的一个意思。两者的主要区分是雾计算关注后端分布式共享资源的管理,而边缘计算在强调边缘基础设施和边缘设备的同时,更关心边缘智能的设计和实现。

5.2.3 边缘计算发展契机

从生态模式的角度看,边缘计算是一种新的生态模式,它将网络、计算、存储、应用和智能 5 类资源汇聚在网络边缘用以提升网络服务性能、开放网络控制能力,进而促进类似于移动互联网的新模式、新生态的出现。

边缘计算的技术理念可以适用于固定互联网、移动通信网、消费物联网、工业互联网等不同场景,形成各自的网络架构增强,与特定网络接入方式无关。

随着网络覆盖的扩大、带宽的增强、资费的下降,万物互联触发了新的数据生产模式和消费模式。同时,工业互联网蓬勃兴起,实现 IT 技术与 OT 技术的深度融合,迫切需要在工厂内网络边缘处加强网络、数据、安全体系建设。

1. 云计算的不足

传统的云计算模式是在远程数据中心集中处理数据。由于物联网的发展和终端设备收集数据量的激增,会产生如下一些问题。

(1) 对于大规模边缘的多源异构数据处理要求,无法在集中式云计算线性增长的计算能力下得到满足。物联网的感知层数据处于海量级别,数据具有很强的冗余性、相关性、实时性和多源异构性,数据之间存在着频繁的冲突与合作。融合的多源异构数据和实时处理要求,给云计算带来了无法解决的巨大挑战。

(2) 数据在用户和云数据中心之间的长距离传输将导致高网络时延和计算资源浪费。云服务是一种聚合度很高的集中式服务计算,用户将数据发送到云端存储并处理,将消耗大量的网络带宽和计算资源。

(3) 大多数终端用户处于网络边缘,通常使用的是资源有限的移动设备,它们具有低存储和计算能力以及有限的电池容量,所以有必要将一些不需要长距离传输到云数据中心的任务分摊到网络边缘端。

(4) 云计算中数据安全性和隐私保护在远程传输和外包机制中将面临很大的挑战,使用边缘计算处理数据则可以降低隐私泄露的风险。

以智能家居为例,不仅越来越多的家庭设备开始使用云计算来控制,而且还通过云计算实现家庭局域网内设备之间的互动,这使得过度依赖云平台的局域网设备会出现以下问题。

(1) 一旦网络出现故障,即使家里仍然有电,设备也不能很好地控制。例如,通过手机控制家里的设备,手机在外网是需要通过透传的。当手机在局域网内时,一般是直接控制设备的。但如果是智能单品之间实现联动的话,通常联动逻辑是在云上的。当发生网络故障的时候,联动的设备通常就容易失控。

(2) 如果是通过云控制家庭设备,那么需要定时检查云端的状态来实现对家电的控制,这时设备接受响应的时间,一方面取决于设备连接的网络速率,另一方面取决于云平台上设备检查状态的周期,这两方面使得响应时间是不可控的。

(3) 在很多智能家居方案中,没有局域网内的控制,所以通常要通过云服务来实现局域网之内的设备联动。对开关速度要求不高的空调、电视等产品,用户是感受不到时延带来的不好体验的。但随着智能家居的普及,如越来越多的灯光设备如果通过智能控制实现的话,即便是一点点的时延,用户也可以立即感受到。

2. 万物互联

2012年12月,思科公司提出万物互联的概念,这是未来互联网连接以及物联网发展的全新网络连接架构,其增加并完善了网络智能化处理功能以及安全功能,是在物联网基础上的新型互联的构建。万物互联是以万物有芯片、万物有数据、万物有传感器、万物皆在线、万物有智慧为基础的,产品、流程、服务各环节紧密相连,人、数据和设备之间自由沟通的全球化网络。在万物互联环境下,无处不在的感知、通信和嵌入式系统,赋予物体采集、计算、思考、协作和自组织、自优化、自决策的能力。离度灵活、人性化、数字化的生产与服务模式通过产品、机器、资源和人的有机联系得以实现。

3. 用户的转型

在传统的云计算模式中,终端用户通常扮演的角色是数据消费者,如在网络浏览器观看视频或文件、浏览图像、管理系统中的文档。但是,终端用户的角色正在发生变化,从数据消费者到数据生产者和消费者,这意味着人们在边缘设备上生成物联网数据。

4. 网络架构云化演进

通信运营商根据网络建设部署与运营经验,统一构建基于网络功能虚拟化(Network Function Virtualization,NFV)、软件定义网络(Software Defined Network,SDN)、云计算为核心技术的网络基础设施,推进支撑网络的云化演进、匹配网络转型部署,NFV将成为5G网络各网元的技术基础,以实现全云化部署。以数据中心(Data Center,DC)为中心的三级通信云DC布局,将在网络云化架构中被采用,通过在不同层级的分布式部署和构建边缘、本地、区域,统一规划云化资源池完成面向固网、物联网、移动网、企业专线等多种接入的统一承载和统一服务。

5. IT技术与OT技术的深度融合驱动行业智能化发展

以大数据、机器学习、深度学习为代表的智能技术已经在语音识别、图像识别等方面得到应用,在模型、算法、架构等方面取得了较大进展。智能技术已率先应用于制造、电力、交通、医疗、电梯、物流、公共事业等行业,随着预测性维护、智能制造等新应用的演进,行业智能化势必驱动边缘计算发展。

5.2.4　边缘计算发展现状

在满足未来万物互联的需求上,边缘计算的优点尤为突出,这激发了国内外学术界和产业界的研究热情,主要的三大阵营在边缘计算发展上各有优势。

(1) 互联网企业试图将公有云服务能力扩展到边缘侧,希望以消费物联网为主要阵地。

（2）工业企业试图发挥自身工业网络连接和工业互联网平台服务的领域优势,以工业互联网为主要阵地。

（3）通信企业以边缘计算为契机,开放接入侧网络能力,进入消费物联网和工业互联网领域,希望盘活网络连接设备的价值。

从 2016 开始,业界从学术研究、标准化、产业联盟、商业化落地 4 个方向齐力推动边缘计算的发展。

当今,边缘计算市场仍然处于初期发展阶段。主宰云计算市场的互联网公司(国外的亚马逊、谷歌、微软,国内的百度、腾讯、阿里巴巴等)、行业领域厂商(富士康、小米等)正在成为边缘计算商业化落地的领先者。传统电信运营商在 5G 蓬勃发展的大环境中,借助软件定义网络和网络云化等技术,也发力于边缘计算商业化落地。

亚马逊携 AWS Greengrass 进军边缘计算领域,该服务将 AWS 扩展到设备上,这样它们除了同时可以使用云来进行管理、分析数据和持久的存储,还可以在本地处理它们生成的数据。

微软公司将在物联网领域进行大量投入,边缘计算项目是其中之一。微软公司发布了 Azure IoT Edge 解决方案,该方案通过将云分析扩展到边缘设备以支持离线使用。边缘的人工智能应用也是微软公司希望聚焦的领域。

谷歌公司宣布了两款新产品,分别是硬件芯片 Edge TPU 和软件堆栈 Cloud IoT Edge,旨在帮助改善边缘联网设备的开发。依靠谷歌云强大的数据处理和机器学习能力,可以通过 Cloud IoT Edge 扩展到数十亿台边缘设备,如风力涡轮机、机器人手臂和石油钻塔,这些边缘设备对自身传感器产生的数据可进行实时操作,并在本地进行结果预测。

在新兴的边缘计算领域,涌现出 Scale Computing、Vertiv、华为、富士通、惠普和诺基亚等商业化的开拓者。

Intel、戴尔、IBM、思科、惠普、微软、通用电气和 AT&T 等公司也在投资布局边缘计算。

目前,不断涌现和发展的物联网、5G 等新技术正推动着中国数字化转型的新一轮变革。为克服数据中心高能耗等一系列问题,边缘计算获得了越来越多的关注,在国内各行业的应用日渐广泛。

5.3 边缘计算的基本结构和特点

边缘计算中的"边缘"是一个相对的概念,指从数据源到云计算中心数据路径之间的任意计算资源和网络资源。边缘计算允许终端设备将存储和计算任务迁移到网络边缘节点中,如基站(Base Station,BS)、无线接入点(Wireless Access Points,WAP)、边缘服务器等,在满足终端设备计算能力扩展需求的同时,还能有效地节约计算任务在云服务器和终端设备之间的传输链路资源。

5.3.1 边缘计算的基本结构

基于"云-边-端"协同的边缘计算基本架构,由 4 层功能结构(核心基础设施、边缘计算中心、边缘网络和边缘设备)组成。

(1)核心基础设施提供核心网络接入(如互联网、移动核心网络)和用于移动边缘设备的集中式云计算服务和管理功能。其中,核心网络主要包括互联网络、移动核心网络、集中式云服务和数据中心等。而云计算核心服务通常包括基础设施即服务、平台即服务和软件即服务 3 种服务模式。通过引入边缘计算架构,多个云服务提供商可同时为用户提供集中式的存储和计算服务,实现多层次的异构服务器部署,改善集中式云业务大规模计算迁移带来的挑战,同时还能够为不同地理位置上的用户提供实时服务和移动代理。

互联网厂商把边缘计算中心称为边缘云,主要用于计算、存储、网络转发资源,是整个"云-边-端协同"架构中的核心组件之一。

(2)边缘计算中心可搭载多租户虚拟化基础设施,从第三方服务提供商到终端用户以及基础设施提供商,自身都可以使用边缘中心提供的虚拟化服务。多个边缘中心按分布式拓扑部署,各边缘中心在自主运行的同时又相互协作,并且和云端连接进行必要的交互。

(3)边缘网络通过融合多种通信网络来实现物联网设备和传感器的互联。从无线网络到移动中心网络再到互联网络边缘计算设施,通过无线网络,数据中心网络和互联网实现了边缘设备、边缘服务器、核心设施之间的连接。

(4)边缘设备不只扮演了数据消费者的角色,而且作为数据生产者参与到了边缘计算结构的 4 个功能结构层中。

5.3.2 边缘计算的基本特点

边缘计算具有如下基本特点。

1)连接性

边缘计算是以连接性为基础的。由于所连接物理对象的多样性以及应用场景的多样性,要求边缘计算具备丰富的连接功能,如各种网络接口、网络协议、网络拓扑、网络部署与配置、网络管理与维护。此外,在考虑与现有各种工业总线互联互通的同时,连接性需要充分借鉴吸收网络领域先进的研究成果,如时间敏感网络(Time-Sensitive Networking,TSN)、SDN、NFV、Network as a Service、无线局域网(Wireless Local Area Network,WLAN)、NB-IoT 和 5G 等。

2)数据入口

作为物理世界到数字世界的桥梁,边缘计算是数据的第一入口。边缘计算通过拥有大量、实时、完整的数据,可基于数据全生命周期进行管理与价值创造,实现更好的支撑预测性维护、资产效率与管理等创新应用;另外,作为数据第一入口,边缘计算面临数据实时性、不确定性、多样性等挑战。

3）约束性

边缘计算产品需要适配工业现场相对恶劣的工作条件与运行环境，如防电磁、防尘、防爆、抗振动、抗电流或电压波动等。在工业互联场景下，对边缘计算设备的功耗、成本、空间也有较高的要求。边缘计算产品需要考虑通过软硬件集成与优化，以适配各种条件约束，支撑行业数字化多样性场景。

4）分布性

边缘计算实际部署天然具备分布式特征，这要求边缘计算支持分布式计算与存储、实现外布式资源的动态调度与统一管理，支撑外布式智能，具备外布式安全等能力。

5）融合性

OT 与 IT 的融合是行业数字化转型的重要基础，边缘计算作为"OICT"融合与协同的关键承载，需要支持在连接、数据、管理、控制、应用和安全等方面的协同。

6）邻近性

由于边缘计算的部署非常靠近信息源，因此边缘计算特别适用于捕获和分析大数据中的关键信息。此外，边缘计算还可以直接访问设备，容易直接衍生特定的商业应用。

7）低时延

由于移动边缘技术服务靠近终端设备或者直接在终端设备上运行，时延被大大降低，这使得反馈更加快速，从而改善了用户体验，减少了网络在其他部分中可能发生的拥塞。

8）大带宽

由于边缘计算靠近信息源，可以在本地进行简单的数据处理，不必将所有数据或信息都上传至云端，这使得网络传输压力下降，网络堵塞减少，网络速率因此大大提高。

9）位置认知

当网络边缘是无线网络的一部分时，无论是 Wi-Fi 还是蜂窝网络，本地服务都可以利用相对较少的信息来确定每个连接设备的具体位置。

5.4　边缘计算的基础资源架构技术

作为一种新型的服务模型，边缘计算将数据或任务放在靠近数据源头的网络边缘侧进行处理。网络边缘侧可以是从数据源到云计算中心之间的任意功能实体，这些实体搭载着融合网络、计算、存储、应用核心能力的边缘计算平台，为终端用户提供实时、动态和智能的服务计算。同时，数据就近处理的理念为数据安全和隐私保护提供了更好的结构化支撑。

边缘计算模型的总体架构主要包括核心基础设施、边缘数据中心、边缘网络和边缘设备。从架构功能角度划分，边缘计算包括基础资源（计算、存储、网络）、边缘管理、边缘安全以及边缘计算业务应用，边缘计算功能模块如图 5-4 所示。

边缘计算的业务执行离不开通信网络的支持，其网络既要满足与控制相关业务传输时间的确定性和数据完整性，又要能够支持业务的灵活部署和实施。时间敏感网络和软件定义网络技术是边缘计算网络部分的重要基础资源。异构计算支持是边缘计算模块的技术关键。

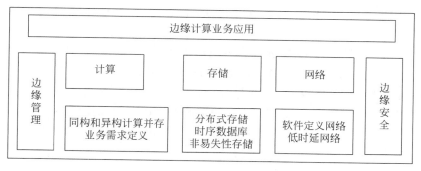

图 5-4 边缘计算功能模块

随着物联网和人工智能的蓬勃发展,业务应用对计算能力提出了更高的要求。计算需要处理的数据种类日趋多样化,边缘设备既要处理结构化数据,又要处理非结构化数据。

因此,边缘计算架构需要解决不同指令集和不同芯片体系架构的计算单元协同起来的异构计算,满足不同业务应用的需求,同时实现性能、成本、功耗、可移植性等的优化均衡。目前,业界以公服务提供商为典型案例,已经实现部署了云上 AI 模型训练和推理预测的功能服务。将推理预测放置于边缘计算工程应用的热点,既满足了实时性要求,又大幅度减少了占用云端资源的无效数据。

边缘存储以时序数据库(包含数据的时间戳等信息)等分布式存储技术为支撑,按照时间序列存储完整的历史数据,需要支持记录物联时序数据的快速写入、持久化、多维度的聚合等查询功能。

5.4.1 边缘计算与前沿技术的关联和融合

边缘计算是通过把计算、存储、带宽、应用等资源放在网络的边缘侧,减小传输时延和带宽限制的新兴技术。这项技术为物联网、云计算等技术提供了前所未有的连接性、集中化以及智能化,满足了敏捷连接、实时业务、数据优化、应用智能、安全与隐私保护等方面的需求,将是实现分布式自治、工业控制自动化的重要支撑。

1. 边缘计算和云计算

边缘计算不是替代云计算,而是互补协同,也可以说边缘计算是云计算的一部分。边缘计算和云计算的关系可以比喻为集团公司的地方办事处与集团总公司的关系。边缘计算与云计算各有所长,云计算擅长把握整体,聚焦非实时、长周期数据的大数据分析,能够在长周期维护、业务决策支撑等领域发挥优势;边缘计算则专注于局部聚焦实时、短周期数据的分析,能更好地支撑本地业务的实时智能化处理与执行。云边协同将放大边缘计算与云计算的应用价值;边缘计算既靠近执行单元,更是云端所需的高价值数据的采集单元,可以更好地支撑云端应用的大数据分析;反之云计算通过大数据分析、优化输出的业务规则或模型,可以下发到边缘侧,边缘计算基于新的业务规则进行业务执行的优化处理。

　　边缘计算不是单一的部件,也不是单一的层次,而是涉及边缘 Iaas、边缘 PaaS 和边缘 SaaS 的端到端开放平台。

　　云边协同架构如图 5-5 所示,该图清晰地给出了云计算和边缘计算的互补协同关系。边缘 IaaS 与云端 IaaS 实现资源协同;边缘 PaaS 和云端 PaaS 实现数据协同、智能协同、应用管理协同、业务编排协同;边缘 SaaS 与云端 SaaS 实现服务协同。

　　目前,对云计算的概念都是基于集中式的资源管控提出的,即使采用多个数据中心互联互通的形式,依然将所有的软硬件资源视为统一的资源进行管理、调度和售卖。

　　随着 5G、物联网时代的到来以及云计算应用的逐渐增加,集中式的云已经无法满足终端侧"大连接、低时延、大带宽"的资源需求。结合边缘计算的概念,云计算将必然发展到下一个技术阶段:将云计算的能力拓展至距离终端更近的边缘侧,并通过"云-边-端"的统一管控实现云计算服务的下沉,提供端到端的云服务。边缘云计算的概念随之产生。

　　《边缘云计算技术及标准化白皮书(2018)》把边缘云计算定义为:基于云计算技术的核心和边缘计算的能力,构筑在边缘基础设施之上的云计算平台。同时,边缘云计算是形成边缘位置的计算、网络、存储、安全等能力的全面的弹性云平台,并与中心云和物联网终端形成"云-边-端三体协同"的端到端的技术架构。通过将网络转发存储、计算、智能化数据分析等工作放在边缘处理,可以降低响应时延、减轻云端压力、降低带宽成本,并提供全网调度、算力分发等云服务。

　　边缘云计算的基础设施包括但不限于:分布式互联网数据中心(Internet Data Center,IDC)、运营商通信网络边缘基础设施、边缘侧客户节点(如边缘网关、家庭网关等)等边缘设备及其对应的网络环境。

　　边缘云作为中心云的延伸,将云的部分服务或者能力(包括但不限于存储、计算、网络、AI、大数据、安全等)扩展到边缘基础设施之上。中心云和边缘云相互配合,实现中心—边缘协同、全网算力调度、全网统一管控等能力,真正实现"无处不在"的云。

　　边缘云计算在本质上是基于云计算技术的,为"万物互联"的终端提供低时延、自组织、可定义、可调度、高安全、标准开放的分布式云服务。边缘云可以最大限度地与中心云采用统一架构、统一接口、统一管理,这样能够降低用户开发成本和运维成本,真正实现将云计算的范畴拓展至距离产生数据源更近的地方,弥补传统架构的云计算在某些应用场景中的不足。

2. 边缘计算和人工智能

　　人工智能革命是从弱人工智能,到强人工智能,最终达到超人工智能的过程。现在,人们已经掌握了弱人工智能。

　　边缘计算可以加速实现人工智能就近服务于数据源或使用者。尽管目前企业不断将数据传送到云端进行处理,但随着边缘计算设备的逐渐应用,本地化管理变得越来越普遍,企业上云的需求或将面临瓶颈。由于人们需要实时地与他们的数字辅助设备进行交互,因此等待数千米(或数十千米)以外的数据中心是行不通的。

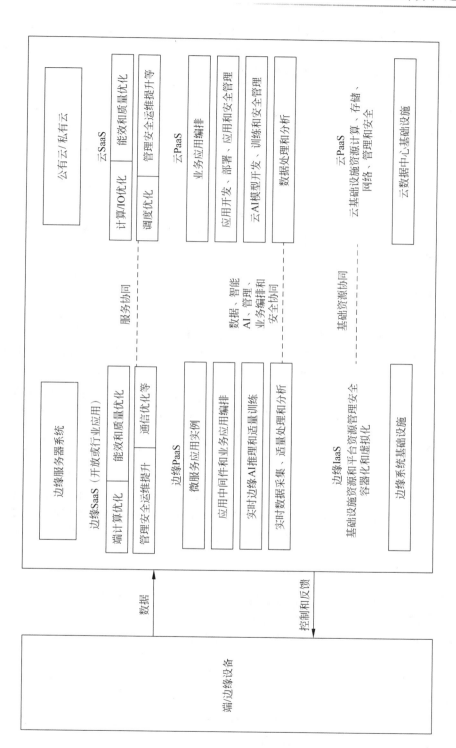

图 5-5 云边协同架构

  人工智能仍旧面临优秀项目不足、场景落地缺乏的问题。另外,随着人工智能在边缘计算平台中的应用,加上边缘计算与物联网"云-边-端"协同推进应用落地的需求不断增加,边缘智能成为边缘计算新的形态,打通物联网应用的"最后一千米"。

  1) 边缘智能应用领域

  (1) 自动驾驶领域。在汽车行业,安全性是最重要的问题。在高速驾驶情况下,实时性是保证安全性的首要前提。由于网络终端机时延的问题,云端计算无法保证实时性。车载终端计算平台是自动驾驶计算发展的未来。另外,随着电动化的发展,低功耗对于汽车行业变得越来越重要。

  (2) 安防、无人机领域。相比于传统视频监控,AI 视频监控最主要的变化是把被动监控变为主动分析与预警,解决了需要人工处理海量监控数据的问题。安防、无人机等终端设备对算力及成本有很高的要求。随着图像识别与硬件技术的发展,在终端完成智能安防的条件日益成熟。

  (3) 消费电子领域。对于包括手机、家居电子产品在内的消费电子行业,实现智能的前提是要解决功耗、安全隐私等问题。

  2) 边缘智能产业生态

  边缘智能产业生态架构已经形成,主要有 3 类玩家。

  (1) 第一类:算法玩家。从算法切入,如提供计算机视觉算法、自然语言处理(Natural Language Processing,NLP)算法等。

  (2) 第二类:终端玩家。从硬件切入,如提供手机、PC 等智能硬件。拥有众多终端设备的海康威视在安防领域深耕多年,是以视频为核心的物联网解决方案提供商,其在发展过程中,将边缘计算和云计算加以融合,更好地解决物联网现实问题。

  (3) 第三类:算力玩家。从终端芯片切入,如开发用于边缘计算的 AI 芯片等。

  3. 边缘计算和 5G

  5G 技术以"大容量、大带宽、大连接、低时延、低功耗"为诉求。国际电信联盟(International Telecommunications Union,ITU-R)对 5G 定义的关键指标包括:峰值吞吐率 10Gb/s、时延 1ms、连接数百万、移动速度 500km/h。

  5G 具有如下特点。

  1) 高速度

  相对于 4G,5G 要解决的第一个问题就是高速度。只有提升网络速度,用户体验与感受才会有较大提高,网络才能在面对 VR 和超高清业务时不受限制,对网络速度要求很高的业务才能被广泛推广和使用。因此,5G 的第一个特点就定义了速度的提升。

  2) 泛在网

  随着业务的发展,网络业务需要无所不包,广泛存在。只有这样才能支持更加丰富的业务,才能在复杂的场景上使用。

  泛在网有两个层面的含义:广泛覆盖和纵深覆盖。广泛覆盖是指在社会生活的各个地方需要广覆盖。高山峡谷如果能覆盖 5G,可以大量部署传感器,进行环境、空气质量,甚至地貌变化、地震的监测。纵深覆盖是指虽然已经有网络部署,但是需要进入更高品质的深度覆盖。5G 的到来,可把以前网络品质不好的卫生间、地下车库等环境都用 5G 网络广泛覆盖。

3)低功耗

5G 要支持大规模物联网应用,就必须有功耗的要求。如果能把功耗降下来,让大部分物联网产品一周充一次电,甚至一个月充一次电,就能大大改善用户体验,促进物联网产品的快速普及。

4)低时延

5G 的新场景是无人驾驶、工业自动化的高可靠连接。要满足低时延的要求,需要在 5G 网络架构中找到各种办法,降低时延。边缘计算技术也会被采用到 5G 的网络架构中。

5)万物互联

在传统通信中,终端是非常有限的,在固定电话时代,电话是以人群定义的。而手机时代,终端数量有了巨大爆发,手机是按个人应用定义的。到了 5G 时代,终端不是按人来定义的,因为每个人可能拥有数个终端,每个家庭也可能拥有数个终端。

社会生活中大量以前不可能联网的设备也会进行联网工作,更加智能。井盖、电线杆、垃圾桶这些公共设施以前管理起来非常难,也很难做到智能化,而 5G 可以让这些设备都成为智能设备,利于管理。

6)重构安全

传统的互联网要解决的是信息高速、无障碍的传输,自由、开放、共享是互联网的基本精神,但是在 5G 基础上建立的是智能互联网。智能互联网不仅要实现信息传输,还要建立起一个社会和生活的新机制与新体系。智能互联网的基本精神是安全、管理、高效、方便。安全是 5G 之后的智能互联网第一位的要求。如果 5G 无法重新构建安全体系,那么会产生巨大的破坏力。

在 5G 的网络构建中,在底层就应该解决安全问题,从网络建设之初,就应该加入安全机制,信息应该加密,网络并不应该是开放的,对于特殊的服务需要建立起专门的安全机制。网络不是完全中立、公平的。

4. 边缘计算和物联网

由无数类型的设备生成的大量数据需要推送到集中式云以保留(数据管理)、分析和决策,然后,将分析的数据结果传回设备。这种数据的往返消耗了大量网络基础设施和云基础设施资源,进一步增加了时延和带宽消耗问题,从而影响关键任务的物联网使用。例如,在自动驾驶的连接车中,每小时产生大量数据,数据必须上传到云端进行分析,并将指令发送回汽车,低时延或资源拥塞可能会延迟对汽车的响应,严重时可能导致交通事故。

边缘计算驱动物联网发展的优势包括以下方面。

(1)边缘计算可以降低传感器和中央云之间所需的网络带宽(即更低的时延),并减轻整个 IT 基础架构的负担。

(2)在边缘设备处存储和处理数据,而不需要网络连接来进行云计算,这消除了高带宽的持续网络连接。

（3）通过边缘计算，端点设备仅发送云计算所需的信息而不是原始数据，这有助于降低云基础架构的连接和冗余资源的成本。当在边缘分析由工业机械生成的大量数据并且仅将过滤的数据推送到云时，这是有益的，从而显著节省 IT 基础设施。

（4）利用计算能力使边缘设备的行为类似于云类操作。应用程序可以快速执行，并与端点建立可靠且高度响应的通信。

（5）通过边缘计算实现数据的安全性和隐私性。敏感数据在边缘设备上生成、处理和保存，而不是通过不安全的网络传输，并有可能破坏集中式数据中心。边缘计算生态系统可以为每个边缘提供共同的策略，以实现数据的完整性和隐私保护。

（6）边缘计算并不能取代对传统数据中心或云计算基础设施的需求，相反，它与云共存，因为云的计算能力被分配到端点。

5.4.2　边缘存储架构

下面介绍边缘存储架构。

1. 边缘存储

边缘存储就是把数据直接存储在数据采集点或者靠近的边缘计算节点中，如 MEC 服务器或 CDN 服务器，而不需要将数据通过网络即时传输到中心服务器（或云存储）的数据存储方式。边缘存储一般采用分布式存储，也称之为去中心化存储。

下面介绍几种边缘存储案例。

（1）在安防监控领域，智能摄像头或网络视频录像机直接保存数据，即时处理，不需要将所有数据传输至中心机房再处理。

（2）家庭网络存储服务器，用户更偏向将私人数据存储在自己家中，而不是通过网络上传到提供存储服务的第三方公司，这样第三方公司不会接触到敏感数据，保证隐私保护和安全性。

（3）自动驾驶采集的数据往往可以在车载单元或路侧单元中进行预处理，再将处理后的少量数据传输给后台服务中心或云。

为什么目前主要使用的还是中心存储，而不是边缘存储呢？一个很重要的原因是数据处理在中心，边缘设备的处理能力还不够；另外一个原因是缺乏成熟可行的技术方案连接和同步边缘节点，无法使得边缘端更多地承担数据采集、处理和存储的任务。

随着芯片技术的发展，边缘端设备的运算能力和处理速度都得到大幅度提升，设备成本大大降低，在靠近数据的边缘端已经可以进行较好的数据处理。同时，随着边缘存储技术的飞速发展，能够很好地解决端设备的局部互联问题，可以在边缘进行连接和处理。

2. 边缘存储的优势

边缘存储具有如下优势。

1）网络带宽和资源优化

对于以云为核心的存储架构，所有的数据都需要传输到云数据中心，带宽的需求是极大的。同时,并不是所有数据都需要长期保存。例如,电子监控的视频数据仅保存数天、数周或数月;而智能工厂中机器采集的原始数据的特点是数据频率高、规模大,但有价值的数据相对较少。如果将这些数据存储在云上,会带来网络带宽资源浪费、访问瓶颈以及成本上升等一系列问题。

在某些情况下,由于带宽限制或不一致,数据传输质量会受到影响,出现丢包或超时等问题。针对这种情况,可以利用边缘存储来缓存数据,直到网络状况改善后再回传信息。此外,还可以利用边缘存储动态优化带宽和传输内容质量。例如,在边缘录制高质量的视频,而在远程查看标准质量的视频,甚至可以在网络带宽不受限制时将录制的高质量视频同步到后端系统或云存储中。

通过边缘存储和云存储的有机结合,可以将一部分数据的存储需求从中心转移到边缘,更加合理有效地利用宝贵的网络带宽,并根据网络带宽的情况灵活优化资源的传输,使得现有网络可以支撑更多边缘计算节点的接入并降低总体拥有成本。

2）分布式网络分发

由于边缘节点分布式的特点,可以利用边缘存储建立分发网络,分发加速的效果将好于当前站点有限的内容分发网络(Content Delivery Network,CDN)。例如,分享一部分存储用于分发,那么观看的热门电视剧就可以被邻居直接下载使用,极大地节省网络带宽;另外,也可以通过分享存储资源获取部分收益。

当边缘存储进入实用阶段时,更容易建立去中心化的应用。基于地域的社区将可以不通过中心服务器或服务商进行交互,也更容易建立基于社区的私有网络。

3）可靠性更强

当数据存储和处理完全是中心化的时候,任何的网络问题或数据中心本身的问题都会导致服务中断,影响巨大。当边缘计算节点具备一定的处理能力,且数据存储在端或边缘之后,对网络的要求大大降低,一部分的网络中断只会影响小部分功能,因为很多处理运算同样可以在本地进行。同时,当边缘的点对点网络建立起来后,网络的冗余性会进一步解决部分网络中断的问题,容错性得到极大的加强。

4）安全与隐私兼顾

虽然云计算极大地方便了人们的生活,但也出现了一些关于数据安全和隐私的隐忧,这是家庭安防、智能家居发展缓慢的原因之一。边缘存储结合点对点网络技术可以帮助解决这个问题。在新的解决方案里,用户不需要把数据存储到网上,而是保存在家庭的网络附属存储(Network Attached Storage,NAS)中,所有数据都是可以加密存储的,通过 P2P 网络可以建立端设备和家庭数据服务器的点到点连接,让数据私密传送,同时兼顾安全与隐私。

5.5　边缘计算软件架构

在"云-边-端"的系统架构中,针对业务类型和所处边缘位置的不同,边缘计算硬件选型设计往往也会不同。例如,边缘用户端节点设备采用低成本、低功耗的 ARM 或者英特尔的

Atom 处理器,并搭载如 Movidius 或者现场可编程门阵列(Field Programmable Gate Array,FPGA)异构计算硬件进行特定计算加速;以 SDWAN 为代表的边缘网络设备衍生自传统的路由器网关形态,采用 ARM 或者 Intel Xeon-D 处理器;边缘基站服务器采用 Intel 至强系列处理器。相对硬件架构设计,系统软件架构却大同小异,主要包括与设备无关的微服务、容器及虚拟化技术、云端无服务化套件等。

以上技术应用统一了云端和边缘的服务运行环境,减少了硬件基础设施的差异带来的部署及运维问题。而在这些技术背后依靠的是云原生软件架构在边缘侧的演化。

边缘计算软件架构如图 5-6 所示。

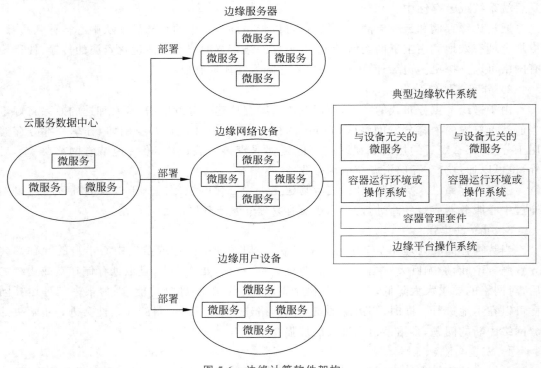

图 5-6 边缘计算软件架构

5.5.1 微服务

下面介绍微服务的架构组成和边缘计算中的微服务。

1. 微服务的架构组成

微服务架构如图 5-7 所示。

微服务架构主要由以下几部分组成。

(1)客户端。支持不同类型设备的接入,如运行在浏览器里面的单页程序、移动设备和物联网设备等。

(2)身份认证。为客户端的请求提供统一的身份认证,然后请求再转发到内部的微

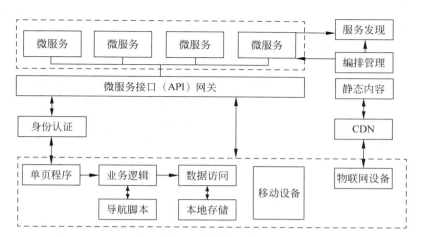

图 5-7 微服务架构

服务。

（3）微服务接口（API）网关。作为微服务的入口，提供同步消息和异步消息两种访问方式。同步消息使用 REST（Representational State Transfer）依赖于无状态 HTTP。异步消息使用高级消息队列协议（Advanced Message Queuing Protocol，AMQP）、消息队列遥测传输（Message Queuing Telemetry Transport，MQTT）等应用。

（4）编排管理。注册、管理、监控所有的微服务，发现和自动恢复故障。

（5）服务发现。维护所有微服务节点列表，提供通信路由查找。

此外，每个微服务都由一个私有数据库来保存数据。微服务的业务功能的生命周期应尽量精简、无状态。

2. 边缘计算中的微服务

云端数据中心根据实时性、安全性和边缘侧异构计算的需求，将微服务灵活地部署到边缘的用户设备、网关设备或小型数据中心，这体现了分布式边缘计算比传统集中式云计算拥有更大优势，而微服务是算力和 IT 功能部署的载体和最小单位。在边缘设备注册到云服务器提供商以后，这种微服务的部署对于终端用户是非常容易甚至无感的。

亚马逊、微软 Azure 云服务提供商都给出了使用边缘计算加快机器学习中神经网络推理的案例。机器学习根据现有数据所学习（该过程称为训练）的统计算法，对新数据做出决策（该过程称为推理）。在训练期间，将识别数据中的模式和关系以建立模型，该模型让系统能够对之前从未遇到过的数据做出明智的决策。在优化模型过程中会压缩模型大小，以便快速运行。训练和优化机器学习模型需要大量的计算资源，因此与云是天然良配。但是，推理需要的计算资源要少得多，并且往往在有新数据可用时实时完成。要想确保物联网应用程序能够快速响应本地事件，必须能够以非常低的时延获得推理结果。

在云计算领域，传统 IT 软件的微服务化已经得到了充分的演化，趋于成熟。如前所述，边缘计算是传统的工业领域的 OT、通信领域的 CT（Communications Technology）和 IT 的融合，而大部分的 OT 和 CT 的软件是基于整体式架构根据定制的需求开发的。传统 OT 和

CT 软件的微服务化是目前边缘计算产品落地的重要方面之一。

5.5.2　边缘计算的软件系统

传统云计算是将微服务部署于虚拟机中，OpenStack 提供了云平台的基础设施。边缘计算是云平台的延伸，但缺少云数据中心的高性能服务器物理设施来部署和运行完整的虚拟化环境。于是，轻量级的容器取代了虚拟机成为边缘计算平台的标准技术之一。

2017 年，谷歌公司开发的 Kubernetes 成为边缘计算平台标准的容器管理编排平台。

从软件架构角度上来看，一个简化的边缘系统由边缘硬件、边缘平台软件系统和边缘容器系统组成，边缘系统如图 5-8 所示。

图 5-8　边缘系统

1. 边缘的硬件基础设施

边缘硬件包括边缘节点设备、网络设备和小型数据中心，比较多样化。与传统物联网设备采集数据和简单数据处理不同，边缘硬件需要运行从云端部署的 IT 微服务。因此，边缘硬件一般具有一定的计算能力，使用微处理芯片（CPU）而不是物联网设备使用的微控制器（MCU）。因为边缘计算可以应用到各种领域，如工业、运输、零售、通信、能源等，所以硬件系统也是多种多样的，从低功耗树莓派（Raspberry）系，到英特尔的酷睿系统，甚至强系统。微软的 Azure 物联网云支持多达 1000 种设备的认证。

云端的基础设施被抽象成计算节点、网络节点和存储节点，以屏蔽底层基础设施的差异化。而边缘硬件往往使用异构的计算引擎进行加速以满足低功耗、实时性和定制化计算的需求，最常见的是使用 FPGA、Movidius、NPU 对机器学习神经网络推理的加速。而这些异构计算加速引擎很难在云端进行大规模部署和运维。

边缘设备硬件更加靠近数据源和用户侧，设备和系统的安全比云数据中心更具有挑战性。与传统物联网设备一样，集成基于硬件的信任根可以极大地保障边缘系统的安全，同时可以极大地降低网络通信的开销，提高微服务的实时性。

以 Docker 为主的容器技术是边缘设备上微服务的运行环境，并不需要特殊的虚拟化支持。然而，硬件虚拟化可以为 Docker 容器提供更加安全的隔离。

2. 容器技术

云服务提供商使用虚拟化或者容器来构建平台及服务。容器架构如图 5-9 所示。

图 5-9　容器架构

应用程序和依赖的二进制库被打包运行在独立的容器中。在每个容器中,网络、内存和文件系统是隔离的。容器引擎管理所有的容器。所有的容器共享物理主机上的操作系统内核。

如上所述,以 Docker 为主的容器技术逐渐成为边缘计算的技术标准,各大云计算厂商都选择容器技术构建边缘计算平台的底层技术栈。

边缘计算的应用场景非常复杂。从前面的分析可以清晰地看到边缘计算平台并不是传统意义上的只负责数据收集转发的网关。更重要的是,边缘计算平台需要提供智能化的运算能力,而且能产生可操作的决策反馈,用来反向控制设备端。过去,这些运算只能在云端完成。现在需要将 Spark、TensorFlow 等云端的计算框架通过剪、合并等简化手段迁移至边缘计算平台,使得能在边缘计算平台上运行云端训练后的智能分析算法。

因此,边缘计算平台需要一种技术在单台计算机或者少数几台计算机组成的小规模集群环境中隔离主机资源,实现分布式计算框架的资源调度。

边缘计算所需的开发工具和编程语言具有多样性。目前,计算机编程技术呈百花齐放的趋势,开发人员运用不同的编程语言解决不同场景的问题已经成为常态,所以在边缘计算平台需要支持多种开发工具和多种编程语言的运行时环境。因此,在边缘计算平台使用一种运行时环境的隔离技术便成为需求。

容器技术和容器编排技术逐渐成熟。容器技术是在主机虚拟化技术后最具颠覆性的计算机资源隔离技术。通过容器技术进行资源的隔离,不仅 CPU、内存和存储的额外开销非常小,而且容器的生命周期管理也非常快捷,可以在毫秒级的时间内开启和关闭容器。

5.6　边缘计算应用案例

本节详细介绍来自互联网厂商、工业企业、通信设备企业和运营商的边缘计算典型工程案例,帮助读者从理论学习迈向实践。

互联网厂商工程应用开发,致力于多通信运营商边缘资源的统一接入,通过虚拟化和智能调度,提高资源利用率,降低使用成本;同时,根据边缘基础设施的参考标准,支撑"云-边-

端"算力的全局统一调度,为 AI 提供低时延和最优的边缘算力。

工业企业充分发挥自身工业网络连接和工业互联网平台服务的领域优势,加速推进工业物联网网关商业应用进程,规范工业互联网中的数据采集、转换、处理和传输,达到不同厂商品牌工业设备数据、工厂 OT 组网和通信协议的转化兼容和互联。

通信设备企业和通信运营商通过联动互联网厂商的业务服务,开放接入侧网络能力。

边缘计算已经被大量应用在许多实际的商业场景中,目前已知的应用场景包括但不限于表 5-1 中所列出的场景。

表 5-1　边缘计算在商业中的应用场景

场 景 类 型	场 景 特 点	场 景 举 例
边缘 CDN	低时延; 缓存控制; 同 CDN 功能联动; 高并发	页面内容修改; 自定义缓存控制; URL 重写; 动态回源; API 网关智能设备联动
边缘安全	安全产品库边边缘部署; 同节点安全功能联动; 丰富的处理动作; 容器运行环境安全	黑白名单; 访问控制; 反爬取; 人机识别; 安全接入
AI 边缘	边缘部署 AI 模型; AI 模型保护; AI 硬件加速	图片审计; 反恐审计; 人脸识别; 鉴黄识别; 新零售智能管控; 智能驾驶; 智能家庭
网络和 IoT 设备边缘; 智能工业互联网边缘	支持 IoT 协议; 私有化部署; 数据脱敏	工业机器管理; 无人机视觉分析; 人流监控; 智能工厂; 智能医疗

5.6.1　智慧城市和无人零售

智慧城市是指利用各种信息技术或创新理念,集成城市的组成系统和服务,以提升资源运用的效率,优化城市管理和服务,改善市民生活质量。智慧城市把新一代信息技术充分应用在城市的各行各业中,基于支持社会下一代创新的城市信息化高级形态,实现信息化、工业化与城镇化深度融合,有助于缓解"大城市病",提高城镇化质量,实现精细化和动态管理,并提升城市管理成效和改善市民生活质量。

智慧城市体系包括智慧物流体系、智慧制造体系、智慧贸易体系、智慧能源应用体系、智慧公共服务体系、智慧社会管理体系、智慧交通体系、智慧健康保障体系、智慧安居服务体系和智慧文化服务体系。

智慧城市需要信息的全面感知、智能识别研判、全域整合和高效处置。智慧城市的数据汇集热点包括地区、公安、交警等数据，运营商的通信类数据，互联网的社会群体数据，IoT设备的感应类数据。智慧城市服务需要通过数据智能识别出各类事件，并根据数据相关性对事态进行预测。基于不同行业的业务规则，对事件风险进行研判。整合公安、交警、城管、公交等社会资源，对重大或者关联性事件进行全域资源联合调度。实现流程自动化和信息一体化，提高事件处置能力。

在智慧城市的建设过程中，边缘云计算的价值同样巨大。

边缘云计算架构分为采集层、感知层和应用层。

（1）采集层。海量监控摄像头采集原始视频并传输到就近的本地汇聚节点。

（2）感知层。视频汇聚节点内置来自云端的视觉 AI 推理模型及参数，完成对原视频流的汇聚和 AI 计算，提取结构化特征信息。

（3）应用层。城市大脑可根据各个汇聚节点上报的特征信息，全面统筹规划形成决策，还可按需实时调取原始视频流。

这样的"云-边-端"3 层架构的价值在于以下几方面。

（1）提供 AI 云服务能力。边缘视频汇聚节点对接本地的监控摄像头，可对各种能力不同的存量摄像头提供 AI 云服务能力。云端可以随时定义和调整针对原始视频的 AI 推理模型，可以支持更加丰富、可扩展的视觉 AI 应用。

（2）视频传输稳定可靠。本地的监控摄像头到云中心的距离往往比较远，专网传输成本过高，而公网直接传输难以保证质量。在"先汇聚后传输"的模型下，结合汇聚节点（CDN）的链路优化能力，可以保证结构化数据和原始视频的传输效果。

（3）节省带宽。在各类监控视频上云的应用中，网络链路成本较高。智慧城市服务对原始视频有高清码率和 7×24h 采集的需求，网络链路成本甚至可占到总成本的 50% 以上。与数据未经计算全量回传云端相比，在视频汇聚点进行 AI 计算可以节省 50%～80% 的回源带宽，极大地降低了成本。

与用户自建汇聚节点相比，使用基于边缘云计算技术的边缘节点服务（Edge Node Service，ENS）作为视频汇聚节点具有以下的优势。

（1）交付效率高。ENS 全网建设布局，覆盖 CDN 的每个地区及运营商，所提供的视频汇聚服务，各行业视频监控都可以复用，在交付上不需要专门建设，可直接使用本地现有的节点资源。

（2）运营成本低。允许客户按需购买、按量付费，提供弹性扩容能力，有助于用户降低首期投入，实现业务的轻资产运营。

5.6.2 自动驾驶汽车

1. 边缘计算在自动驾驶汽车中的应用场景

自动驾驶汽车具有"智慧"和"能力"两层含义。所谓"智慧"是指汽车能够像人一样智能地感知、综合、判断、推理、决断和记忆;所谓"能力"是指自动驾驶汽车能够确保"智慧"有效执行,可以实施主动控制,并能够进行人机交互与协同。自动驾驶是"智慧"和"能力"的有机结合,二者相辅相成,缺一不可。

为实现"智慧"和"能力",自动驾驶技术一般包括环境感知、决策规划和车辆控制3部分。类似于人类驾驶员在驾驶过程中,通过视觉、听觉、触觉等感官系统感知行驶环境和车辆状态,自动驾驶系统通过配置内部和外部传感器获取自身状态及周边环境信息。内部传感器主要包括车辆速度传感器、加速传感器、轮速传感器、横摆角速度传感器等。主流的外部传感器包括摄像头、激光雷达、毫米波雷达及定位系统等,这些传感器可以提供海量的全方位行驶环境信息。为有效利用这些传感器信息,需要利用传感器融合技术将多种传感器在空间和时间上的独立信息、互补信息以及冗余信息按照某种准则组合起来,从而提供对环境的准确理解。决策规划子系统代表自动驾驶技术的认知层,包括决策和规划两个方面。决策体系定义了各部分之间的相互关系和功能分配,决定了车辆的安全行驶模式;规划体系用以生成安全、实时的无碰撞轨迹。车辆控制子系统用以实现车辆的纵向车距、车速控制和横向车辆位置控制等,是车辆智能化的最终执行机构。环境感知和决策规划对应自动驾驶系统的"智慧",而车辆控制则体现了其"能力"。

随着自动驾驶等级的提升,并且配备的车内和车外高级传感器的增多,一辆自动驾驶汽车每天可以产生大约25TB的原始数据。这些原始数据需要在本地进行实时的处理、融合、特征提取,包括基于深度学习的目标检测和跟踪等高级分析,同时需要利用车用无线通信技术(Vehicle to Everything,V2X)提升对环境、道路和其他车辆的感知能力,通过3D高清地图进行实时建模和定位、路径规划和选择、驾驶策略调整,进而安全地控制车辆。由于这些计算任务都需要在车内终结来保证处理和响应的实时性,因此需要性能强大可靠的边缘计算平台来执行。考虑到计算任务的差异性,为了提高执行效率并降低功耗和成本,一般需要支持异构的计算平台。

随着自动驾驶的技术发展,算法不断完善,算法固化可以做专用集成电路(Application Specific Integrated Circuit,ASIC)专用芯片,将传感器和算法集成到一起,实现在传感器内部完成边缘计算,进一步降低后端计算平台的计算量,有利于降低功耗、体积。

自动驾驶除了包括车载计算单元,还涉及RSU、MEC和CDN等边缘服务器。随着5G技术的商用,特别是对于车路协同解决方案(V2X),将满足其对于超大带宽和超高可靠性的需求。同时,原本在数据中心中运行的负载可以卸载到网络边缘侧,如高清3D地图更新、实时交通路况的推送、深度学习模型训练和大数据分析等从而进一步降低传输时延、提高响应速度。

2. 自动驾驶的边缘计算架构

自动驾驶的边缘计算架构依赖于边云协同和 LTE/5G 提供的通信基础设施和服务。边缘侧主要指车载边缘计算单元、RSU 或 MEC 服务器等。其中车载单元是环境感知、决策规划和车辆控制的主体,但依赖于 RSU 或 MEC 服务器的协作,如 RSU 给车载单元提供了更多关于道路和行人的信息。但是有些功能运行在云端更加合适甚至无法替代,如车辆远程控制、车辆模拟仿真和验证、节点管理、数据的持久化保存和管理等。

自动驾驶边缘计算平台的特点主要包括如下几点。

1) 负载整合

目前,每辆汽车搭载 60~100 多个电子控制单元,用来支持娱乐、仪表盘、通信、引擎和座位控制等功能。例如,一款豪华车拥有 144 个电子控制单元(Electronic Control Unit,ECU),其中约 73 个使用控制器局域网(Controller Area Network,CAN)总线连接、61 个使用本地互联网络(Local Interconnect Network,LIN),剩余 10 个使用 FlexRay,这些不同ECU 之间互联的线缆长度加起来有 4000 多米。这些线缆不仅增加成本和重量,对其进行安装和维护的工作量和成本也非常高。

随着电动汽车和自动驾驶汽车的发展,包括 AI、云计算、车联网等新技术不断应用于汽车行业中,汽车控制系统的复杂度越来越高。同时,人们对于数字化生活的需求逐渐扩展到汽车上,如 4K 娱乐、虚拟办公、语音与手势识别、手机连接车载信息娱乐系统 IVI(In-Vehicle Infotainment)等。所有这些都促使汽车品牌厂商不断采用负载整合的方式来简化汽车控制系统,集成不同系统的人机接口(Human Machine Interface,HMI),缩短上市时间。具体而言,就是将自动数据采集系统(Automatic Data Acquisition System,ADAS)、IVI、数字仪表、平视显示器(Head Up Display,HUD)和后座娱乐系统等不同属性的负载,通过虚拟化技术运行在同一个硬件平台上,自动驾驶负载整合如图 5-10 所示。

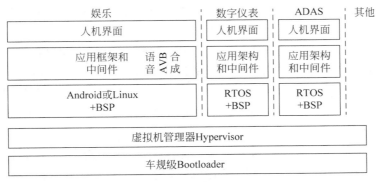

图 5-10 自动驾驶负载整合

同时,基于虚拟化和硬件抽象层(Hardware Abstraction Layer,HAL)的负载整合,更易于实现云端对整车驾驶系统进行灵活的业务编排、深度学习模型更新、软件和固件升级等。

2) 异构计算

自动驾驶边缘平台集成了多种不同属性的计算任务,如精确地理定位和路径规划、基于深度学习的目标识别和检测、图像预处理和特征提取、传感器融合和目标跟踪等。而这些不同的计算任务在不同的硬件平台上运行的性能和能耗比是不一样的。一般而言,对于目标识别和跟踪的卷积运算而言,GPU 相对于数字信号处理器(Digital Signal Processor,DSP)和 CPU 的性能更好、能耗更低。而对于产生定位信息的特征提取算法而言,使用 DSP 则是更好的选择。

因此,为了提高自动驾驶边缘计算平台的性能和能耗比,降低计算时延,采用异构计算是非常重要的。异构计算针对不同计算任务选择合适的硬件实现,充分发挥不同硬件平台的优势,并通过统一上层软件接口来屏蔽硬件多样性。

3) 实时性

自动驾驶汽车对系统响应的实时性要求非常高,如在危险情况下,车辆制动响应时间直接关系到车辆、乘客和道路安全。

4) 连接性

车联网的核心是连接性,希望实现车辆与一切可能影响车辆的实体实现信息交互,包括车人通信、车网通信、车辆之间通信和车路通信等。

5.6.3 智能工厂

1. 边缘计算在智能工厂中的应用场景

面对全球化的市场竞争格局和互联网消费文化的兴起,制造业企业不仅需要对产品、生产技术甚至业务模式进行创新,并以客户和市场需求来推动生产,而且需要提升企业的业务经营和生产管理水平,优化生产运营,提高效率和绩效,降低成本,保障可持续性发展,以应对日新月异的市场变革,包括市场对大规模、小批量、个性定制化生产的需求。

在这种背景下,智能制造成为企业必不可少的应对策略和手段。制造生产环境的数字化与信息化,以及在其基础上对生产制造进行进一步的优化升级,则是实现智能制造的必由之路。

在过去的十多年里,被广泛接纳的 ISA-95 垂直分层的 5 层自动化金字塔一直被用于定义制造业的软件架构。在这个架构中,企业资源计划(Enterprise Resource Planning,ERP)系统处于顶层,MES 紧接其下,SCADA 系统处于中层,可编程逻辑控制器(Programmable Logic Controller,PLC)和分布式控制系统(Distributed Control System,DCS)置之其下,而实际的输入/输出信号在底部。

随着智能制造的发展,工业自动化和信息化、OT 和 IT 不断融合,制造业的系统和软件架构也发生了变化。智能制造系统架构如图 5-11 所示。

传统的设备控制层具备了智能,它能够进行数据采集和初步的数据处理,同时通过标准的实时总线,大量的设备过程状态、控制、监测数据被释放出来,接入上一层。由于制造业对于控制实时性以及数据安全性等的考量,将所有数据直接接入公有云是不现实的。此时,边缘计算却能够发挥巨大的作用,融合的自动化和控制层一般部署在边缘计算节点(Edge Computing Node,ECN)上,而企业应用如 ERP、仓库管理系统(Warehouse Management

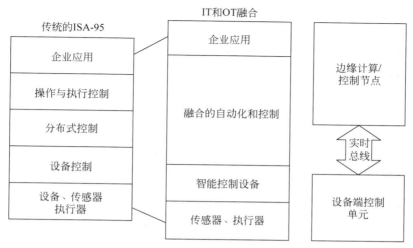

图 5-11 智能制造系统架构

System,WMS)可能运行在边缘侧,也可能运行在私有云或公有云上。

对于智能工厂而言,设备的连接是基础,数据收集和分析是关键手段,而把分析所得的信息用于做出最佳化的决策,优化生产和运营是最终的目的。因此,实现数据的管理和分析在这个优化过程中至关重要。

边缘计算的技术和架构在智能制造中的发展中一般需要经历 3 个阶段。

1)连接未连接的设备

目前,在制造业企业内存在大量独立的棕地设备,这些设备每天产生 TB 级的数据。但由于来自不同的供应商且协议接口互不兼容,无法将这些设备数据采集出来并处理,从而不能释放出这些数据的价值,如预防性维护、整体设备利用率分析(Overall Equipment Effectiveness,OEE)。因此,很重要的一步是要将工厂内大量存在的棕地设备通过协议转换为标准的协议和信息模型,以便接入 SCADA、MES,或接入边缘计算节点,进一步进行数据处理或缓存。

2)智慧边缘计算

通过棕地设备的互连和协议转换,大量制造的数据被释放出来,为引入大数据和机器学习等先进的分析算法提供了充足的来源。这些分析算法运行在边缘计算节点上,为设备带来了智慧。例如,产品缺陷检测的深度学习模型通过大量标注数据训练出来,下发部署在ECN 上。当接收到新的数据时,ECN 自动运行这个检测算法,准确判断出产品是否有缺陷,在提高生产效率的同时,也降低了人工成本。

3)自主系统

在这个阶段,ECN 不仅具有智慧分析能力,而且能做出决策并实施闭环控制。此外,它还能通过训练自主学习和升级算法,并根据数据来源或生产场景,自动调整运行代码或算法。

2. 智能制造的边缘计算架构

在智能制造场景下的边缘计算对软件定义系统有很强的需求,在 ECN 上一般使用虚拟机或容器技术来运行多项业务,即所谓负载整合。负载之间的数据和控制信息相互隔离,实时性应用和非实时性应用相互隔离,保证各负载之间的安全性和完整性。同时,需支持负载的远程动态调度和编排,从而在可用的硬件资源上达到负载平衡。例如,对于运动控制应用,将软 PLC、HMI、机器视觉应用等通过虚拟机或容器技术运行在同一个 ECN 上。

智能制造边缘计算节点基础架构如图 5-12 所示,其中的任务或负载可以运行在同一个节点上,也可以根据实际情况分布在多个不同节点上通过标准协议总线连接起来。例如,数据管理和数据存储运行在一个节点上,而高级学习和分析功能运行在另一个节点上。

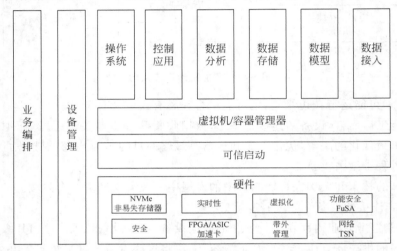

图 5-12　智能制造边缘计算节点基础架构

1）数据管理

数据管理功能涵盖了边缘计算节点上关于数据流的相关操作,具体包括以下几方面。

（1）数据接入。用于接入智能控制器采集的设备参数、状态等结构化或半结构化数据;也包括各种高级传感器(如摄像头、振动传感器等)获取的数据。同时实现不同协议的对接,如 Modbus、MQTT、OPC UA 等。

（2）数据路由和传输。用于对等边缘计算节点之间或向中心节点的数据共享或数据聚合。

（3）数据函数。接入的数据可以通过调用预定义函数或用户自定义的函数进行数据清洗、过滤、格式转换等处理,或通过预定义的简单边界条件触发报警等。

（4）本地存储。本地存储包括持久和非持久存储。对于非持久存储,至少需要 32GB 的动态随机存取存储器(Dynamic Random Access Memory,DRAM)作为主存储,用于数据缓存和分析功能,一般需要支持 ECC 特性,保证数据读写的可靠性;对于持久性存储,需要考虑边缘侧工业运行环境的要求,一般使用固态硬盘(Solid State Drive,SSD)。

2）高级数据分析

数据分析包括大数据分析,在传统的商务行业特别是在电子商务中已有多年的应用和实践。随着智能制造的兴起和发展,工业分析或工业大数据在工业环境里的应用具有加速发展之势,如对设备的预测性维护、产品质量的监管、生产流程优化等。

3）功能安全 FuSa

在现代工业控制领域中,可编程电子硬件、软件系统的大量使用,大大提升了自动化程度。但由于设备设计的缺失,以及开发制造中风险管理意识的不足,这些存在设计缺陷的产品大量流入相关行业的安全控制系统中,已经造成了人身安全、财产损失和环境危害等。为此,各国历来对石化过程安全控制系统、电厂安全控制系统、核电安全控制系统全领域的产品安全性设计技术非常重视,并且将电子、电气及可编程电子安全控制系统相关的技术发展为一套成熟的产品安全设计技术,即"功能安全"技术。

4）时间敏感网络

随着智能制造进程的推进,制造业现场设备间的互联互通变得越来越重要,迫切需要有一种具备时间确定性且通用的以太网技术。而在 IEEE 802.1 标准框架下制定的 TSN 子协议标准,就是为以太网协议建立"通用"的时间敏感机制,以确保网络数据传输的时间确定性,为不同协议(异构)网络之间的互操作提供可能性。TSN 仅仅是关于以太网通信协议模型中的第二层,即数据链路层(MAC 层)的协议标准,这个标准涉及的技术内容非常多,在协议实施时并非每一种都需要用到。

在智能制造边缘计算应用中,一般在与智能控制设备进行直接通信时,需要具备支持 TSN 的以太网节点,这个节点至少能够支持 IEEE 1588 时钟协议。而对于主要以数据存储和分析的节点而言,只需具备标准千兆网络的 TCP/IP 即可。

5）实时性

在工业场景下,机器操作越快意味着越高的商业收益。机器操作可以达到毫秒甚至微秒级,要求连接必须能够匹配实时的通信需求。

在 OT 系统中,实时性主要是满足如实时控制等功能需求。

在 IT 系统中,实时性主要是要满足如实时信息处理等功能需求。

边缘设备域作为 IT 与 OT 融合的节点,要同时满足上述两方面的要求。实时控制需要利用在自动数据采集和生产过程监测中收集的数据来控制执行机构,处理的时延在毫秒级甚至微秒级。实时信息处理会利用传感器、控制器等多种信息源采集的数据,利用智能计算与信息处理、机器视觉、人工智能技术来优化控制模型,为生产决策提供支持。在时延要求方面,比实时控制更宽松,但所需要处理的计算量将超过前者。例如,工业系统检测、控制、执行的实时性高,部分场景实时性要求在 10ms 以内。如果数据分析和控制逻辑全部在云端实现,则难以满足业务的实时性要求。

6）运行环境

对于靠近工业现场部署的边缘计算节点,需要达到长时间稳定运行,具体要求包括宽温设计、防尘、无风扇运行、具备加固耐用的外壳或者机箱等。而部署在企业机房或者温度控制环境内的分析边缘节点要求与传统服务器一致。

5.7　边缘计算安全与隐私保护

边缘计算开创了一种新的计算模式,为解决时延和网络带宽负载问题带来极大的便利。但本地边缘设备的智能化,使得边缘计算的安全与隐私保护面临着新的挑战。

5.7.1　安全概述和目标

边缘计算作为万物互联时代新型的计算模型,将原有云计算中心的部分或全部计算任务迁移到数据源的附近执行,提高数据传输性能,保证处理的实时性,同时降低云计算中心的计算负载,为解决目前云计算中存在的问题带来极大的便利。但与此同时,边缘计算作为一种新兴事物,面临着许多的挑战,特别是安全和隐私保护方面。

例如,在家庭内部部署万物互联系统,大量的隐私信息被传感器捕获,如何在隐私保护下提供服务;在工业自动化领域,边缘计算设备承担部分计算及控制,如何有效抵抗恶意用户攻击;边缘计算设备之间需要进行敏感数据交互,而不需要云计算中心的参与,如何防止信息泄露和滥用等。

安全是指达到抵抗某种安全威胁或安全攻击的能力,横跨云计算和边缘计算,需要实施端到端的防护。作为信息系统的一种计算模式,边缘计算存在信息系统普遍存在的共性安全问题,主要包括以下几方面。

(1) 应用安全:拒绝服务攻击、越权访问、软件漏洞、权限滥用、身份假冒等。

(2) 网络安全:恶意代码入侵、缓冲区溢出、窃取、篡改、删除、伪造数据等。

(3) 信息安全:数据丢失或泄露、数据库破解、备份失效、隐私失密等。

(4) 系统安全:计算机硬件损坏、操作系统漏洞、恶意内部人员等。

同时,作为一种新的计算模式,边缘计算在上述安全问题上具有自己的特殊性,将会产生新的安全问题。

(1) 边缘计算是一种分布式架构,很多数据由各处的计算资源共同处理,中间还有一些数据需要通过网络传输,由于边缘设备更靠近万物互联的终端设备,网络环境更加复杂,并且边缘设备对于终端具有较高的控制权限,因此更容易受到恶意软件感染和安全漏洞攻击,受到攻击时的损失就更大,这些问题使得网络边缘侧的访问控制与威胁防护的广度和难度大幅提升。

(2) 边缘计算采用广泛的技术,包括无线传感器网络、移动数据采集、点对点特设网络、网格计算、移动边缘计算、分布式数据存储和检索等,在这种异构多域网络环境下,需要设计统一的用户接入、身份认证、权限管理方案,并在不同安全之间实现安全策略的一致性转换和执行。

(3) 物联网中实时性应用可以依赖边缘计算的实现,如自动驾驶、工业控制等这些应用对时延性要求很高,在对数据安全保护的同时不可避免地将引入时延,如何在保证高效传输处理的同时保证数据安全和隐私是边缘计算面临的特殊性问题。

在智慧城市、车联网、智能家居、智能楼宇、植入式医疗设备、摄像头等物联网应用和产品中安全问题更加突出。安全已经成为阻碍云计算和物联网发展得更快的最大因素。

边缘计算是物联网的延伸和云计算的扩展,三者的有机结合将为万物互联时代的信息处理提供较为完美的软硬件支撑平台,为能源、交通、制造等行业带来飞跃式发展。但将类似云计算的功能带到网络的边缘同样会带来一些安全问题,如异构边缘数据中心之间的协作安全,本地与全球范围内的服务迁移安全等。

边缘计算是行业数字化转型的重要抓手,它与云计算的协同互动,将改变行业信息化的未来。在边缘计算安全研究方面,可以参考现有的一些研究基础。例如,同样作为数据中心,边缘计算安全和云计算安全存在相似的地方,现有的针对云计算安全提出的解决方案可以为研究边缘计算安全方案提供一定指导。另外,各种密码技术如安全加密、数字签名、杂凑函数等技术趋于成熟,也为未来边缘计算安全研究提供技术和工具支撑。

面对攻击时,保证边缘计算系统提供服务的安全性和系统自身的安全性,是边缘计算系统需要达到的安全目标。

边缘计算设备是一个集连接、计算、存储和应用的开放平台,其作为一个小型数据中心,需要达成类似云计算数据中心的数据安全和访问控制。边缘计算设备贴近数据源侧,使得资源受限设备的一些安全问题迁移到边缘设备上,需要在物联网终端设备和边缘中心之间实现有效的身份认证和信任管理。越来越多的企业和个人在选择计算服务时,更加注重安全的保护,因此边缘计算安全与隐私保护问题将是影响未来边缘计算发展的一个关键因素,需要引起广泛的重视。

5.7.2 安全威胁分析

边缘计算模式下,设备不仅是数据的消费者,也是数据的生产者。边缘设备不仅可以从云端请求服务和数据,还可以执行来自物联网终端和云端的计算任务。边缘可以执行计算卸载、数据存储、缓存和处理,以及将云的请求和服务传递给物联网用户。边缘计算的本质是物联网的延伸和云计算的扩展,为现有计算模式带来便利的同时,不可避免地会引入一些安全威胁。

边缘计算与云计算的对比如表 5-2 所示。

表 5-2 边缘计算与云计算的对比

参 数	云 计 算	边 缘 计 算
服务节点位置	互联网内	本地网络边缘
终端和服务器的距离	多跳	单跳/多跳
时延	高	低
位置信息	不提供	可提供
地理分布	中心化	分布式、密集
服务器节点数量	很少	很多
最后一公里连接	专线/无线	主要是无线

续表

参　　　数	云　计　算	边　缘　计　算
移动性	有限的支持	支持
工作环境	室内	户外/室内
部署	中心化	中心化或者分布在需要的区域
硬件	大量的存储空间和计算资源	有限的存储、计算和无线接口

目前,云计算面临多种类型的安全威胁,如网络攻击、渗透等传统网络安全威胁,资源虚拟化技术引入的越权访问、反向控制、内存泄漏等基础设施安全威胁,由于云的公共服务特性,拒绝服务攻击是恶意用户对云计算网络安全方面的主要攻击类型。

相较于云计算,首先,边缘计算一般可位于室内也可位于户外,分布相对分散,是一种分布式计算,更贴近网络边缘侧,环境更加复杂,并且更多使用无线技术进行传输,不仅会面临上述威胁,而且会带来新的问题,如边缘设备相互协作时的数据安全如何保证,分布式环境下统一的身份管理等。其次,云计算中隐私泄露的突出表现为数据泄露和滥用、用户喜好行为分析;而在边缘计算中,边缘设备可以提供终端位置信息,导致在使用服务的过程中很容易暴露用户的位置隐私信息。最后,云计算具有大量的存储和计算资源,在面临一些传统的网络攻击时,如拒绝服务攻击、网络端口扫描等可以通过部署防火墙,入侵检测和防御设备来应对;而边缘计算中心计算资源、存储能力有限,部分适用于云计算的防御措施无法直接部署在边缘设备上,使得边缘计算中的安全防御具有更高的挑战性。

边缘计算安全威胁分析如图 5-13 所示。

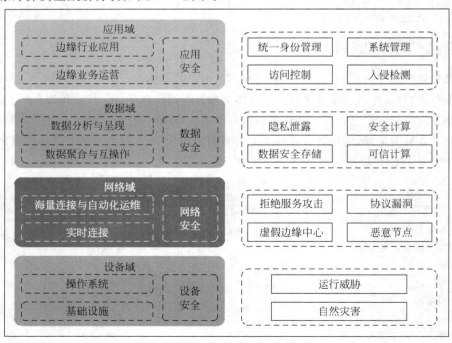

图 5-13　边缘计算安全威胁分析

设备域主要考虑自然灾害和设备运行过程中面临的安全问题。网络域主要完成设备的海量和实时连接,很容易受到拒绝服务攻击,来自虚假中心、恶意节点的威胁。数据域主要完成数据聚合和数据分析,并为应用域提供数据计算结果,如何实现数据的安全与隐私保护是边缘计算安全需要重点关注的内容。应用域支持行业应用本地化入驻,支持边缘业务高效运营与可视化管理,越来越多的应用从云计算迁移到边缘中心,这对边缘中心的身份管理和访问控制造成一定的安全威胁。

5.8 APAX-5580/AMAX-5580 边缘智能控制器

下面讲述台湾研华公司生产的一款功能强大的边缘智能控制器。

5.8.1 APAX-5580 边缘智能控制器

APAX-5580 是台湾研华公司生产的一款功能强大的边缘智能控制器,采用英特尔酷睿 i7/i3/赛扬 CPU,它是与 APAX I/O 模块相结合的理想开放式控制平台,通过不同接口可完成灵活的 I/O 数据采集,实时 I/O 控制以及网络通信,支持冗余电源输入以实现鲁棒的电源系统,它还内置了一个用于无线通信和研华 iDoor 技术的标准 mini PCIe 插槽。APAX-5580 是数据网关、集中器和数据服务器应用程序的最佳解决方案,它与 I/O 的无缝集成可以节省成本并完成各种自动化项目。APAX-5580 边缘智能控制器外形如图 5-14 所示。

图 5-14 APAX-5580 边缘智能控制器外形

5.8.2 AMAX-5580 边缘智能控制器

AMAX-5580 是 APAX-5580 的升级版,采用英特尔酷睿(Intel Core)i7/i5/赛扬 CPU,它是与 AMAX-5000 系列 EtherCAT 工业以太网插片 IO 模块相结合的理想开放式控制平台,通过不同接口可完成灵活的 I/O 数据采集,实时 I/O 控制以及网络通信。AMAX-5580 边缘智能控制器外形如图 5-15 所示。

图 5-15 AMAX-5580 边缘智能控制器外形

5.8.3 APAX-5580/AMAX-5580 边缘智能与 I/O 一体化控制器主要特点

下面介绍 APAX-5580/AMAX-5580 边缘智能与 I/O 一体化控制器的主要特点。

1. 嵌入式计算平台

(1) Intel 第四代 Haswell 架构 Celeron M,Core i7/i3 高性能 CPU。

(2) 电源输入和 UPS 电源供电。

(3) 内嵌的工业级固态硬盘 mSATA。

(4) 适合工业控制柜导轨式安装。

2. 模块化 I/O 数据采集与通信接口

(1) 模块化本地 I/O,可支持 768 点本地 I/O 及更多的远程 I/O。

(2) 最多可扩展 24 个串口(RS-232/422/485)。

(3) 支持 iDoor 现场总线(EtherCAT、CANopen 和 PROFINET)。

3. 开放的操作系统支持

(1) 基于 Windows & Linux。

(2) 支持 CODESYS RTE 实时控制系统(50μs)。

(3) 远程管理与云端服务。

(4) 可无缝连接数据库。

(5) 整合现场总线。

(6) 集成 SUSI 设备管理。

4. 开放式架构集成工控专用软件

(1) IEC-61131-3 CODESYS 软逻辑软件。

(2) 支持高级语言编程开发工具。

(3) 整合数据库与协议转换网关。

(4) 整合物联网软件 WebAccess 连入云端。

(5) 丰富的图形化界面集成 HMI/SCADA。

（6）相对湿度：10％～95％RH@40℃，无冷凝。

5.8.4 APAX-5580/AMAX-5580 边缘智能控制器的优势

APAX-5580/AMAX-5580 边缘智能控制器具有以下优势。

（1）将逻辑控制、运动控制、协议转换、数据采集、组态软件、远程/无线传输的软硬件功能高度集成，提升多级系统信息交换速度，确保产线设备联动与信息系统交互快速响应。

（2）一件代替多件，降低产线控制基础硬件成本。

（3）开放架构不仅支持 OT 软件也支持 IT 软件嵌入，快速解决生产信息孤岛。

（4）内部自带四大软件：PLC 编程、运动控制、组态软件和上云服务，节省 IT 与 OT 工程师开发周期。

5.8.5 APAX-5580/AMAX-5580 的应用软件

下面介绍 APAX-5580/AMAX-5580 的应用软件。

1. CODESYS

CODESYS 是世界领先的基于 PC 的控制软件，支持 IEC-61131-3 和实时现场总线，如 EtherCAT、PROFINET、以太网/IP 和 Modbus，它将本地和远程可视化功能集成在一个软件中，可以缩短时间、降低成本。

2. WebAccess

WebAccess 作为 Advantech 物联网解决方案的核心，是 HMI 和 SCADA 软件基于 Web 浏览器的完整软件包。HMI 和 SCADA 的所有软件功能包括动画图形显示、实时数据、控制、趋势、警报和日志，它们都可以在标准的 Web 浏览器中使用。WebAccess 是基于最新的互联网技术构建的，由于其开放的体系结构，在垂直领域的应用程序可以很容易地进行集成。

5.8.6 APAX-5580/AMAX-5580 边缘智能控制器的应用

下面介绍 APAX-5580/AMAX-5580 的边缘智能控制器的应用。

1. PLC/SCADA 正被边缘计算/网关＋分布式 I/O 取代

控制系统的传统模式和未来模式的架构如图 5-16 所示。

控制系统的传统模式和未来模式的架构实例如图 5-17 所示。

2. APAX-5580/AMAX-5580 边缘智能控制器优势整合 PLC 控制＋设备联网

在智能制造浪潮下，自动化架构将从传统的 PLC 控制器向基于物联网的边缘智能控制器发展。

未来的趋势如下。

（1）边缘网关/边缘计算直接连接扩展远程 I/O。

（2）远程 I/O 的通道成本低于 PLC。

（3）系统整合不需要 PLC 梯形图编程。

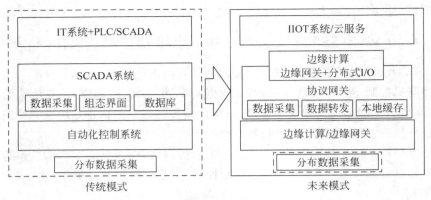

图 5-16　控制系统的传统模式和未来模式的架构

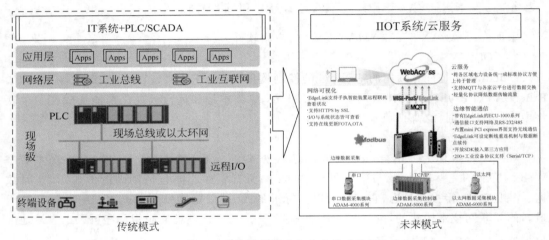

图 5-17　控制系统的传统模式和未来模式的架构实例

APAX-5580/AMAX-5580 边缘智能控制器在智慧城市（如电力与新能源、市政基础环境设施、城市地下综合管廊和建筑中央空调节能等）、智慧运维服务、整合 EFMS＋优化控制、环境与能源 SCADA 和整合 IT 与 OT 等领域得到广泛的应用。

APAX-5580 边缘智能控制器整合 PLC 控制＋设备联网，其应用实例如图 5-18 所示。

3. 边缘网关和边缘计算在设备联网中的差异化价值

要根据设备联网的数据应用目标评估决定是采用边缘网关还是边缘计算方案。

（1）边缘网关在设备联网的价值为数据收集和转发，秒级数据传输速度。采集点数有限，速度低（100Hz 以下），数据存储容量有限。

（2）边缘计算在设备联网的价值为本地数据采集和分析，高速通信实时性，采集点数密度高，超大数据存储容量。

（3）边缘网关处理设备的关键特征数据：小范围/小规模/小数据量/MQTT。

（4）边缘计算数据采集/分析/诊断：大规模/大范围/大数据量/复杂行业协议转换。

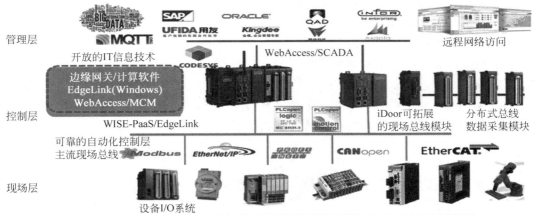

管理层

控制层

现场层

图 5-18　APAX-5580 边缘智能控制器的应用实例

（5）边缘网关/设备联网最优方案组合为边缘网关（ARM）＋低密度分布式 I/O（ADAM-4000/6000 系列产品）。

（6）边缘计算/设备联网最优方案组合为边缘计算（x86）＋高密度分布式 I/O（ADAM-5000/APAX-5000/AMAX-5000 IO 系列产品）。

除上面介绍的研华公司的边缘智能控制器外，还有西门子公司的 SIMATIC S7 CPU 1500、霍尼韦尔公司的 Control Edge PLC HC900 和奥普图 OPTO 22 公司的 EPIC 等边缘智能控制器。

习题

1. 什么是云计算？
2. 云计算具有什么特点？
3. 云计算有哪 3 种服务模式？
4. SaaS 是什么？
5. SaaS 的主要功能是什么？
6. 什么是 PaaS？
7. 什么是 IaaS？
8. IaaS 的主要功能是什么？
9. 什么是边缘计算？
10. 边缘计算发展的契机是什么？
11. 边缘计算的基本结构是什么？
12. 边缘计算的基本特点有哪些？
13. 画出边缘计算功能模块图。

14. 边缘计算可以与哪些前沿技术关联或融合？

15. 什么是边缘存储？

16. 边缘存储的优势是什么？

17. 画出边缘计算软件架构图。

18. 简述 2 种边缘计算应用案例。

19. APAX-5580 的边缘智能控制器的主要功能是什么？

20. APAX-5580/AMAX-5580 边缘智能控制器具有什么优势？

第6章 智能手环的设计与开发

本章讲述智能手环的设计与开发,包括概述、智能手环系统的整体设计及应用原理、智能手环系统硬件设计和智能手环系统软件设计。

6.1 概述

近年来,经济迅速发展、社会不断进步,与此同时人们的生活水平大幅提升,人们对生活质量有了越来越高的期待和要求,而对于自己的健康问题更是变得愈加重视,这促使医疗监护技术强势兴起,各种监护设备层出不穷,市场随之不断扩大。

随着电子技术、无线通信技术和生物医疗检测技术的不断发展,远程医疗监护设备得到了迅速的发展,研究具有智能化、网络化、便携式、可穿戴式的远程医疗监护设备逐渐成为医疗设备的主要研究方向。我国在远程医疗监护设备方面的研究相比于美国、欧洲等国家和地区要晚一些,美国等国家和地区在这方面具有更加前端的技术,并在远程诊断方面有较大的成果。其中,美国的军事设备研究院研制了一种军用的人体健康医疗监护设备,在作战时战士们穿戴这套监护设备可以实时监测战士的生理信息,并将生理信息传输到军队指挥中心,使指挥官及时了解战士们的身体状况,这套设备具有体积小、质量轻、可穿戴等特点,并不会影响战士们的行动。欧洲的一个公司研制了一个车载的医疗监护系统,该监护系统已在大部分医院的救护车中安装使用,当救护车在救援途中,医院可以根据车载的医疗监护设备采集的患者生理参数给出救助指导和做好救治准备,这样大大增加了病人的生存概率和抢救的准备时间,许多国家正引进这种技术。

美国哈佛大学研制了一个 CodeBlue 医疗监护系统,该医疗监护系统主要在一些紧急医疗救助中使用,其由心电、心率数据采集设备,血压数据采集设备和脉搏、血氧饱和度数据采集设备组成,在医疗急救事件现场医护人员使用该医疗监护系统采集病患的心率、心电、血压、脉搏和血氧饱和度等生理参数数据,并将采集的生理参数数据通过无线通信方式传输到PC 上,同时能够将采集到的生理参数数据传输到远程医疗监护中心。医疗监护系统的研制除了国家的大力支持和一些科研院所的投入,许多科技公司也将根据自身的科研实力投入监护系统的研发队伍中,希望能够在该领域占有一席之地。IBM 公司研制了一款

Pollbox 健康医疗监护系统,该系统将采集的生理参数通过无线通信网络传输到医疗监护中心,根据传输过来的生理参数信息,医生可以为患者进行病情诊治,可以将诊治方案通过该医疗监护系统传输给病人。为了使健康监护系统能够在社区家庭中广泛使用,则需在健康监护系统的使用过程中不影响使用者的正常工作和日常生活,因此,体积小、质量轻、功耗低、可移动、可穿戴等特点的医疗监护设备逐渐成为医疗设备行业的关注热点。随着电子技术和无线通信技术的迅速发展,可穿戴式医疗监护设备基本使用 MCU 作为主控单元,通过无线通信进行生理信息传输,监护设备的使用者可以实现 24h 实时监测。在远程健康医疗监护系统研究方面,我国起步相对比较晚,20 世纪 90 年代,在一艘轮船上对一个船员进行救治的过程中我国第一次使用了远程医疗系统,此次远程医疗会诊是使用电报通信的方式传输病人生理信息。我国市面上已经出现了许多健康医疗监护设备,其主要由国内的一些生物医疗科技公司研制开发,其中主要有深圳迈瑞和北京美高仪等生物医疗科技公司为代表的厂商。国内的一些医疗监护设备相较于国外的设备价格上有些优势,但是在设备测量精度上以及后续的服务上会有些不足。目前,我国在远程医疗技术方面正全面迅速的发展,未来在该领域我国将会有丰富的科研成果和更加完善的医疗监护设备。

美国是最早对远程医疗健康监护进行研究的国家,随后其他一些国家相继对相应技术开始关注并研究。美国佐治亚理工学院的"Aware Home"项目,主要服务于孤寡老人家庭,利用许多传感器获取老人家中生活状况,必要时系统还能够给予老年人一定的提示服务,并且通过对获取数据的存储分析掌握到老人生活规律,家属以及医护者可以通过访问互联网实时进行了解。美国霍尼韦尔公司实验室研发的 ILSA 系统拥有定时响应、机器学习、感知模型、情景评估等多种功能,它通过无线传感器网络技术为老人提供日常监护服务,一旦出现危急状况,则会迅速地通知监护人。德国 BodyTel 医疗公司研制的家庭诊断系统是为慢性疾病用户提供诊断服务的,它包含一个中心模块以及血糖监测设备、血压监测设备、体重监测设备等多个子设备,而这些子设备上各嵌有一个集成的蓝牙模块,由此进行数据传输,将所检测到的生理指标传向使用者的手机客户端,再由手机客户端传送到远端数据库,方便医生远程查看。此外,系统还具备报警功能并且可以自行设定报警条件,当符合设定条件时系统会自动发送报警消息。法国 CRNS 实验室开发的 MARSIAN 系统将传感器放置手腕、上身等身体部位上,用来记录监护者的血压、心率、体温等生理参数,采用蓝牙模块把这些数据传给 PC,并在监护端显示动态数据。

我国对于远程健康监护这方面的研究起步较晚,但也在积极探索研究。尤其是在近些年,这方面的研究得到了国家政策扶持;再加上市场形势的推动,国内科研机构、院校、企业开始了广泛而深入的研究,他们结合各种现代技术手段,将传感测量、网络信息等技术应用其中,取得了一定的研究成果。清华大学在社区保健工程、家庭护理与远程医疗方面进行了研究,研制出了家庭贴心小护士系统,该系统的家庭监护仪能够实时测量记录并对实时测量出的病历进行分析,出现异常情况时可以把监测数据发送到医院监控台,医院的监控平台可同时接收、显示多个家庭用户的监测数据,用户在自己家中就可以进行咨询服务,也可以及时获取诊断意见。第三军医大学的家庭数字化医疗保健项目中研制一款多生理参数监护网络系统,该系统中的各个监测等模块通过无线发射接收模块与掌上电脑相连,掌上电脑能够收到测量数据并且对测量模块进行控制。系统内置的制解调器通过电话线与监护中心建立远程通信,用户亲属及医生可随时看到监测数据、了解其健康状况,当检测到异常数据,系统能够向用户及其亲属发出提示警告,便于及时处理。不仅是科研院校,很多企业也顺应发展大势进行生产研发。九安医疗、宝莱特、三诺生物、荣科科技、乐普医疗等多家企业致力于远程健康监护产品的开发,使其与医疗机构实现无缝对接。

健康监护作为新兴技术,在全球范围内迅速发展起来,但是人们对健康医疗监护系统的现状并不满足,而是有越来越高的期待。人们期待监护设备的体积更加小型便携、操作更为简单容易、精度更为准确、成本更为低廉,这必然成为健康监护设备的发展趋势。尽管现在健康医疗监护技术正在逐步受到大众的认可,但在此领域存在着一些不足以及需要解决的问题,主要表现为目前市场上的健康监护设备功能较为单一,只能检测某项生理指标,缺乏传感器之间联动,并且只停留在检测生理参数阶段,缺少对人体生理指标的深入分析,无法对健康情况进行判断。

6.1.1　智能手环的研究背景及意义

在现代化进程的快速发展和社会的高速进步下,老龄化已是一个普遍现象。当前我国的经济发展已落后于人口老龄化发展速度不少,所以从老龄化社会步入老龄社会时很有必要改善社会劳动和生产的效率。社会保险制度、养老服务制度以及对老年人的健康扶助制度都将面临巨大挑战。当今社会的经济建设发展快,人们的生活节奏也很快,加上工作等原因,子女大多和父母分开居住,难以实时了解父母的身体状况,如果发生意外,子女也难以及时赶到,若不能及时得到医疗救助,极可能会带来严重后果。

当下科技发展迅猛,可穿戴式医疗设备在近几年受到了国内外的广泛关注,相比于传统的监测医疗仪器来说,可穿戴式医疗设备的便携、远程监护等功能更胜一筹,不仅可以做到实时监测身体状态,若某项指标出现异常时,还可以及时提醒使用者,早就医、早预防。

如上所述老年人在生活中可能会经历或遇到类似的情况,本章基于 STM32 微控制器设计研究开发了一种面向老年人的智能手环,主要包括心率采集模块、运动状态检测模块、蓝牙通信模块。心率采集模块选择了一款光电反射式传感器,经传感器采集到的心率信息,需要先进行降噪处理,然后再作为脉冲信号输出,再经过处理器检测,计算后便可得出心率。运动状态检测模块采用三轴加速度传感器,根据 3 个方向的加速度确定的合加速度,通过动态阈值来判断运动状态并进行计步。该手环主要通过蓝牙串口模块与手机进行通信,手机端 App 可以看到手环佩戴者当下的心率、步数、体温、身体状态的数据,实现远程实时关注老年人健康的功能,如果发生意外跌倒的情况,还可以收到短信警报提醒。

6.1.2　国内外研究现状

20 世纪 60 年代,可穿戴式智能设备的发展思想和产品原型就已经出现,相关产品在 20 世纪七八十年代也已经诞生,但当时人们对此鲜有兴趣。进入 21 世纪,随着科技和经济的发展,可穿戴式智能产品被人们所广知,发展渐入佳境,呈现爆发式增长。可穿戴式智能设备主要是指能直接穿戴在身体上的设备,只是其中涵盖了智能化的理念,也可以说它是可以集成到衣服中的便携式设备,或嵌入配件中的便携式设备。有关智能可穿戴式设备的技术,国内外的研究起步时间和切入点虽然不同,目前在此方面的研究发展步调也存在一些不同,但是研发此类产品的初衷均是让人们能够利用网络和计算机高效处理信息,方便人们更好地感知外部与自身的信息。

1. 国外研究现状

近年来,随着我国科技水平的快速发展和社会的高速进步,带动了可穿戴式智能设备技术的快速发展,愈发高超的生产工艺技术使得可穿戴式智能设备更加微型化和智能化,互联网＋逐渐渗入了人们的生产和日常生活的方方面面,与此同时,运动保健类、医疗健康类的智能设备也在迅速发展。国外在此方面有着比较多的研究,面市的产品也很多,如索尼智能手环、生命衬衫等。

索尼智能手环可以在手机应用程序上查看时间、运动的记录、睡眠监测以及其他附加功能,但对于老年人来说操作略微复杂了些。Amulyte(一款专门面向老年人推出的可穿戴式设备新品,它可以随时定位老人活动位置,并传输给家庭成员或者亲密的朋友,以达到实时监控老年人活动情况的目的)可以直接佩戴在衣领上,其集成度很高,仅有纽扣般大小,上面还设置了一个呼叫按钮,方便老人们在遇到各种突发性疾病时能够及时地寻求帮助,同时也避免了有过多功能而带来错误操作情况的发生。发生意外时,使用者可以及时发出求救信息,方便家人和医护人员从中了解各种数据,但它不具备监测生理参数的功能,在此方面仍需完善。VivoMetrics 公司发布了一款能够实时监测整个人体胸部心肺功能的"生命衬衫"(LifeShirt),LifeShirt 由衣服、记录器、PC 软件和大量心肺数据中心 4 个组成部分共同组合而成,分别在衣服的不同区域放置了 6 个传感器,并且将 6 个传感器与置入衣服中的一台微型计算机连通,这样各家医院的远程服务器便会及时自动地收到"生命衬衫"穿戴者的心率、心电图等数据分析指标信息,医生也同样能够从远程服务器上实时地获取数据分析结果。此外谷歌公司在 2012 年 4 月推出了谷歌眼镜,这款眼镜主要是由微型投影仪、摄像头、传感器、存储传输和操控等设备组成的,右眼的镜片上还特别集成了一个能够进行实时显示数据的微型投射仪和一个摄像头,存储传输模块主要用于数据的存储和传输,且有 3 种模式可对设备进行操控,分别是语音、触控和自动模式。

目前市场上的智能手环品牌众多,实现的功能却差不多,智能手环早已是可穿戴式设备领域的主流产品。国外的 Jawbone UP、Fibit flex 智能手环都是通过蓝牙与智能手机连接的,可以在手环和手机上查看运动状态记录和睡眠记录等,它们的主要组成模块包括蓝牙模块、运动传感器、显示模块、电源和震动马达。苹果公司的智能运动手表 Apple Watch (iWatch),不仅可以拨打电话,还可与微信同步。另外还有一款健康运动手环 Pulsense,它是由爱普生公司研发的,既适合日常佩戴,也可以在进行体育运动时随身使用,无论是跑马拉松还是游泳都可以佩戴。

2. 国内研究现状

互联网和物联网的高速发展带动了可穿戴式设备的技术发展,国内在智能可穿戴式设备方面的研究起步虽晚,但在经历了科学技术的发展后,智能手环也已普及,同时也出现了一些可穿戴式医疗设备,对人体的一些指标,如葡萄糖、pH 值、脉搏等数据进行实时动态监测。另外还有许多可穿戴式健康装备,如在 2014 年研究设计的可穿戴型步行助力机器人,它既可以有效地帮助身边的一些残疾人在路上行走,又同样可以被广泛地用来辅助一些腿脚不方便的老年人等社会需求者,此款步行助力机器人是在人体身上的各个发力重点关节部位穿戴上特制的机械装置,整套设备中还有必不可少的动力装置和控制装置,基于助力机器人的特性还配置有对使用者进行运动状态检测的传感器。周聪聪还设计了一款可穿戴式监测装置,可以进行心率、体温、血压、血氧饱和度的实时监测。

在智能手机迅速普及的互联网时代,催促了各种智能设备的诞生和发展,人们普遍能接受可穿戴式智能设备,可穿戴式智能设备同时成为电子产品领域中的一种消费“新宠”。从苹果公司的智能手表 iWatch 的正式发布,到人们较为熟悉的小米智能手环和华为智能手环的陆续发售,智能可穿戴式设备的概念早已深入大众心中,此类产品在中国也有着巨大的潜力和市场。如今的智能手环顺应市场的需求,在产品定位上主要针对的是年轻人和中年人,可以结合智能手机使用,主要功能有测量体脂率、心率、计步、睡眠状态等。目前的国内市场上还没有一款智能手环是专门为老年人设计的,尚有的智能手环多与运动功能相关,但老年人多以散步、广场舞、太极之类的运动为主,不进行大运动量的活动,所以适合老年人使用的智能手环具备监测相关生理参数更为重要,其次操作智能手机 App 对老年人来说也有一定的难度。

我国可穿戴式智能设备一直在创新发展中,即使还没有普遍适合老年人使用的相关产品,在技术方面与国外也仍存在一定差距,但是一直在进步中。因此,在研究开发服务于老年人智能可穿戴式设备时,既要考虑技术问题和操作问题,也要做到方便使用、佩戴舒适、价位合适。

6.1.3　智能手环的设计内容

本设计主要是针对老年人提出了一个智能可穿戴手环和手机端 App 相结合的思路,可实现对于步数、心率、温度的采集以及运动状态的获取,手环和手机端 App 通过蓝牙进行通信,且内置的 GPS 模块能够随时获取手环佩戴者的位置信息,即可实时获取到监测的数据,佩戴者发生跌倒意外时还可以及时地给监护人发送预警短信。本系统中的智能手环主要有以下 6 个组成部分:光电反射式心率传感器、三轴加速度传感器、STM32 微控制器、蓝牙通信模块、GPS 定位模块、OLED 显示模块。通过处理器实现对光电反射式心率传感器、三轴加速度传感器和 GPS 定位模块等各个模块的信息数据采集。进而通过计算分析得出心率值、步数和经纬度等数据,且可以判断是否跌倒,手环通过蓝牙与智能手机进行通信,手机端 App 接收到数据后,提取数据,更新 App 界面信息,若有意外状态出现,则发出预警短信。

6.2 智能手环系统的整体设计及应用原理

下面讲述智能手环系统的整体设计及应用原理。

6.2.1 智能手环系统整体方案的设计

本系统的设计是结合当今社会中老龄化人群面临的健康问题,老年人跌倒问题已成为老龄化社会中直接威胁老年人生命安全的重要因素之一。故结合智能可穿戴技术,设计并制作了一款适合老年人的智能可穿戴手环。智能穿戴技术的发展给人们的生活带来了便捷,如今的可穿戴产品有信息咨询类、运动健身类、健康医疗类、娱乐生活类、智能开关类等类型,种类数量繁多,针对的领域各有不同,各有特色。与传统的监测式医疗设备相比,可穿戴式设备具有便携、远程监护等优点,且可将以医疗为主的传统医疗模式转化为以预防为主的模式,使得老年人在家中可以自主地进行健康管理,方便对自己的身体情况进行实时监测。本系统分为手环和安卓手机端 App 两个部分,它们依托于蓝牙技术进行数据通信。智能可穿戴手环系统包括 6 个模块,主要进行心率采集、运动状态监测、计步、测温。系统总体结构如图 6-1 所示。

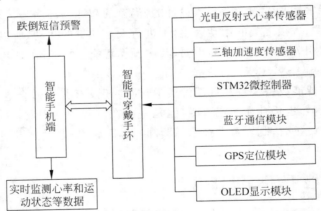

图 6-1 系统总体结构

6.2.2 心率检测

心跳不是心脏本身主动唤起的一种现象,血管分布于人的全身,静脉和动脉交替扩张和收缩,冲陷的血液产生的能量使心脏发生跳动,心肌有节律地进行扩张和收缩,使得大量的血液由静脉向动脉泵出,这便是心跳的过程。成人的正常心率通常是每分钟 60 到 100 次,年龄、性别等生理因素会对心率产生影响。图 6-2 为心脏跳动的波形图,心电仪器可以让人们观察到心跳的波动。

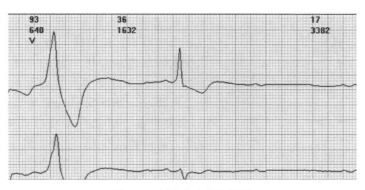

图 6-2　心脏跳动的波形图

1. 心率检测常见的方法及其原理

脉搏测量的方法可分为有创、无创、连续和不连续的,虽然有创的测量方法测量结果精准,但会对被测者造成一定的损伤,而医生用听诊器进行听诊则是一种不连续的测量方法,因为所测得的数据不连续,所以只能作为判断被测者当时的一个状态。在一些可穿戴式医疗设备中一般会选用无创测量的技术手段和测量方法来测量人的心率,常见的无创测量方法主要包括血氧法、心电信号测量法(Electrocardiograph,ECG)、光电容积脉搏波描记法(Photo Plethyamo Graphy,PPG)和动脉压力法和信号分析法(非接触式),在目前的临床医疗研究应用中主要运用的是心电信号测量法和光电容积脉搏波描记法。

2. 心电信号测量法

当心脏进行脉冲式运动之前,心肌就会开始发生高度兴奋并产生微弱的电流,这些电流一旦被传导到整个人体的各个器官部位便会随着时间而有不同的电位变化呈现出来,电位的变化被记录了下来,得到的结果就是心电图。正常人的心电图主要由一系列重复出现的波、段及间期所构成,主要反映了心脏跳动电位的变化。

心电信号测量法就是通过监测心脏的心电变化来检测心率值,具体做法便是在人体表面两个不同的位置分别放置一个表面电极,然后利用电极测量出不同位置的电势差,心电信号的周期性变化会使得电势差也呈现出一个周期性的变化,心电影像图机会实时地记录下来这些电位的变化,形成心电图,通常称之为 ECG 信号。虽然这种方法测量的心率准确度较高,并且抗干扰力较强,但是这种方法需要两个电极作用于人体表面来检测电势差。这样必然会导致产品体积大,而且运用此方法的电路相对复杂、占用 PCB 空间较大、易受干扰,必须在固定位置紧贴皮肤放置电极,穿戴不舒服,被测者活动也会受影响,所以在智能手环的设计中很少采用此类方法。图 6-3 为典型的 ECG 心电图,其中,P 波表示最早出现较小的波,心房除极波;PR 段为心房开始复极到心室开始除极;PR 期间为 P 波与 PR 段合计;QRS 波群为左、右心室除极全过程;ST 段为 QRS 群终点到 T 波起点的一条直线,代表心室缓慢复极的过程;T 波为心室快速复极的过程;QT 期间为心室开始除极到复极完毕全过程的时间。

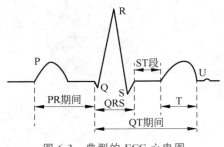

图 6-3　典型的 ECG 心电图

3. 光电容积脉搏波描记法

光电容积脉搏波描记法是一种光学检测方法,能够准确地测量心跳引起的身体器官组织中透光率的变化。LED 技术通常在此检测方法中充当主要的光源,用 LED 发出的光束直接去照亮人体组织,会发现有一些光直接穿过人体组织,光电二极管就会捕获到这些光,它们被细分为反射光和透射光,如图 6-4 所示。"透射"的模式下,将光源和光电二极管分别放置于人体组织的两侧,从一侧照亮人体组织,在另一侧监测透过人体组织的光,因为人体组织的厚度各处会有不同,导致 LED 所发出的光强度也会随之有所不同,因此透过人体组织的光源是会有所减少的,意味着光电二极管在另一侧所能接收到的光信号强度是不断减少的,通常是在指尖、耳垂等对于人体组织而言较薄的区域采用此方法。"反射"模式与"透射"模式的不同之处便是光源和光电二极管的放置位置,此模式下,两者需置于同一侧,由于散射和反射,光电二极管捕获到光,一般在额头、胸骨、脚踝等对于人体组织而言相对较厚的区域选用此种测量模式。

光电容积脉搏波描记法能够检测人体运动时的心率,对人体没有伤害,操作简单,并且可以通过算法马上得出测量结果,实时监测相关人体体征数据。两相比较之下,智能手环采用光电容积脉搏波描记法较合适,又由于手环佩戴在手腕上,因此在本系统中采用反射式测量方法更为合理。

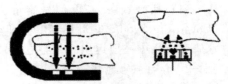

图 6-4　"透射"与"反射"示意图

6.2.3　三轴加速度传感器

跌倒检测的方法有多种,如基于外围式的检测方法、基于图像的检测方法和基于加速度传感器的检测技术。基于外围式的检测方法中收集使用者的运动数据信息主要是通过传感器,只需在使用者所处的活动范围区域内安装压力、声音等传感器即可,通过分析所收集到的数据的变化值来判断是否发生跌倒。基于图像的检测方法则是通过摄像头,只需要在使用者的活动区域内安装摄像头,主要是通过图像识别或计算机视觉处理算法来获得人体的速度、位置和行走的姿态等,还可以通过远程操作看到使用者所处的室内情况。虽然这种方法精确度高,但监测范围有限、成本较高且计算过于复杂,不宜使用在智能手环上。基于加速度传感器的检测方法,一般是将加速度传感器、陀螺仪传感器等微型传感器植入可穿戴式智能设备中,加速度传感器用以获得人体不同方向的加速度大小,陀螺仪传感器用来取得人体的方向信息。常用的跌倒监测算法有加速度向量幅度法、支持向量机、人工神经网络、K近邻、决策树等。基于加速度传感器的检测方法一般检测精度较高,且受到周围噪声的影响很小,适用于可穿戴式设备,佩戴者可以穿戴设备进行自由活动,不必局限于某一范围内,因此本章选用此方法进行检测。

6.2.4　三轴加速度传感器工作原理

三轴加速度传感器的主要工作原理是根据传感器所测量的空间加速度变化的情况来反馈一个物体在空间中的运动情况,三轴加速度传感器又可以分为压阻式、压电式、电容式3种,顾名思义就是将一个待测物体的加速度变化转化为传感单元的电阻、电压、电容的变化,再通过一个转换电路把传感器单元的变化数值转换为电压值,然后在此基础上先对信号进行一个放大处理,再进行滤波处理,将模拟量转换成合适的稳定输出信号,也就是电压值,最后由模拟数字转换器(Analog to Digital Converter,ADC)转换器将其转换成数字信号。

本系统采用一种电容式三轴加速度计,其可以检测到各个方向的运动加速度和振动等变化,其结构主要包含两组硅梳齿,利用硅的机械性质做出可移动机构,一组固定相当于固定的电极,另一组随运动物体移动可以作为移动电极。可移动的梳齿发生位移时,便可根据此检测与位移成比例的电容值的变化。依据运动物体出现变速运动而产生加速度来记录其内部电极位置的改变,进而反映到电容值的变化(电容差值 ΔC),此电容差值传送至一颗接口芯片,并由此芯片输出电压值。三轴传感器内部有机械性微电子机械系统(Micro-Electro-Mechanical-Systems,MEMS)传感器和专用集成电路(Application Specific Integrated Circuit,ASIC)接口芯片两部分,MEMS传感器内部有成群移动的电子,主要用于测量 X 、Y 和 Z 轴的区域,ASIC接口芯片的主要作用是将电容值的变化转换成电压进行输出。三轴加速度传感器的 X 、Y 、Z 三轴模型如图6-5所示。

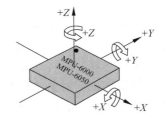

图 6-5　三轴加速度传感器的
X 、Y 、Z 三轴模型

6.2.5　蓝牙通信

蓝牙是一种无线传输的应用技术,支持各种短距离设备之间的数据传输和通信,智能手环通常采用蓝牙技术与其他移动终端之间进行无线通信。作为一种小范围的无线连接技术,蓝牙方便快捷、体积小、低功耗、灵活安全,能够有效简化各种移动终端之间的通信。当前的蓝牙技术已经可以将蓝牙模块做到小体积,且具有低功耗的特性,它的集成度高意味着可以被应用到各种数字通信设备之中,不仅仅是计算机外设,甚至可以是对数据传输速率要求不高的移动设备或便携式终端。

6.2.6　GPS 定位技术

GPS是目前使用最成熟技术的最早发展出现的一种全球定位系统,它主要是基于人造地球卫星的高精度无线电导航GPS,不管在哪,使用GPS都能够获得准确的当前地理位置、时间以及汽车行驶速度等信息。美国花费20年,斥资200亿美元用于开发和研制GPS,最终在1994年全面投入建成,用户们被它的高精度、全方位、全天候和方便深深吸引。作为新一代的卫星导航定位系统,GPS可以在海、陆、空3个区域中实现全面的实时3D导航和定位。

GPS 定位技术中通过对待测点的位置进行计算从而实现定位的方法,是利用了空间中的 4 个参考点,此处指用来进行定位的卫星,会在后方交会的原理,并且这 4 颗高速运动卫星的瞬时位置都是已知的。GPS 定位系统主要由 3 个部分共同构成:太空部分、控制部分和地面接收部分。其中,GPS 的太空部分是由两部分组成的,分别是 21 颗地球同步卫星以及 3 颗备用卫星,前者用于导航,后者相对于地球是运动的。

GPS 是目前最为成功的卫星定位系统,以下是 GPS 的优势。

(1) 全球,全天候连续不断的导航和定位功能。

(2) 实时导航,精度高,观测时间短。

(3) 操作方便。

(4) 强大的抗干扰能力和良好的保密性。

6.2.7　体温测量

健康人的体温一般是相对稳定的,正常的体温一般不是指具体的某一个温度点,指的是一个温度范围。在手环测温的功能中一般测量的是体表温度,性别、年龄、时间段都会给体温带来波动,每个人的体温出现差异是在所难免的。

温度测量一般可划分为两种,接触式测温和非接触式测温。所谓的接触式测温就是指直接接触到被测对象进行温度的测量,这种方式测量的准确度高,但它的不足之处主要在于换热过程慢,因此动态特性较差,导致测温范围很容易受到敏感部件的耐热性影响。非接触式测温就是不需要接触到待测对象而进行温度的测量,该方法没有换热过程,动态特性很好,但是因为缺乏中间介质,所以它的测量精度较差。

6.2.8　安卓 App 端

本系统中的 App 客户端基于 Android 7.0,由 Android Studio 编译。应用程序必须在获取 Android 手机的网络权限以后才能够开始进行后续的操作,应用程序在启动后,将自己创建一个新的线程,该线程与服务器进行联系以提供 IP 地址和端口号,分析接收到的数据,并通过 Handler 更新主线程中的用户界面。

Android 是基于 Linux 平台的开源手机端操作系统,由 Google 公司开发,包括操作系统、中间件、用户界面和应用程序,大致可以分为 5 个部分和 4 个主要层。

Android 系统架构最底层的就是 Linux 内核,它为用户提供了如进程管理、内存管理、设备(摄像头、键盘、显示器等)管理的基本系统功能。向上一层是一系列程序库的集合,其中包含有 Web 浏览器引擎 WebKit、libc 库和 SQLite 数据库,其可用于仓库存储且是被应用数据共享的,还有与播放、录制音视频相关的库,网络安全的 SSL 库等。关于 Android 开发有一个基于 Java 的程序库,这个库便是 Android 程序库,它包括应用程序框架库。再到架构中的自下而上的第二层,也即第三部分 Android 运行时,此部分包括有类似于 Java 虚拟机的 Dalvik 虚拟机的关键组件,它使得如内存管理和多线程的 Linux 核心功能得以在

Java 中使用,这样每一个 Android 应用程序就可以运行在自己独立的虚拟机进程中。应用程序框架层以 Java 类的形式为应用程序提供许多高级的服务,这些服务应用出现开发者可以在应用中使用。顶层是应用程序层,所有的 Android 应用程序被放于此层,如联系人、浏览器。

6.3 智能手环系统硬件设计

下面讲述智能手环系统硬件设计。

6.3.1 硬件总体设计

智能手环的主要功能就是采集手环使用者的心率数据、运动状态、体温和位置等信息,然后通过显示屏显示采集到的信息,同时利用蓝牙通信,手环使用者的亲属手机中相应的 App 上会同步更新数据信息。智能手环的硬件设计部分主要由以下几个模块构成:电源模块、心率采集模块、运动状态采集模块、蓝牙通信模块、GPS 定位模块以及 OLED 显示模块。

STM32F103VET6 微处理器是本系统的主控模块,手环主要实现的功能的相关数据信息由其采集。MAX30102 传感器是一种光电反射式传感器,在手环系统中主要用来采集心率数据信息。六轴传感器 MPU6050 主要是对使用者的运动状态进行监测,用来计步,检测是否有跌倒情况的发生,以及附带有测量手环使用者体温的功能。HC08 模块作为系统中的蓝牙串口通信模块,利用其建立起手环硬件和手机 App 的连接,实时获取手环硬件部分采集到的心率、步数和温度等数据。GPS 定位模块选用 NEO-6M 进行定位通信,可以实时获取手环佩戴者的位置。显示模块选用的是 0.96 寸(1 寸 = 0.0333 米)的 OLED 显示屏,用于显示实时心率、步数、身体状态以及温度等数据信息。整个系统设计的供电系统包含一个 3.7V 的锂电池、一个稳压电路和充电电路。图 6-6 为系统总体硬件设计结构。

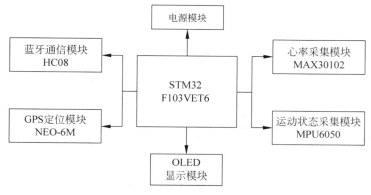

图 6-6　系统总体硬件设计结构

主控制芯片是整个硬件结构的一个主要核心元器件,其主要工作是获取各功能模块采集的数据信息,并且要对其进行解析,然后传送数据至显示屏,这是决定系统各项功能最终能否实现的关键所在,因此对主控制芯片的选型十分重要。在考虑成本及要求编程相对简单的需求下,同时要适合本硬件设计系统的 MCU,应当考虑下列因素。

(1) 体积小、低功耗、低成本。

(2) 因为本系统外围电路使用的传感器数量较多,兼顾后期的硬件调试,所以需要的串口数量相应较多,MCU 至少要有 3 个串口。

(3) 用于数据采集的处理效率要高。

(4) 软件开发难度不宜太大。

(5) 集成度要高,性能稳定可靠。

综上所述,结合各方面需要考虑的因素,本系统的核心处理器采用 STM32 系列大容量存储密度处理器 STM32F103VET6。

STM32F103VET6 系列芯片是内核为 32 位的 Arm Cortex-M3 微处理器芯片,代码效率高,配置的外设接口数量较多,并且集成度高、功能强,具有良好的实时性,性价比高。

STM32F103VET6 的最高工作频率可达到 72MHz,配备有 64K 字节的静态 SRAM 以及 512K 字节的闪存存储器,I/O 端口丰富,且各端口可以配置成不同的功能模式,配有两个 12 位 AD 转换器,拥有 2 个 DMA 控制器。

6.3.2 心率采集模块设计

对于可穿戴式设备而言,选取心率采集模块需要考虑结合多种实际因素进行综合考虑,本设计中选取的是非侵入式传感器,更加安全、可靠、便捷。由于本设计中的智能手环主要是面向老年人群体的,所以测量心率选择了不仅方便快捷,且可靠性也高的光电容积脉搏波描记法,PPG 测量是一种无创、可连续的测量方法。因此心率信息的采集模块选用了一种低功耗、低成本,使用便捷、操作安全的物理光电式传感器,在可穿戴设备中使用比较广泛。

1. 心率采集模块选型

本系统采用 MAX30102 心率传感器,适宜于移动性强的可穿戴设备,使用光电容积脉搏波描记法进行心率的监测,此方法是无创的,通过光电信号进行测量,并且是连续地测量出心率的。MAX30102 是一个集成的红外光学生物传感器模块,既可以直接实现测量脉搏的功能,也可以直接监测人体的心率。MAX30102 心率传感器有两个 LED,一个是红光,另一个是红外光,作为一个光学传感器必然内置光电检测器和光学器件,此外为了抑制环境光对检测结果的影响,还包含一个具有低噪声的电子电路,同时具有 I2C 接口。图 6-7 为 MAX30102 实物图。

MAX30102 带有的红光 LED 和红外光 LED 可以直接照射到人体的皮肤表面,光束将会以透射或者反射的形式发送给光电接收器,此时接收到的信号是模拟信号,再通过一个模数转换器(ADC),得到转换后的信号即是数字信号,之后对这些数据进行放大、滤波处理。经过滤波处理后的数据通过 I2C 通信传到

图 6-7　MAX30102 实物图

MCU,进行算法处理计算出心率。脉搏是随着心脏的跳动发生搏动的,二者显现出的周期性变化是同步的,由此便可以推出光电变换器的电信号变化周期就是脉搏率,依此可以得到心率。

2. 光电容积脉搏波描记法心率采集电路设计

MAX30102 应用电路如图 6-8 所示。

MAX30102 传感器由以下 3 个部分构成。

(1) 数据采集模块:由红光 LED 和红外光 LED 组成。

(2) 数据处理模块:数据采集模块采集到的光信号在此处进行模数转换、放大、滤波等处理。

(3) 对 MCU 经 I2C 通信接收到的数据进行后续处理。

6.3.3　运动状态采集模块电路设计

本系统选取 MPU6050 六轴传感器来实时自动采集手环佩戴者的运动步数和跌倒检测等信息。MPU6050 是一款整合性的六轴运动处理组件,内置了高性能的三轴加速度计和三轴陀螺仪传感器,其内置的加速度计具有高精度、良好的稳定性、抗负载能力强、体积小、功耗低的特点,陀螺仪可以灵敏地感知角度的变化。MPU6050 模块自带一个温度传感器,本系统中的温度测量由它来完成。图 6-9 为 MPU6050 实物图。

MPU6050 模块可以进行 I2C 和 USART 通信,能够直接输出 X、Y、Z 3 个方向的加速度、角度和角速度,以下是它的具体特点。

(1) 三轴角速度感测器(陀螺仪)敏感度高。

(2) 范围为 $\pm 2g$、$\pm 4g$、$\pm 8g$ 和 $\pm 16g$ 的三轴加速度传感器。

(3) 避免了加速度计和陀螺仪的轴间敏感度,消除了带来的影响。

(4) 高达 400kHz 的 I2C 通信接口。

6.3.4　蓝牙串口通信模块电路设计

本系统所选用的蓝牙串口通信模块是 HC08 模块,这是一款高性能的主从一体蓝牙串口模块,当蓝牙设备与蓝牙设备彼此配对连接成功后,可以不考虑蓝牙的内部通信协议,直接将蓝牙当作串口使用。HC08 蓝牙串口通信模块实物图如图 6-10 所示。

该蓝牙模块可与各类具备蓝牙功能的智能终端配对,如计算机、手机和个人数字助理(Personal Digital Assistant,PDA)等,其在 GPS 导航系统中用得较多,还应用于水电煤气抄表系统等,使用便捷。以下是 HC08 蓝牙模块的特征。

(1) 支持的波特率范围非常宽:4800b/s～1 382 400b/s。

(2) 兼容 5V/3.3V 单片机系统。

(3) 带有状态连接指示灯。

(4) 自带 3.3V 的稳压芯片,输入电压直流 3.6～6V。

(5) 连接配对完成后,可以当全双工串口使用。

(6) 贴片式设计体积小,套有透明热缩管,不仅防尘美观,还具有一定的防静电能力。

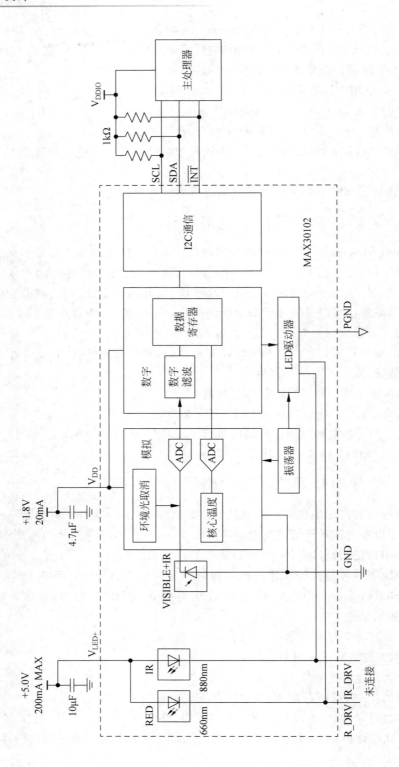

图 6-8 MAX30102 应用电路

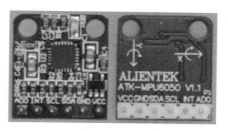

图 6-9　MPU6050 实物图

图 6-10　HC08 蓝牙串口通信模块实物图

6.3.5　GPS 定位模块设计

基于本系统设计的智能手环主要是面向老年人的,当他们发生意外时,可能无法立即表达清楚自己的具体位置,所以在手环中加入了 GPS 定位,方便监护人和医护人员能够第一时间找准位置,进行及时的帮助和救护。

本设计采用了维特智能公司的 NEO-6M 型号的 GPS 定位模块,其外形如图 6-11 所示。

图 6-11　NEO-6M 型号的 GPS 定位模块外形

NEO-6M 型号的 GPS 定位模块的特性如下:

(1) 模块 PCB 尺寸:36mm×26mm×4mm,占用空间较小。

(2) 供电电压为 3.3～5V,可与多种单片机进行通信。

(3) 低功耗:连续运行小于 29mA。

(4) 定位导航灵敏度高。

（5）可连接有源天线。

NEO-6M 型号的 GPS 定位模块内部电路图如图 6-12 所示。

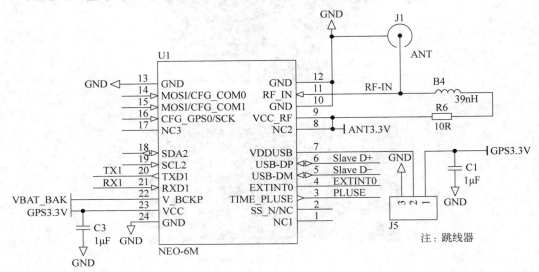

图 6-12　NEO-6M 型号的 GPS 定位模块内部电路图

6.3.6　显示模块电路设计

基于本系统设计的手环是一种智能可穿戴式手环,在实际使用中需要充分考虑到手环整体的体积尺寸不可太大,厚度相对要薄,重量应尽可能偏轻等,所以选取了 0.96 英寸 OLED(有机发光二极管)显示屏作为显示模块。OLED 器件的核心层厚度非常薄,无视角

图 6-13　SSD1306 显示屏外形图

限制,抗震能力强,耐低温。OLED 利用有机发光的原理,其采用会自行发光的二极管,因此不需要其他光源,并且发光二极管具有很高的发光转换率,低耗能,此二极管是一种弹性材料,可以弯曲。同时 OLED 显示屏所需要的制作材料较少,使得成本相对较低。SSD1306 显示屏外形图如图 6-13 所示。

SSD1306 显示屏的特性如下。

（1）分辨率：128×64 点阵面板。

（2）电源：面板驱动需要 7～15V 电压,IC 逻辑需要 1.65～3.3V 电压。

（3）内置有嵌入式 128×64 位的 SRAM 显示缓存。

（4）支持 I2C 串行协议、并行和 SPI 协议。

6.4　智能手环系统软件设计

下面讲述智能手环系统的软件设计。

6.4.1 软件设计语言与开发环境

1. 软件开发语言

本系统设计的老年智能可穿戴手环系统中软件设计部分是用 C 语言进行开发的,在嵌入式软件开发中最常使用的一种语言便是 C 语言。C 语言是一种面向过程的、抽象化的、亦是底层开发会普遍应用的语言。尽管 C 语言提供了许多低级处理的功能,但仍然保持着跨平台的特性,以一个标准规格写出的 C 语言程序可在包括类似嵌入式处理器以及超级计算机等作业平台的许多计算机平台上进行编译。C 语言的特点如下。

(1) 结构式语言。

(2) 简洁紧凑、灵活方便。

(3) 运算符丰富。

(4) 数据结构丰富。

(5) 物理地址可以直接被访问,并且能够直接对硬件进行操作。

(6) 生成的代码质量非常高,编写的程序的实际执行效率非常高。

(7) 适用范围广,可移植性好。

综上所述,本智能手环的系统设计中恰恰是需要对硬件进行操作,选择 C 语言进行程序的编写是很好的选择,因此在本系统的软件设计部分选择 C 语言进行各功能模块程序的编写。

2. 软件开发环境

本章所设计的系统软件编程部分采用 Keil 公司开发的 MDK 软件进行编译,Keil 具有强大的代码编译功能,具有 C 编译器、宏汇编、链接器、库管理,还有一个功能强大的仿真调试器,通过 μVision 将这些部分组合在一起,软件集成完整的在线仿真调试组件。模拟仿真调试可以通过硬件下载器或软件模拟快速执行。本设计中选用的是 Keil μVision5 开发环境,能够大幅度缩短开发周期,实现快速高效的程序开发。

6.4.2 系统整体工作流程及初始化

STM32F103VET6 是智能手环系统中的微控制处理器单元,先初始化需要用到的串口、A/D、定时器,接着通过串行口、I2C、A/D 等驱动蓝牙模块,心率采集模块,加速度传感器等。系统工作流程图如图 6-14 所示。

1. 驱动程序介绍

根据各硬件模块实现的功能不同,划分了软件程序模块,主要可分为心率采集程序模块、计步与跌倒判断程序模块、蓝牙的串口通信模块、OLED 显示模块,此外还有滴答定时器程序、中断服务程序。使用时需要根据 STM32 的每一个 I/O 端口的执行功能不同,设置不同的输入和输出方式,并进行初始化。系统软件程序模块化划分如图 6-15 所示。

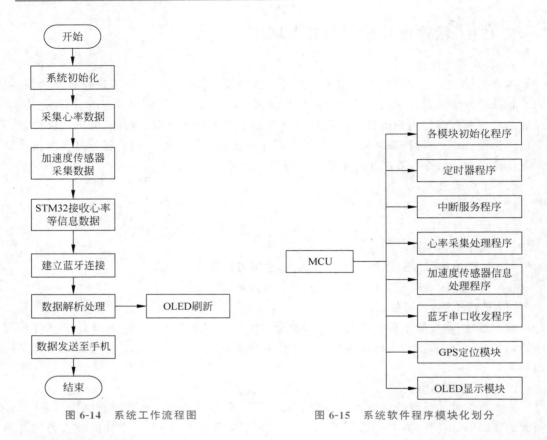

图 6-14 系统工作流程图　　　　图 6-15 系统软件程序模块化划分

2. 滴答定时器程序

在进行程序编写的过程中,操作系统通常需要提供计时服务,因此便有了滴答定时器,其可以产生满足需求的周期性的中断,以此为操作系统的正常运行维持节拍。在中断服务程序中,操作系统会根据进程的优先级来切换任务,而轮转系统则需要根据时间片来切换任务。

在 Cortex-M3 的芯片内核部分,有一个封装的滴答定时器——SysTick,当进行移植操作系统的时候,就完全可以直接使用封装在内核中的滴答定时器,这样就可以有效地避免使用不同规格的定时器而带来的问题。滴答定时器能够自由地选择设置中断时间,一般设为1ms,编写程序时,当需要延时操作时,便可在中断配置文件 stm32xf10_it.c 中先定义一个外部变量,接着在中断服务函数 SysTick_Handler() 中加入 if 语句来对其进行判断,当一次中断发生时,外部变量就会自减 1,直至变量被减到 0 时,会抛出代表结束的标志位。所以当需要进行延时操作,并使用到滴答定时器的时候,只要通过对此外部变量设定不同的初值便可设定不同的延时。

6.4.3　心率检测部分程序设计

下面讲述心率检测部分的程序设计。

1. 基于 DMA 的 ADC 心率采集

心率传感器 MAX30102 在进行心率采集的整个过程中,一开始所采集到的数据是最原始的模拟信号,而在需要进行其他后续的数据处理中,需要使用到的是数字信号,所以此时便需要用到数字转换器 ADC,将模拟信号转换成数字信号。本系统的设计中 ADC 的采集部分需要用到 DMA,此处就需要对 DMA 进行相应的配置。

第一步是要配置 DMA 的数据地址,先对 DMAchannel1 进行配置,需将 DMA 的外围设备和内存的基地址配置成 ADC 地址,DMA 的方向需配置成从外设到内存的模式,即DMA_DIR_PeripheralSRC,还要配置 DMA 为循环传输。

第二步是要使能 DMA 通道,接着配置 ADC,设置 ADCCLK 的预分频是很重要的,这里采用了外部晶振产生 72MHz 的时钟,是为了保证较高的时钟精准度,此处还要对 ADC 预分频的分频值进行设置,调用相对应的库函数即可。这里的 ADCCLK 是 12MHz,是将一个时钟信号进行 6 分频得到的,然后启动 ADC1 当中的 DMA,并开启软件触发 ADC 转换,配置流程如图 6-16 所示。

2. 心率计算处理程序

在心率采集模块中,首先需要获取心率模块采集到的原始数据,此处将这个变量命名为Signal。此部分程序的主要步骤如下:首先对 TIM3 定时器进行初始化,接着选用 update event 作为 TRGO,然后通过 TIM3 定时器中断来触发 ADC 通道,并且在每隔 2ms 即一个定时周期结束后便要重新触发一次,下一步是进入 ADC 中断服务函数,此时便得到心率采集模块采集到的原始数据,将它存放在 Signal 中。此过程的基本流程如图 6-17 所示。

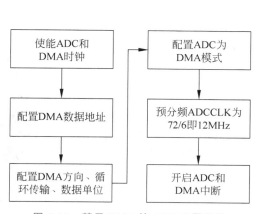

图 6-16 基于 DMA 的 ADC 配置流程

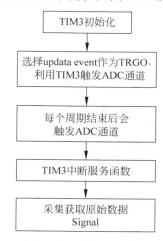

图 6-17 获取心率模块采集的原始数据流程

以下是部分代码:

```
void TIM3_Int_Init(unsigned int arr, unsigned int psc)
{
  TIM_TimeBaseInitTypeDef TIM_TimeBaseStructure;
  NVIC_InitTypeDefNVIC_InitStructure;
```

```
    RCC_APB1PeriphClockCmd(RCC_APB1Periph_TIM3, ENABLE);

    TIM_TimeBaseStructure.TIM_Period = arr;
    TIM_TimeBaseStructure.TIM_Prescaler = psc;
    TIM_TimeBaseStructure.TIM_ClockDivision = TIM_CKD_DIV1;
    TIM_TimeBaseStructure.TIM_CounterMode = TIM_CounterMode_Up;
    TIM_TimeBaseInit(TIM3,&TIM_TimeBaseStructure);
    TIM_SelectOutputTrigger(TIM3,TIM_TRGOSource_Update);
    /*选择 update event 作为 TRGO,利用 TIM3 触发 ADC 通道 */
    //每个定时周期结束后触发一次
    TIM_ClearFlag(TIM3,TIM_FLAG_Update);
    TIM_ITConfig(TIM3,TIM_IT_Update, ENABLE);
    TIM_Cmd(TIM3,ENABLE);
    RCC_APB1PeriphClockCmd(RCC_APB1Periph_TIM3,DISABLE);
    /*先关闭等待使用*/
}
void TIM3_IRQHandler(void)
{
    static unsigned int Times = 0;
    if(TIM_GetITStatus(TIM3,TIM_IT_Update)! = RESET)
    {
        Times++;
        if(Times > 500)
        {
            Times = 0;
            SitTime++;
        }
    }
    TIM_ClearITPendingBit(TIM3,TIM_IT_Update);
}
```

心率采集数据进行分析处理的 3 个部分如下所示。

(1) 测量心率的主要数据是两次心跳的时间间隔 IBI(相邻两次脉搏的时间间隔)。心率传感器采集到的原始数据 Signal 信号,就相当于是脉冲信号。首先在获取到当前的 AD 值后,要判断一下是否检测到了脉冲信号,由前面已述可知脉冲信号每隔 2ms 更新一次。如果检测到了脉冲信号,则要先对每次检测到的脉冲信号进行比较判别,程序中是根据获取的前 500 个脉冲信号先大致确定脉冲信号的范围,而后在其中确定波峰和波谷的值,分别命名为 P 和 T。以上相当于是 MAX30102 的初始化准备工作。

接着,进行寻找心跳前的峰谷值确定,在检测到脉冲信号 Signal 后,先判断此信号是否大于设定的阈值,这里的阈值为前面所述初始化准备中确定的峰谷值的中间值。若检测到的信号大于阈值,再和先前设定的峰谷值进行比较,如果 Signal 的值大于峰值 P,则将 Signal 的值赋给峰值 P,进行峰值的更新;如果 Signal 的值小于谷值 T,则将 Signal 的值赋给谷值 T。以上峰谷值的更新完成后,便开始进行心跳的寻找过程。还有一种情况便是在获取到了当前 AD 值后,持续 2.5s 都没有检测到有脉冲信号来临,此时就需要复位波峰 P、波谷 T、阈值和首次心跳的标志位。判别脉冲波信号的波峰和波谷流程图如图 6-18 所示。

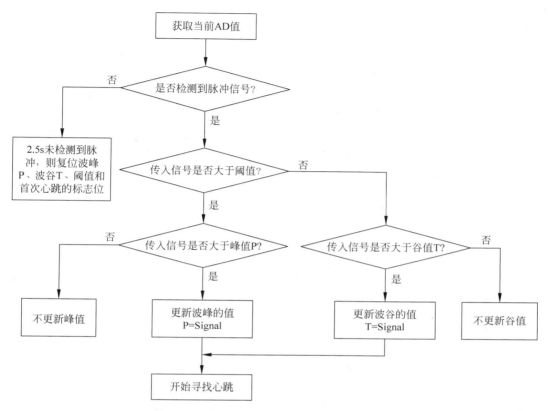

图 6-18 判别脉冲波信号的波峰和波谷流程图

（2）第一步的脉冲信号的峰谷值确定以后，便可以据此获取心跳脉冲的时间差。当获取到 AD 值，脉冲信号来临时，此时 Signal 的值是会增大的，对此次信号 Signal 的值与上次设定的阈值进行比较，此处引入一个复用标志位 Pluse。若 Signal 的值大于上次的阈值并且 Pluse 为 false，则令 Pluse 为 true，此时意味着后面会出现峰值信号，依此记录下后面连续两次峰值的时间差，即为两次心跳的时间间隔，记录峰值的同时也要记录下峰值出现的时间。然后继续跟踪下一次的脉搏信号，根据一分钟/峰值间隔，便可计算出心率。心率计算总体流程图如图 6-19 所示。

在心率计算的过程中还需要考虑第一次心跳脉冲和第二次心跳脉冲的特殊情况，因为两次心跳间隔测得的应当是时间差，而当测得第一次心跳脉冲时，无法与前一次的心跳脉冲来临时间点作比较，此时得到的只是一个时间值，从而会导致第一次测得的并非一次心跳脉冲产生的时间，所以第一次测量到的心跳脉冲来临的时间必须舍弃，为了判别检测到的脉冲是否为第一次心跳的脉冲，因此设置了两个标志位来加以区分。

为了更准确地计算心率，在每次测得的心跳时间间隔 IBI 的数组中，每次迭代包括本次测得的 IBI 在内及其之前的共 10 个数据做平均值，以此作为计算心率每分钟心跳次数（Beat Per Minute，BPM）的基数，判别第一次心跳和第二次心跳以及对数组数值做平均值

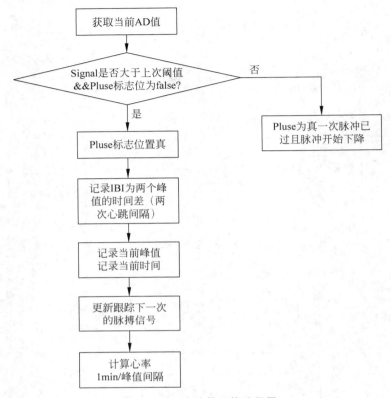

图 6-19　心率计算总体流程图

求心率的流程图如图 6-20 所示。

（3）接收到脉冲信号后，如果脉冲信号此时处于下降状态，则当信号的值小于阈值，同时心跳标志位 Pluse 为真时，预示着一次心跳脉冲完成；如果脉冲信号不处于下降状态，则进行前面所述的心率计算流程。接着将心跳标志位 Pluse 置为假，而后进行下一次的心跳脉冲判别处理。因为阈值的确定对于心率的计算有很重要的影响，所以每次心跳脉冲来临时都会确定本次的峰谷值从而更新阈值，来尽量降低传感器接触到人体皮肤而带来的影响。最后为了确定判别阈值，先要计算得到整个脉冲的幅值，这一步需要对波峰波谷做差，下一次心跳脉冲检测的阈值即为幅度值的 1/2 加上谷值，此过程的流程图如图 6-21 所示。

6.4.4　运动状态采集模块软件设计

下面讲述运动状态采集模块的软件设计。

1. 三轴加速度传感器的驱动程序

三轴加速度传感器的驱动流程图如图 6-22 所示。MPU6050 通过 USART 定时器发送数据，因此首先需要初始化 USART。此处需要分情况讨论 USARTx：USART1 在 APB2

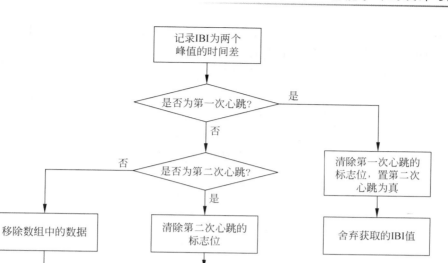

图 6-20 心跳处理与迭代均值流程图

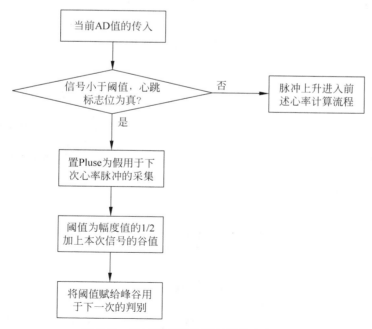

图 6-21 脉冲下降判定更新阈值流程图

上,USART2～USART5 则均在 APB1 上。此驱动程序里用到的是 USART1,所以采用固件函数 RCC_APB2PeriphClockCmd()进行初始化设置。

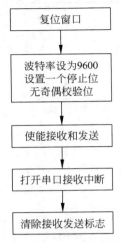

图 6-22 三轴加速度传感器的驱动流程图

GPIO_InitTypeDef 结构体中囊括 GPIO 的各种属性,将 USART1 中的 TX 引脚配置为推挽输出模式,即将 GPIO_Mode 设为 GPIO_Mode_AF_PP,且需要配置引脚的输出时钟频率为最大不超过 50MHz,即将 GPIO_Speed 设为 GPIO_Speed_50MHz。USART1 中的 RX 引脚则是配置成推挽输入浮空模式,即将 GPIO_Mode 设为 GPIO_Mode_IN_FLOATING。

此处附上部分三轴传感器的驱动程序代码:

```
void myUSART ()
{
  USART_InitTypeDef USART_InitStructure;        //声明一个结构体变量
  GPIO_InitTypeDef GPIO_InitStructure; //定义一个 GPIO_InitTypeDef 类型的结构体 RCC_
  APB2PeriphClockCmd(RCC_APB2Periph_GPIOA|RCC_APB2Periph_AFIO|RCC_ APB2Periph_USART1,
  ENABLE);
  //有 USART1 时钟、GPIOA 时钟、GPIO 复用(AFIO)时钟。由于此处 USART1 和 GPIOA、
  AFIO 均在 APB2 上,所以可以一次配置完成
  /* USART1 模式配置 */
  //配置 USART1 的 TX 引脚为交替推挽输出/
  GPIO_InitStructure.GPIO_Pin = GPIO_Pin_9;
  GPIO_InitStructure.GPIO_Mode = GPIO_Mode_AF_PP;
  GPIO_InitStructure.GPIO_Speed = GPIO_Speed_50MHz;
  GPIO_Init (GPIOA, &GPIO_InitStructure);
  GPIO_InitStructure.GPIO_Pin = GPIO_Pin_10;
  GPIO_InitStructure.GPIO_Mode = GPIO_Mode_IN_FLOATING;
  GPIO_Init (GPIOA, &GPIO_InitStructure);
  USART_InitStructure.USART_BaudRate = 9600;
  USART_InitStructure.USART_WordLength = USART_WordLength_8b;
  USART_InitStructure.USART_StopBits = USART_StopBits_1;
```

```
USART_InitStructure.USART_Parity = USART_Parity_No;
USART_InitStructure.USART_HardwareFlowControl =
USART_HardwareFlowControl_None;
USART_InitStructure.USART_Mode = USART_Mode_Rx | USART_Mode_Tx;
USART_Init (USART1, &USART_InitStructure);
USART_ITConfig (USART1, USART_IT_RXNE, ENABLE);
USART_Cmd (USART1, ENABLE);
}
```

2. 计步处理程序

智能手环系统是选用 MPU6050 三轴传感器来进行计步的,人在步行时 3 个方向的加速度是会有变化的,因此利用加速度传感器对其进行检测。从图 6-23 可以看出人在正常的行走过程中,垂直方向和前进方向的加速度都会发生一个周期性的变化。因为当人们走路时,抬脚时重心会发生上移,垂直方向的加速度便会随之增大,接着继续前进,当两脚踩在地面上时重心则会发生下移,此时的加速度是反向的。在走路的整个过程中,水平移动方向的加速度随着抬脚的动作是在减小的,而在迈步移动时则是在增大的。

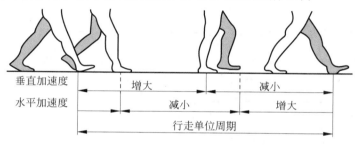

图 6-23　人体步行状态图

人体在步行过程中,垂直和前行方向的加速度与时间两者之间大致可以构成一个正弦曲线,在步行的整个过程中,加速度在起伏变化中是有最大值点的,其中在垂直方向的变化也是最明显的。所以在计步时,为了能够准确地判断"一步"是否已经完成,就可以利用检测加速度的峰值,以及设置加速度判别阈值的方法来共同进行计算。

为了获取步行运动的正弦曲线轨迹图,首先根据 3 个方向的加速度,计算得出合加速度,接着对其进行峰值检测,根据合加速度的变化能够判断出加速度的方向是否有改变,再比较一下前后两次加速度的方向,如果相反,表明是过了峰值,则进行计步,否则丢弃此次的数据。累加峰值的次数则可以获取步数,最后一步是去除干扰,在进行检测时加上阈值和步频的判断来过滤。

人体在正常走动时,每相邻的两步之间的时间间隔不小于 0.2s,并且在计算步数时要考虑步频过快的情况,根据前面的叙述可知为了判定有效动作是否发生,这里可以通过先判断前后两次加速度的大小,再加上阈值的设定,对步数做一个是否有效的判定,从而进行计步。计步流程图如图 6-24 所示。

通过判断从 MPU6050 中获取的加速度进行迭代获取阈值,本设计中选用动态阈值和动态精度来实现对数据的滤波和筛选。每采样 25 个周期对获取到的最大运动加速度和最

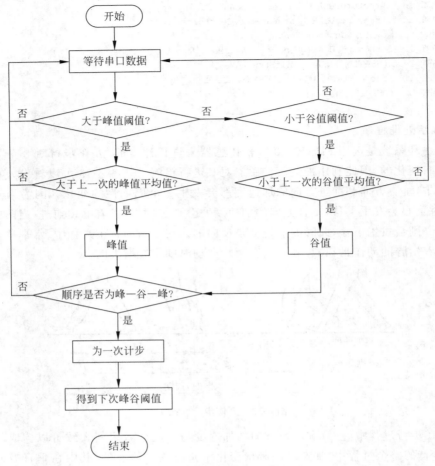

图 6-24　计步流程图

小运动加速度进行一次更新,"动态阈值"则是平均值(peak＋valley)/2(peak 为峰值,valley
为谷值),便是利用此阈值对接下来的 25 次采样判定手环佩戴者是否迈步。

　　人体在走动时,手臂会自然地摆动,摆动过程中会有最高点和最低点,就相当于走动时
产生的加速度的峰值点和谷值点,峰值点的加速度最大但速度却是最小的,谷值点则相反,
速度最大但加速度却是最小的,根据手臂摆动回落的规律,便可得知"一步"的完成需要经历
峰—谷—峰的过程,以此便可进行判定计步。在判别程序中,先设置对于加速度的判断标
准,这里会对加速度进行一个求平均值的计算,最大值设为 1.2g(g 表示重力加速度),最小
值设为 0.2g,比最小加速度更小的点便标记为最低点,比最大加速度更大的点则标记为最
高点,在这里还需引入一个方差,每次获得的加速度最大值需要减去求得的方差,并以此来
作为下次获取的最大值的判别范围,最小值亦如此。此处引入的方差,反映的是人体运动加
速度信号的波动程度。

3. 跌倒检测程序

人体在运动时,身体的加速度和角度在水平和垂直方向都会有很大的变化,人体三维空间姿态图如图 6-25 所示。

人体跌倒会先经历一个失重过程,然后在撞击地面阶段合加速度会达到一个峰值,直达 $3g$,在此之后合加速度值又快速降到 $1g$。人体在日常行为当中,合加速度最大不超过 $2g$,发生剧烈运动时的合加速度可达到 $3g$。因此可以通过阈值法来判断是否发生跌倒。

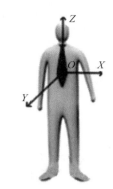

图 6-25 人体三维空间姿态图

跌倒会经历失重、撞击和平静 3 个阶段,在这个过程中经历失重的阶段,加速度会有所减小,直至撞击地面的过程中加速度是快速增大的,跌倒之后加速度会有一个逐渐减小的阶段。为了判定跌倒状态,需要设置两个阈值,第一个是跌倒阈值一,将其设定为 $2.5g$,第二个是正常运动的加速度阈值二,设定为 $1g$,若只根据一个阈值来判断运动中是否发生了跌倒容易造成误触发,所以此处很有必要设置两个阈值。

判断是否跌倒的流程图如图 6-26 所示,MPU6050 加速度传感器获取到三轴加速度后,需要对 3 个方向的加速度进行计算,得到的合加速度设为 Mpudate。接着需要一个判断是否跌倒的函数对所得到的向量幅值进行处理分析从而判断是否有跌倒情况发生。在跌倒判断函数中,先要比较 Mpudate 的值与阈值一的大小,若小于阈值一,则可依此判断为没有发生跌倒,并且将判定标志位复位,若此时的合加速度比阈值一大,则要对它进行下一步的判断。此处为了避免出现错误的判断,还需要设定一个阈值二,由前面所述内容及实践所得,合加速度大于 $2.5g$ 的时间大于或等于 $0.6ms$,且合加速度处于阈值二内的时间至少为 $0.4ms$ 时才可以判定为发生跌倒。此处,需将大于阈值一的 fall_time 计数标志位设定为大于或等于 60,将在阈值二范围内的 fall_num 标志位设定为大于或等于 40。

4. 温度测量程序

本设计中的温度传感器选用 MPU6050 模块自带的温度传感器,这样可以减少额外使用一个传感器的成本,且节省了空间。温度传感器的值,可以通过读取 MPU6050 的 0X41（高 8 位）和 0X42（低 8 位）寄存器的值得到,以下是温度的换算公式:

$$Temperature = 36.53 + regval/340$$

其中,Temperature 为计算得到的温度值,单位为℃,regval 为从 0X41 和 0X42 读到的温度传感器值。

部分代码如下所示:

```
short MPU_Get_Temperature(void)
{
  u8 buf [2];
  short raw;
  float temp;
```

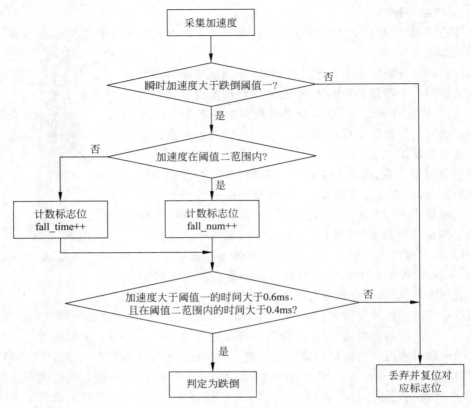

图 6-26　判断是否跌倒的流程图

```
MPU_Read_Len (MPU_ADDR, MPU_TEMP_OUTH_REG,2, buf);
raw = ((u16) buf [0] << 8)|buf [1];
temp = 36.53 + ((double)raw)/340;
return temp * 100;        //返回值：温度值(扩大了 100 倍)
}
```

6.4.5　蓝牙串口通信部分程序设计

本系统设计选取 HC08 模块作为手环的蓝牙通信模块,通过串口与 STM32 进行通信,完成数据的发送和接收,选取 STM32 的 USART2 与蓝牙模块通信,所以进行通信时,仅需配置相应的串口收发器。第一步先配置中断收发器的 I/O 口,将 USART2 中的 TX 引脚设置为推挽输出模式,同时将引脚输出时钟频率设为 50MHz,将 RX 引脚设置为推挽浮空输入模式,此处不需要设置切换速率。本系统中的波特率统一配置成 9600b/s,并且蓝牙模块的波特率也是 9600b/s,两者的配置应当相同,这是很重要的一点,否则后续无法进行正常的通信。此外还需要在帧结尾传输一个停止位,设置为无奇偶校验位,接着打开使能串口 1 的中断。驱动部分代码如下:

```
void blue_Init ()
```

```
{
    USART_InitTypeDef USART_InitStruct;
    GPIO_InitTypeDef GPIO_InitStruct;
    RCC_APB2PeriphClockCmd (RCC_APB2Periph_GPIOA|RCC_APB2Periph_GPIOB| RCC_APB2Periph_GPIOC
| RCC_APB2Periph_GPIOD| RCC_APB2Periph_GPIOE, ENABLE);
    RCC_AHBPeriphClockCmd(RCC_AHBPeriph_CRC,ENABLE); RCC_APB2PeriphClockCmd (RCC_APB2Periph_
AFIO, ENABLE);
    /****************USART2 模式设置 ****************/
    RCC_APB1PeriphClockCmd(RCC_APB1Periph_USART2,ENABLE);
    GPIO_InitStruct.GPIO_Pin = Blue_M3_Tx_PIN;
    GPIO_InitStruct.GPIO_Mode = GPIO_Mode_AF_PP;        //设置为推挽输出模式
    GPIO_InitStruct.GPIO_Speed = GPIO_Speed_50MHz;
    //配置引脚输出时钟频率不超过 50MHz
    GPIO_Init (Blue_M3_Tx_PORT, &GPIO_InitStruct);
    //调用库函数,初始化 M3_Tx 引脚
    GPIO_InitStruct.GPIO_Pin = Blue_M3_Rx_PIN;
    GPIO_InitStruct.GPIO_Mode = GPIO_Mode_IN_FLOATING;
    //设置为推挽浮空输入模式
    GPIO_Init (Blue_M3_Rx_PORT, &GPIO_InitStruct);
    USART_DeInit (Blue_SCI);
    USART_InitStruct.USART_BaudRate = 9600;
    //配置串口波特率为 9600
    USART_InitStruct.USART_StopBits = USART_StopBits_1;
    //在帧结尾传输一个停止位
    USART_InitStruct.USART_WordLength = USART_WordLength_8b;
    //配置 USART2 发送或接收的一帧数据字长为 8 位
    USART_InitStruct.USART_Parity = USART_Parity_No;
    //设置奇偶校验位,无
    USART_InitStruct.USART_HardwareFlowControl =
USART_HardwareFlowControl_None;
    USART_InitStruct.USART_Mode = USART_Mode_Tx | USART_Mode_Rx;
    //使能 USART 的发生和接收模式
    USART_Init(Blue_SCI, &USART_InitStruct);        //初始化 USART2
    USART_ITConfig (Blue_SCI, USART_IT_RXNE, ENABLE);
    USART_ITConfig (Blue_SCI, USART_IT_TC, ENABLE);
    USART_Cmd (Blue_SCI, ENABLE);
    USART_ClearFlag (Blue_SCI, USART_FLAG_RXNE);
    USART_ClearFlag (Blue_SCI, USART_FLAG_TC);
    USART_ClearITPendingBit (Blue_SCI, USART_IT_TC);
    USART_ClearITPendingBit (Blue_SCI, USART_IT_RXNE);
}
```

6.4.6 GPS 定位部分程序设计

本系统设计选取 NEO-6M 模块作为手环的 GPS 定位模块,通过串口与 STM32 进行通信,完成数据的发送和接收,设置串口收发器即可进行通信,主要设置波特率、收发模式等功能。

同蓝牙串口通信的第一步一样,同样是设置中断收发器的 I/O 口,此处需要将

USART1 中的 TX 引脚设定为推挽输出模式,引脚输出时钟频率设为 50MHz,RX 引脚设置为推挽浮空输入模式,波特率一致设定为 9600b/s,帧结尾传输一个停止位,设定为无奇偶校验位。驱动部分代码如下:

```
void GPS_USART_Init ()
{
  USART_InitTypeDef USART_InitStruct;
  GPIO_InitTypeDef GPIO_InitStruct;

  RCC_APB2PeriphClockCmd (RCC_APB2Periph_GPIOB, ENABLE);
  RCC_AHBPeriphClockCmd (RCC_AHBPeriph_CRC, ENABLE);
  RCC_APB2PeriphClockCmd (RCC_APB2Periph_AFIO, ENABLE);
  /***************** USART1 模式设置 ***************** /
  RCC_APB2PeriphClockCmd (RCC_APB2Periph_USART1, ENABLE);
  GPIO_PinRemapConfig (GPIO_Remap_USART1, ENABLE);

  GPIO_InitStruct.GPIO_Pin = GPS_Tx_PIN;
  GPIO_InitStruct.GPIO_Mode = GPIO_Mode_AF_PP;
  GPIO_InitStruct.GPIO_Speed = GPIO_Speed_50MHz;
  GPIO_Init (GPS_Tx_PORT, &GPIO_InitStruct);
  GPIO_InitStruct.GPIO_Pin = GPS_Rx_PIN;
  GPIO_InitStruct.GPIO_Mode = GPIO_Mode_IN_FLOATING;
  GPIO_Init (GPS_Tx_PORT, &GPIO_InitStruct);

  USART_DeInit (GPS_SCI);
  USART_InitStruct.USART_BaudRate = 9600;
  USART_InitStruct.USART_StopBits = USART_StopBits_1;
  USART_InitStruct.USART_WordLength = USART_WordLength_8b;
  USART_InitStruct.USART_Parity = USART_Parity_No;
  USART_InitStruct.USART_HardwareFlowControl =
  USART_HardwareFlowControl_None;
  USART_InitStruct.USART_Mode = USART_Mode_Tx | USART_Mode_Rx;
  USART_Init (GPS_SCI, &USART_InitStruct);
  USART_ITConfig (GPS_SCI, USART_IT_RXNE, ENABLE);
  USART_ITConfig (GPS_SCI, USART_IT_TC, ENABLE);
  USART_Cmd (GPS_SCI, ENABLE);
  USART_ClearFlag (GPS_SCI, USART_FLAG_RXNE);
  USART_ClearFlag (GPS_SCI, USART_FLAG_TC);
  USART_ClearITPendingBit (GPS_SCI, USART_IT_TC);
  USART_ClearITPendingBit (GPS_SCI, USART_IT_RXNE);
}
```

为了在不同的 GPS 导航中建立统一的输出数据格式,美国制定了 NEMA-0183 协议,其中使用最多的命令是 $GPGGA、$GPVTG、$GPGSA、$GPGSV、$GPRMC 这 5 种,本程序设计中使用的是 $GPRMC 协议,也是推荐最小数据,部分代码如下:

```
void GPS_Pare (unsigned char Res)
{
    if (Res == '$')
  {
    point1 = 0;
```

```
    }
  GPS_RX_BUF [point1++] = Res;
  if (GPS_RX_BUF [0] == '$' && GPS_RX_BUF [4] == 'M' && GPS_RX_BUF [5] == 'C')
  //确定是否收到"GPRMC/GNRMC"这一帧数据
  {
    if (Res == '\n')
  {
    memset (Save_Data.GPS_Buffer, 0, GPS_Buffer_Length);      //清空
    memcpy (Save_Data.GPS_Buffer, GPS_RX_BUF, point1);        //保存数据
    Save_Data.isGetData = true;
    point1 = 0;
    memset (GPS_RX_BUF, 0, USART_REC_LEN);                    //清空
  }
  }
  if (point1 > = USART_REC_LEN)
    {
      point1 = USART_REC_LEN;
    }
  }
```

6.4.7 OLED 显示模块程序设计

OLED 显示模块主要用来显示各模块所测得的数据,这样手环佩戴者可以实时看到自己的心率、体温、步数和运动状态等,主控芯片与 OLED 显示模块之间的连接是通过 I2C 数据总线实现的,只需使用 SDA 串行数据口和 SCL 串行时钟口。STM32 主控芯片自带有I2C 总线,初始化 OLED 便可通过调用与 I2C 相关的收发函数实现。

I2C 有硬件 I2C 和软件(模拟)I2C 之分,由于 OLED 是 I2C 驱动的,所以本系统采用的是模拟 I2C 驱动。起始和停止两种信号均是电平跳变时序信号。SCL 处于高电平期间,SDA 发生的跳变是由高至低的,则代表是起始信号。SCL 处于高电平期间,SDA 发生的跳变是由低至高的,代表是停止信号。

主机发送一个起始位告诉总线上的所有设备传输开始,之后主机开始传输设备地址,匹配到该地址的从机则继续传输过程,而未匹配到的从机忽略此次传输并等待下一次传输开始。主机寻址从机后,便发送要读或写的从机的内部设备地址,然后发送数据,发送完成后,接着发送停止位。

相应代码如下:

```
void Write_IIC_Byte (unsigned char IIC_Byte)
{
  unsigned char i;
  unsigned char m, da;
  da = IIC_Byte;
  OLED_SCLK_Clr ();
  for (i = 0; i < 8; i++)
  {
    m = da;
    m = m&0x80;
```

```
        if(m == 0x80)
    {
        OLED_SDIN_Set ();
    }
        else
    {
        OLED_SDIN_Clr ();
    }
    da = da << 1;
    OLED_SCLK_Set ();
    OLED_SCLK_Clr ();
}
```

在从从机读出数据前,需要先对其进行写入,告诉它哪个内部寄存器是想要读取的,过程相较写复杂一点。

OLED 在显示数据前需要创建编码表,因为它不再带字库,通过画像素点的方式显示数据,需要和码表进行匹配,OLED 的像素点是 128×64,使用取模软件进行数据编码,然后调用 OLED 画点函数刷新显示屏幕内容,显示数据时需先设置起始坐标,以下是显示汉字的代码部分:

```
void OLED_ShowChinese (u8 x, u8 y, u8 no)
{
    u8 t, adder = 0;
    OLED_Set_Pos (x, y);
    for (t = 0; t < 16; t++)
    {
        OLED_WR_Byte (Hzk[2 * no] [t], OLED_DATA);
        adder += 1;
    }
        OLED_Set_Pos (x, y + 1);
        for (t = 0; t < 16; t++)
    {
        OLED_WR_Byte (Hzk[2 * no + 1] [t], OLED_DATA); adder += 1;
    }
}
```

6.4.8 Android 手机端 App 设计

Android 是基于 Linux 内核的开源软件操作系统,可以自主显示布局,具有数据存储管理功能,支持多任务处理,无线共享功能。并且 Android 普遍应用于智能手机、可穿戴式智能设备等各类型智能设备,是很受欢迎的移动操作系统。本系统的手机端 App 是一个数据终端,可以在 App 上实时显示检测到的内容,并且可以满足亲属远程查看各项数据的需求。

Android 平台是支持蓝牙协议栈的,这样设备间就可以进行无线数据交换,只需调用相应的 API 便可实现,涉及蓝牙的主要操作有打开蓝牙、关闭蓝牙、能被搜索到、获取配对设备以及传输数据。使用蓝牙时,需要在 manifest 文件中包含 BLUETOOTH 和 BLUETOOTH_ADMIN 的权限。

1. Android 蓝牙操作主要程序

蓝牙设备有本地蓝牙和远程蓝牙，对应的类分别为 BluetoothAdapter 和 BluetoothDevice，它们的成员函数基本相同，介绍如下。

（1）cancelDiscovery()：取消本地蓝牙设备。

（2）Disable()：关闭蓝牙设备。

（3）Enable()：打开蓝牙设备。

（4）getName()：获取本地蓝牙的名称。

（5）getRemoteDevice(String address)：根据远程设备的 MAC 地址来获取远程设备。

（6）startDiscovery()：蓝牙设备开始搜索周边设备。

蓝牙进行连接之前，首先要获取到本地的蓝牙设备，此时需要调用 BluetoothAdapter 的 getDefaultAdapter()方法，再通过调用 isEnabled()，查看是否打开了本地的蓝牙设备，若本地蓝牙设备已打开就执行相应的后续操作，否则就要发送请求打开本地蓝牙设备的消息，一直到本地蓝牙设备打开以后再进行后续操作。蓝牙设备被打开以后，开始进行蓝牙搜索，此处调用 BluetoothAdapter 的成员函数 startDiscovery()方法。当用户点击连接蓝牙后，此时调用 doDiscovery()函数进行蓝牙匹配，搜索到匹配的蓝牙设备后，再调用 setDevice()函数来获取远程蓝牙通信 socket，然后在 handleMessage 内再触发蓝牙连接的线程进行蓝牙连接。通过蓝牙通信 socket，Android 手机端可以与手环进行通信。

蓝牙搜索流程如图 6-27 所示。

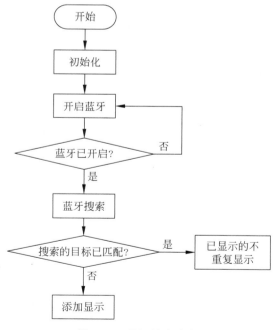

图 6-27　蓝牙搜索流程

2. App 界面设计

安卓 App 的开发环境是 Android Studio,使用了其中的 constraintlayout 布局方式,这种方式可以直接拖曳空间进行布局,然后通过设置限位即可非常方便地完成布局,在多控件的时候需要手动调整合适的限位以正确地显示空间位置,并且可以在交互页面调整控件的颜色。对控件进行初始化,设置相应的单击事件函数,如果触发单击事件就执行相应的函数。

打开 App 后会显示以下界面,先单击扫描,搜索附近蓝牙,找到手环蓝牙并进行连接,连接成功后会进入主界面。主界面会显示心率变化曲线图以及心率、计步、状态和位置 4 种数据。

这时手环佩戴者的体温、步数和身体状态会实时显示到 App 上,若使用者发生意外的跌倒,App 界面会有警报提示,用户初次使用还需填写手机号信息。

习题

1. 简述智能手环的设计内容。
2. 画出智能手环的系统总体结构。
3. 三轴加速度传感器的主要工作原理是什么?
4. 画出智能手环系统总体硬件设计结构图。
5. MAX30102 的功能是什么?

第 7 章　双水平智能家用呼吸机的设计与开发

本章讲述双水平智能家用呼吸机的设计与开发,包括概述、双水平智能家用呼吸机相关理论、微控制器简介和应用、双水平智能家用呼吸机硬件设计、双水平智能家用呼吸机软件设计、测试平台的搭建及测试和微信小程序的界面功能设计。

7.1　概述

近年来,以阻塞性睡眠呼吸暂停低通气综合征(Obstructive Sleep Apnea Hypopnea Syndrome,OSAHS)为代表的睡眠呼吸疾病在世界范围内的发病率日益上升。除此之外,以慢性阻塞性肺疾病(COPD,简称慢阻肺)为代表的呼吸系统疾病发病率也日益增高。根据资料统计,目前中国慢阻肺人口接近 1 亿人,该疾病严重危害患者健康和生活质量。这些疾病轻则导致睡眠低通气和呼吸暂停的产生,使患者出现夜间睡眠打鼾和白天精力不足、萎靡嗜睡等现象,重则引发呼吸衰竭和其他并发症,给患者身体造成极大损害。当前,针对这两类睡眠呼吸系统疾病的治疗方法主要分为 3 种,即器械矫正、微创手术和持续气道正压通气治疗。其中,器械治疗极易引起患者不适,微创手术则会对患者产生一定程度的损伤。相较之下,持续气道正压通气治疗可以在避免有创损伤的情况下,对呼吸障碍相关疾病起到良好的临床治疗效果,已成为目前治疗该类疾病的首选方法。智能家用呼吸机作为可提供持续气道正压的最常见载体,已广泛应用于居家治疗。

7.1.1　双水平智能家用呼吸机研究背景及目的

智能家用呼吸机可通过一种无创的方式,对人正常的生理呼吸动作进行有效替代或辅助,减少患者呼吸动作中的人为消耗,同时增大肺部通气量,最终实现改善呼吸功能的目的。OSAHS 的发病机理是呼吸道中某些位置出现了狭窄或阻塞情况,导致患者呼吸过程中出现呼吸不足或呼吸紊乱现象。通过提供外部持续气道正压通气,可治疗和改善 OSAHS 相关病症,且整个过程不会对患者产生任何损伤。慢阻肺的主要病因是气道不畅、气道狭窄,常常出现长期咳嗽、气促等症状。慢阻肺的治疗机理是保护残肺功能,以此来延缓肺功能的下降。双水平智能家用呼吸机的双水平模式,可自动检测出患者呼吸状态,并通过提供设定的吸气压力和呼气压力,大大减少患者呼吸过程中的呼吸做功,保护残肺功能。

本章讲述了一款基于嵌入式微控制器的双水平智能家用呼吸机,嵌入式微控制器拥有卓越的计算处理能力,可对呼吸机工作过程中采集到的数据进行快速处理,对呼吸机使用过程中各个呼吸状态进行精确控制,大大缩短呼吸过程中各类呼吸事件的反应和处理时间,为患者提供持续稳定的气道正压通气,最终实现较好的呼吸疾病治疗效果。本设计研究的双水平智能家用呼吸机兼具单水平压力模式和双水平压力模式,对睡眠呼吸暂停综合征和其他呼吸系统相关疾病均有较好的治疗作用,使用便捷且整个治疗过程不会对人体产生损伤。

7.1.2　双水平智能家用呼吸机的研究现状

下面讲述双水平智能家用呼吸机的国内外研究现状。

1. 国外研究现状

自 20 世纪 60 年代开始,电子技术加速发展。机械通气设备的研制过程中引入电子控制技术,使其制造和控制更加精密。从 20 世纪 80 年代至今,智能家用呼吸机发展愈加智能化,并最终实现了临床上的广泛应用。智能家用呼吸机在发展过程中衍生出多种通气模式,如容积支持通气(Volumetric Support Ventilation,VSV)、压力支持通气(Pressure Support Ventilation,PSV)、双相气道正压通气(Biphasic Positive Airway Pressure,BiPAP)等。

国外对于智能家用呼吸机的研究起步早且经验丰富,以美国、澳大利亚为代表,其已具有完备的研发和生产体系,并垄断了大量核心技术和相关专利。国外先进厂商开发模式成熟,以需求为导向,以临床效果为目标,基于实际需求进行技术研发,最终取得优秀的治疗效果。国外工业制造体系完善且电子技术发展成熟,可保证智能家用呼吸机产品满足严格的技术指标,在高端智能家用呼吸机市场中处于垄断地位。

目前,国外规模较大的智能家用呼吸机生产厂商主要以瑞思迈和飞利浦伟康为代表。瑞思迈是智能家用呼吸机的发明者,也是全球睡眠和呼吸医学产品的领导者,独创呼气压力释放(Expiratory Pressure Release,EPR)轻松呼吸系统和双涡轮静音机型,经过多年的技术积累和创新,其产品在治疗效果、安全性保证和最大限度的治疗舒适性上均具备较先进的技术,在市场上具有绝对竞争力。飞利浦伟康也是智能家用呼吸机行业的领军者,还是双水平智能家用呼吸机的发明者,于 20 世纪 80 年代末推出了 BiPAP 技术。飞利浦伟康呼吸机体积小、携带方便,具备自动开关机、自动压力调整、自动漏气补偿、自动海拔调整等功能,在市场上竞争力较强。

2. 国内研究现状

国内智能家用呼吸机的研究起步较晚,在 20 世纪 90 年代末逐步进入正常发展轨迹。随着 21 世纪经济发展提速和生活压力的加大,各种呼吸疾病逐渐增加且引起了国人重视,国家也对智能家用呼吸机的研究高度重视,将无创智能家用呼吸机列在我国"十三五"规划中,智能家用呼吸机国内市场前景广阔。

目前,国外公司垄断了呼吸机核心技术,国内智能家用呼吸机产品还处于借鉴和模仿阶段,产品功能质量、使用舒适度和可靠性上落后于国外产品。大多数国内产品仅实现了基本的单水平持续正压通气(Continuos Positive Airway Pressure，CPAP)功能，在双水平BiPAP功能的研发中还存在呼吸状态判断不准、压力控制不稳等一系列问题，无法为患者提供更好的治疗效果和使用舒适度。

7.1.3　双水平智能家用呼吸机的研究内容

本章深入分析市场上主流品牌智能家用呼吸机的性能优缺点，研究阻塞性睡眠呼吸暂停综合征和慢阻肺等睡眠和呼吸系统疾病的治疗机理，以嵌入式微控制器为控制核心，在实时操作系统μC/OS-III的框架下完成双水平智能家用呼吸机的研制，实现双水平智能家用呼吸机呼吸触发检测、双相压力切换、监测报警和呼吸事件顺序记录(Sequence of Event，SoE)等功能。本设计的主要研究内容如下。

(1) 明确项目研究目标：阅读双水平智能家用呼吸机相关文献和行业规范，并利用研究测试平台对国内外知名品牌的双水平智能家用呼吸机进行测试，对比主流品牌双水平智能家用呼吸机的优点与弊端，明确本设计具体研究目标。

(2) 搭建项目硬件架构：根据项目研究目标，甄选合适的硬件模块，力求达到对数据的精确采集和及时传送，并且具体细节要符合产品注册标准，为项目研究目标的最终实现提供安全可靠的基础和保障。

(3) 移植项目软件平台：将操作系统μC/OS-III移植到微控制器中，微控制器在操作系统的基础上统筹各硬件功能模块，保证双水平智能家用呼吸机正常运行并完成具体功能。

(4) 设计项目核心算法：设计并实现双水平智能家用呼吸机呼吸触发算法、双相压力切换算法、漏气量检测算法、潮气量检测算法等一系列核心算法，各个算法的实现过程存在耦合，需要设计精确的控制算法来实现项目预期目标。

(5) 测试项目研究结果：基于高性能的ASL5000型主动模拟肺搭建研究测试平台，对项目研究结果进行全面测试。

7.2　双水平智能家用呼吸机相关理论

下面讲述双水平智能家用呼吸机的相关理论。

7.2.1　双水平智能家用呼吸机简介

双水平智能家用呼吸机又称为"双水平气道正压通气呼吸机"(Bilevel Positive Airway Pressure Ventilator，简称BiPAP呼吸机)，是目前无创性面(鼻)罩机械通气应用最多的呼吸机，广泛应用于治疗OSAHS和各种肺内肺外疾病导致的急慢性呼吸衰竭症状。

1. 双水平智能家用呼吸机的工作模式

本设计研究的双水平智能家用呼吸机兼具单水平压力模式和双水平压力模式，患者可根据具体症状做出相应选择。其具体工作模式如下。

(1) CPAP模式，属于单水平压力模式。CPAP模式无触发，无切换，人体自由呼吸，压力控制为定压,在吸气相和呼气相均提供相同的气道压力,帮助患者打开气道。该模式主要适用于患有 OSAHS 且自主呼吸较强的患者,是一种较为常用的无创方式。智能家用呼吸机稍微辅助即可帮助患者改善气道顺应性,降低吸气功耗,维持气道开放状态。

(2) 全自动持续正压通气(AUTO CPAP)模式,属于单水平压力模式。AUTO CPAP 模式下,除了在吸气相和呼气相提供固定的持续气道正压,呼吸机还能探测患者是否发生低通气和呼吸暂停事件,并针对不同的呼吸事件作出调整,在预先设定的压力范围内自动调整压力大小,改善患者呼吸状况。该模式对于严重的呼吸暂停患者是最佳选择。

(3) S(Spontaneous)模式,即自主触发模式,属于双水平压力模式。智能家用呼吸机可提供较高水平的吸气相正压(Inspiratory Positive Airway Pressure,IPAP)和较低水平呼气相正压(Expiratory Positive Airway Pressure,EPAP),患者自主呼吸动作决定呼吸频率和吸呼比。S 模式下呼吸机需准确检测到患者的自主呼吸动作,并跟随患者呼吸动作自动进行压力切换。S 模式下进行定压控制,检测到患者处于吸气相时,呼吸机会保持预先设定的吸气相气道正压 IPAP,检测到患者处于呼气相时,呼吸机会保持预先设定的 EPAP。

(4) T(Timed)模式,即时间触发模式,属于双水平压力模式。T 模式下,患者自主呼吸能力极弱,已经不能自主触发智能家用呼吸机,其呼吸动作完全受呼吸机控制。智能家用呼吸机可提供 IPAP、EPAP、呼吸频率和吸气时间,并严格按照预设的呼吸频率和吸气时间进行吸气相和呼气相切换,主要用于已失去自主呼吸的患者,是一种极少用的无创通气模式。

(5) ST(Spontaneous/Timed)模式,即自主/时间触发模式,自主呼吸和时间控制自动切换,属于双水平压力模式。ST 模式下,当患者能够自主触发呼吸时,呼吸机工作在 S 模式,当患者无法自主触发呼吸时,呼吸机自动切换至 T 模式。ST 模式对患者自主呼吸触发检测的准确性要求较高,并且要根据检测到的呼吸状态及时进行模式切换。双水平智能家用呼吸机的 ST 模式使用最为普遍,适用于各类睡眠和呼吸系统疾病,是一种极为常见的无创治疗模式。

2. 双水平智能家用呼吸机的基本原理

本设计研究的双水平智能家用呼吸机由 4 部分构成:呼吸机主机、通气管路及面(鼻)罩、电源适配器和湿化器。电源适配器给整个呼吸机提供外接直流电源。呼吸机主机根据设定的具体工作模式提供相应的持续气道正压。湿化器和呼吸机主机出气口连接,用于对主机流出的气流加温加湿,使进入患者呼吸道的气流温暖湿润,提高使用舒适度。通气管路及面(鼻)罩将湿化器出气口连接至患者,使呼吸机产生的气流进入患者呼吸道,实现预期治疗效果。

本设计研究的双水平智能家用呼吸机兼具单水平模式和双水平模式。单水平模式(CPAP 模式、AUTO CPAP 模式)是目前治疗 OSAHS 应用较广泛的方法,双水平模式(主要是 ST 模式)则主要针对慢阻肺等呼吸系统疾病。下面分别介绍单水平模式和双水平模式的治疗原理。

单水平模式主要针对 OSAHS 引起的打鼾、呼吸暂停等症状。OSAHS 主要是呼吸气道发生塌陷,部分位置出现阻塞情况导致的。呼吸气道塌陷会导致睡眠打鼾,并在打鼾期间伴随低通气或者呼吸暂停事件的发生。每次出现呼吸暂停事件都会导致身体慢性缺氧,身体产生的二氧化碳无法及时排出,血氧饱和度下降,对人体健康造成极大危害。呼吸机治疗OSAHS的原理是提供一个空气支架,通过气道正压来阻止上呼吸道塌陷。AUTO CPAP模式下,呼吸机除了为患者提供持续气道正压,还可以自动探测患者呼吸过程中出现的低通气或者呼吸暂停事件,并根据探测结果自动调整气道压力。与CPAP模式相比,AUTO CPAP模式可以提供更好的治疗效果和更舒适的治疗过程。

双水平模式主要针对COPD等呼吸系统疾病。COPD是一种具有气流受限特征的可防可治的疾病,其患者肺部的小气管发生堵塞,呼吸肌极易疲劳,吸气和呼气比较困难,容易发生缺氧和二氧化碳滞留现象。当该病发展严重至"二型呼衰"(身体缺氧,且有二氧化碳滞留问题)时,便需要使用双水平智能家用呼吸机进行治疗。双水平模式下通过设定不同的IPAP和EPAP,在吸气相用较高的IPAP打开气道,把气体送入患者肺内,在呼气相提供较低的EPAP,使肺内压力大于外界压力,促使肺内废气自动排出,从而让患者通气能力达标。由于双水平智能家用呼吸机的辅助作用,COPD患者的呼吸肌肉能够得到充分休息,可大大缓解相关病症。

7.2.2　双水平智能家用呼吸机专业术语介绍

本设计研究的双水平智能家用呼吸机涉及一些专业术语,具体介绍如表 7-1 所示。

表 7-1　双水平智能家用呼吸机专业术语说明

名　称	说　明
CPAP	持续正压通气
AUTO CPAP	全自动持续正压通气
S	自主通气模式
T	时间通气模式
ST	自主/时间通气模式
漏气量	每分钟从面(鼻)罩漏出的气体体积,单位是升/分钟(L/min)
吸气潮气量(VT)	吸气过程中进入人体肺部的气体体积,单位是毫升(mL)
呼吸频率(f)	患者每分钟呼吸动作的次数,单位为次/分钟(b/min)
分钟通气量(MV)	患者每分钟吸入肺部的气体体积,单位是升(L)
吸呼比(R)	吸气时间和呼气时间的比值
吸气压力(IPAP)	双水平模式下吸气相维持的气道压力,范围是 $6\sim30\text{cmH}_2\text{O}$
呼气压力(EPAP)	双水平模式下呼气相维持的气道压力,范围是 $4\sim28\text{cmH}_2\text{O}$
AHI（Apnea-Hypopnea Index)	患者每小时出现的呼吸暂停和低通气事件的总次数,单位是次/小时,用于OSAHS 的分度标准(轻度 OSAHS:AHI=$5\sim15$,中度 OSAHS:AHI=$15\sim30$,重度 OSAHS:AHI>30)
血氧饱和度(SaO_2)	血液中血氧的浓度,正常状态下一般大于 95%

7.3　微控制器简介和应用

下面介绍双水平智能家用呼吸机选用的微控制器及应用。

7.3.1　微控制器简介

本设计研究的双水平智能家用呼吸机以 ST 公司推出的嵌入式微控制器 STM32F779IIT6 为控制核心。ST 公司推出的 STM32 系列产品用途极广,在诸多领域均有应用,如工业控制、消费电子、安防、通信设备、物联网和医疗服务等。微控制器 STM32F779IIT6 是基于 Cortex-M7 内核,并搭配丰富的外设资源设计而成的高性能微控制器。

微控制器 STM32F779IIT6 基于先进的 Cortex-M7 内核,并在内核基础上增加了智能化外设和总线,使 Cortex-M7 内核潜力得以充分发挥。微控制器 STM32F779IIT6 工作频率高,内存容量大,外设资源丰富,使开发过程得以简化。与其他微控制器相比,微控制器 STM32F779IIT6 更具明显优势,集高性能、高实时性和低功耗于一身,同时具备高度集成性和开发简易性,为项目研究中的数据处理、控制算法实现提供了可靠保障。

选择微控制器 STM32F779IIT6 作为双水平智能家用呼吸机的控制核心,具备如下优势。

(1) 微控制器 STM32F779IIT6 充分发挥 Cortex-M7 内核全部潜能,CPU 工作频率可达 216MHz,并具备双精度浮点处理单元(Floating-point Processing Unit,FPU),极大缩短了浮点数处理时间,且集成了数字信号处理器(Digital Signal Processor,DSP)指令集,为呼吸控制算法的精确实现提供了硬件基础。

(2) 微控制器 STM32F779IIT6 系统架构设计有自适应实时加速器和 L1 高速缓存,可分别对数据和指令进行高速缓存,其 64 位高级可扩展接口(Advanced eXtensible Interface,AXI)总线矩阵架构配合专用 DMA,可完成零等待数据存储和指令发送。

(3) 微控制器 STM32F779IIT6 拥有高达 2MB 的 Flash 和 512KB 的 SRAM,且包含 128KB 的紧耦合数据存储器(Data Tightly Coupled Memory,DTCM)用于时间敏感的数据处理(如堆和栈),包含 16KB 的紧耦合指令存储器(Instruction Tightly Coupled Memory,ITCM)用于时间敏感的程序执行。

(4) 微控制器 STM32F779IIT6 与其他微控制器相比,外设资源更加丰富,包含多达 28 个通信接口、2 个 12 位数字模拟转换器(Digital-to-Analog Converter,DAC)、3 个 12 位模拟数字转换器(Analog to Digital Converter,ADC)、18 个定时器等,为开发过程中的硬件扩展提供了方便。

(5) 微控制器 STM32F779IIT6 在开发过程中使用配套的 HAL(Hardware Abstraction Layer)库,支持图形化配置,可使用图形化配置软件 STM32CubeMX 完成底层基本配置,大大降低了底层配置的复杂度,保证开发过程高效可靠。

7.3.2 微控制器应用

下面对微控制器 STM32F779IIT6 的开发方法作一简单介绍。

1. HAL 库的介绍和应用

微控制器 STM32F779IIT6 的一个巨大优势是在底层配置时摒弃了标准外设库 (Standard Peripherals Library, STL)，选择使用配套的 HAL 库。

STM32F7 系列之前的微控制器使用标准外设库，标准外设库是对 STM32 微控制器的完整封装，包括所有标准器件外设的底层驱动，几乎全部使用 C 语言实现，主要是将一些基本的寄存器操作进行封装，本质仍接近寄存器操作，且标准库只针对某一系列微控制器而言，不同系列微控制器之间并不具备可移植性。

相比标准外设库，HAL 库具备更高的抽象整合水平，可更简单地实现跨 STM32 产品之间的相互移植。HAL 抽象程度更高，能够实现在 STM32 系列微控制器之间无缝移植，甚至在其他微控制器也能实现快速移植，为今后项目研究的扩展奠定基础。除此之外，在使用图形配置软件 STM 32 CubeMX 直接进行配置操作时，软件自动调用 HAL 库对外设底层驱动进行配置，大大节省开发时间并且提高了底层配置的可靠性。

HAL 库给微控制器每个外设均提供了应用程序接口(Application Program Interface, API)，以源文件 stm32f7xx_hal.c 的形式提供，开发过程中根据具体需要使用 HAL 提供的接口函数进行配置即可。HAL 库提供的 API 接口主要分为 4 类(XXX 代表任意外设)。

(1) 初始化函数，如 HAL_XXX_Init()。

(2) 状态获取函数，如 HAL_XXX_GetState ()、HAL_XXX_GetError ()。

(3) IO 操作函数，如 HAL_XXX_Read()、HAL_XXX_Write()。

(4) 控制函数，如 HAL_XXX_Set()、HAL_XXX_Get()。

开发过程中通过直接调用 4 类函数，即可完成对外设的配置和使用。

除此之外，HAL 库在底层初始化配置时大量使用回调函数。开发过程中把需要用户自己编写的外设配置相关的初始化参数单独放到一个回调函数中，与微控制器无关的通用配置则放在通用配置函数中，这样一来，在今后项目研究中若需要扩展或更换微控制器，只需修改回调函数的内容，而无须更改通用配置内容，大大提高了移植效率。HAL 库的回调函数使用了大量_weak 修饰符，允许用户根据具体需求重定义同名函数若用户重定义某函数，则编译器编译时会选择用户定义的函数，若用户未定义某函数，则编译器会选择_weak 修饰符声明的函数。_weak 修饰符的使用可防止编译器报错，使用户可根据具体需要定义用户回调函数且不需要考虑函数重复定义的问题，开发过程非常方便。

2. STM32CubeMX 软件的介绍和应用

STM32CubeMX 是一款图形化配置工具，用于简化 STM32 系列芯片开发过程，该软件由图形界面配置器、初始化 C 代码生成器和一些嵌入式软件共同构成。开发过程中利用该平台图形化界面直观地配置底层参数，最终生成 C 语言初始化代码，在开发效率和可靠性上均有较大提升，具备如下诸多优点。

（1）直观地选择 STM32 微控制器。

（2）微控制器图形化配置。

（3）自动处理引脚冲突。

（4）动态设置确定的时钟树。

（5）可实时确定参数设置的外围和中间件模式，并查看初始化相关信息。

（6）功耗预测。

（7）C 代码工程生成器兼容多款 STM32 微控制器集成开发环境，如 KEIL、GCC 等。

7.4 双水平智能家用呼吸机硬件设计

下面讲述双水平智能家用呼吸机的硬件设计。

7.4.1 双水平智能家用呼吸机硬件结构设计

本设计研究的双水平智能家用呼吸机的硬件结构由 3 部分组成：电源驱动部分、主机控制部分和湿化器控制部分。电源驱动部分包括电源电路和电机驱动电路。主机控制部分基于微控制器 STM32F779IIT6，集成各类功能模块构建双水平智能家用呼吸机的控制系统。湿化器控制部分主要由测温加热电路和水位指示灯控制电路构成。双水平智能家用呼吸机硬件结构如图 7-1 所示。

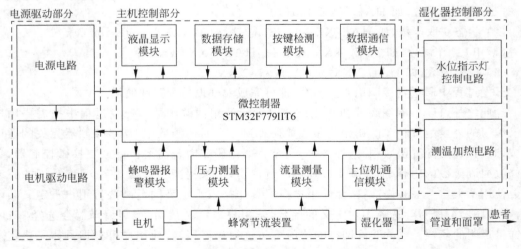

图 7-1 双水平智能家用呼吸机硬件结构

图 7-1 表明了双水平智能家用呼吸机各硬件模块之间的联系。电源驱动部分通过电源电路将外接 24V 直流电压转换成其他部分需要的稳定电压，电机驱动电路用于驱动电机运行，微控制器 STM32F779IIT6 通过电机驱动电路控制电机转速，产生治疗需要的持续气道正压。

主机控制部分以微控制器 STM32F779IIT6 为控制核心，移植嵌入式实时操作系统 μC/

OS-III。操作系统 μC/OS-III 是一个可剥夺多任务管理的内核,通过建立任务来控制微控制器轮流操作各功能模块,通过控制各功能模块来实现双水平智能家用呼吸机的相应功能。主机控制部分的压力测量模块用于检测管路气道压力,反馈给微控制器用于实现气道定压控制。流量测量模块用于检测管路气道内的气流量并反馈给微控制器,用于呼吸触发算法的实现和呼吸参数的计算。液晶显示模块用于显示智能家用呼吸机工作界面,通过配合按键检测模块,可实现智能家用呼吸机的人机交互功能。数据存储模块分为两部分:一是通过电可擦只读存储器(Electrically Erasable Programmable Read Only Memory,EEPROM)实现智能家用呼吸机工作过程中一些控制参数和重要数据的掉电存储;二是通过 SD 卡记录工作过程中的呼吸数据,可用于记录数据至上位机,对呼吸数据进行图像化处理,或通过MATLAB 软件对记录的呼吸数据进行处理,用于项目研究过程中分析和评估呼吸触发算法的控制效果。按键检测模块通过旋转编码器和独立按键检测外部的按键操作,将按键信息反馈给微控制器并作出相应动作,该模块配合液晶显示模块一起实现智能家用呼吸机的人机交互功能。数据通信模块通过 Wi-Fi 模块建立智能家用呼吸机和移动端的通信,实现移动端对智能家用呼吸机的控制和二者之间的信息交互功能。蜂鸣器报警模块受智能家用呼吸机监测报警系统控制,对智能家用呼吸机工作过程中检测到的各类异常现象进行报警,提示和通知使用者处理当前异常情况。上位机通信模块通过 USB 转串口在智能家用呼吸机和 PC 端建立连接,在 PC 端上位机可实时绘制智能家用呼吸机工作过程中的压力曲线和流量曲线,便于观察智能家用呼吸机工作状态和比较不同算法的控制效果,加快开发进度。

湿化器控制部分主要由测温加热电路和水位指示灯控制电路组成。测温加热电路可间接测量湿化器水箱内的水温并反馈至微控制器,根据设计的湿化器温度控制算法实现湿化器水温加热功能。测温加热电路附带硬件保护电路,可以保证湿化器使用过程中的绝对安全。水位指示灯控制电路用于控制水位指示灯的开关,便于观察湿化器水箱内的水位高度。

7.4.2 双水平智能家用呼吸机功能模块搭建

双水平智能家用呼吸机的硬件结构由电源驱动部分、主机控制部分和湿化器控制部分组成,现在分别讲解 3 个部分中代表性功能模块的搭建过程。

1. 电源驱动部分

1)电源电路

电源电路的主要功能是将外接 24V 直流电压转换成稳定的 3.3V、5V 和 12V 直流电压,供智能家用呼吸机的其他功能模块使用。项目研究中利用 LM2575 系列稳压芯片构造稳压电路,最终得到安全稳定的理想电压。

LM2575 系列稳压芯片可提供 3.3V、5V、12V 和 15V 等多个电压,通过少量外围器件构造简单的电源电路即可得到理想电压。该系列芯片内部具有完善的保护电路,芯片外部提供 5 个控制引脚,以输出 5V 电压为例,基于 LM2575-5 构造的电源电路如图 7-2 所示。

同理,通过使用 LM2575-3.3 和 LM2575-12.0 构造电源电路即可得到稳定的 3.3V 和12V 电压。

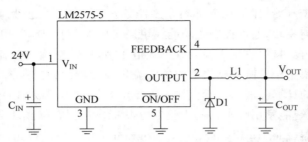

图 7-2　基于 LM2575-5 构造的电源电路

2) 电机驱动电路

电源驱动部分基于 ROHM 公司的三相无刷直流电机驱动芯片 BD63007MUV 构建电机驱动电路,驱动三相无刷直流电机运行。微控制器控制 PWM 输出占空比,经由电机驱动电路即可控制电机转速,进而改变通气管路内的气道压力。

三相无刷直流电机驱动芯片 BD63007MUV 根据霍尔位置传感器的检测结果产生驱动信号,通过输入微控制器产生的 PWM 控制信号驱动芯片输出。芯片可外接 12V 或 24V 供电电源,本设计中选择外接 24V 电源。芯片内置 120°整流逻辑电路,无须搭建外部驱动桥电路,仅需很少的外围电路即可驱动三相无刷直流电机。芯片还内置了诸多保护电路,可以保证使用过程中的安全性。

基于 BD63007MUV 构建的电机驱动电路如图 7-3 所示。电机驱动芯片通过 15~20 引

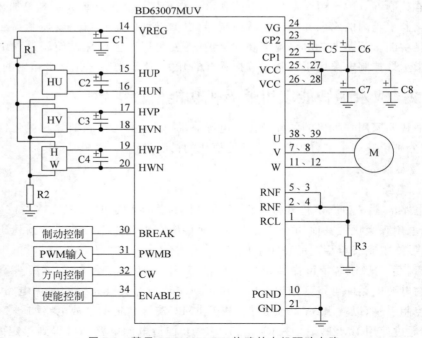

图 7-3　基于 BD63007MUV 构建的电机驱动电路

脚读取霍尔位置传感器(图 7-3 中的 HU、HV 和 HW)信息并解析出转子位置,以此为依据调整定子磁场。电机驱动芯片内置驱动桥电路,将图 7-3 中 U、V 和 W 连接至三相无刷直流电机即可按照正确相序驱动电机。微控制器控制输入电机驱动芯片 30 引脚的电平高低对电机进行制动控制。微控制器改变输入电机驱动芯片 31 引脚的 PWM 占空比可控制电机转速。微控制器控制输入电机驱动芯片 32 引脚的电平高低控制电机转动方向。微控制器控制输入电机驱动芯片 34 引脚的电平高低控制芯片是否使能。

2. 主机控制部分

双水平智能家用呼吸机的主机实现呼吸机整体控制,完成智能家用呼吸机工作过程中数据采集、定压控制、人机交互等诸多功能。主机控制部分功能模块较多,下面选择几个具有代表性的重要模块讲解其硬件搭建过程。

1) 微控制器模块

微控制器是主机控制部分的控制核心,其他所有功能模块均要与微控制器进行数据交互并接受微控制器的控制。微控制器协同各个功能模块,共同实现双水平智能家用呼吸机的各项功能。微控制器模块以 STM32F779IIT6 为控制核心,与其他功能模块建立连接,共同组成整个控制系统。在 STM32F779IIT6 上移植实时操作系统 μC/OS-III,为各功能模块建立相应任务,操作系统以任务调度的方式实现各个功能模块轮流使用 CPU 资源进行数据处理和逻辑控制。微控制器模块结构如图 7-4 所示。

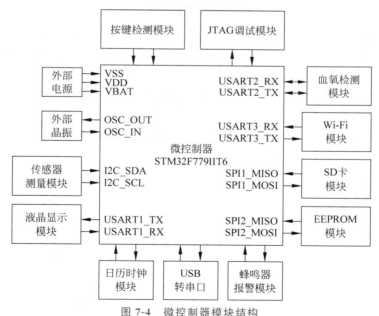

图 7-4 微控制器模块结构

2) 传感器测量模块

传感器测量模块主要包括压力传感器和流量传感器,用于检测通气管路内的压力数据和流量数据。

选用数字压力传感器 MS5525DSO 实现气道压力测量。数字压力传感器 MS5525DSO 是美国 MEAS 公司基于微机电技术(MEMS)研制而成,具备精度高、匹配性强等优点。该传感器可以提供高精度的 24 位差压数字量和温度数字量输出,精度可达到±0.25%,且自带 SPI 总线和 I2C 总线。

使用数字压力传感器 MS5525DSO 的 I2C 接口和微控制器建立连接,数字压力传感器 MS5525DSO 有 14 个引脚,外部有坚固的热塑性塑料封装,并有两个倒钩引压管便于连接软管进行呼吸机气道中的压力测量。压力测量模块电路如图 7-5 所示。具体使用时,首次上电对数字压力传感器发送复位命令,复位成功后即可开始循环读取压力和温度数据。

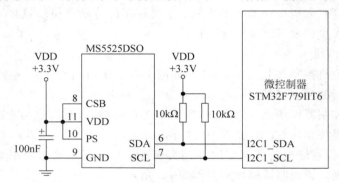

图 7-5　压力测量模块电路

流量测量基于美国 All Sensors 公司推出的差压传感器 DLC-L02D-D4 设计实现,差压传感器 DLC-L02D-D4 采用 All Sensors 公司专有的 CoBeam2 TM 技术,外接 3.3V 电源供电,有 16 位高分辨率输出,自带 I2C 接口。

差压传感器 DLC-L02D-D4 通过 I2C 接口和微控制器建立连接,流量测量模块电路如图 7-6 所示。在智能家用呼吸机通气管路内的节流装置(用于形成气流差压)两侧取流量采样点,利用软管将采样点连接至差压传感器,检测出差压值并反馈至微控制器。

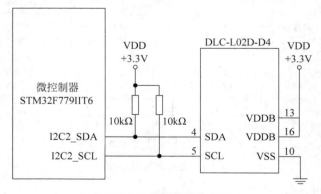

图 7-6　流量测量模块电路

智能家用呼吸机最终要通过差压传感器 DLC-L02D-D4 测量气道内的流量值,因此,差压传感器在使用之前需要进行流量标定。具体方法为：利用 FLUKE VT PLUS 气流分析仪检测气道流量值，同时用差压传感器 DLC-L02D-D4 读取气道内差压值(16 位数字量)，得到同一采样时刻的气道内流量值和传感器数字量，作为一组数据进行记录。控制电机转速，使气道内流量值逐步上升，并记录对应的传感器数字量，将采集到的多组数据利用 MATLAB 软件进行曲线拟合，得到流量值和差压传感器获取的数字量之间的函数关系，并将得到的函数关系编程实现。智能家用呼吸机在正常工作时，微控制器在读取差压传感器数字量后根据拟合的关系函数将差压数字量转换成流量值。通过上述流量标定方法，微控制器即可通过差压传感器 DLC-L02D-D4 检测智能家用呼吸机通气管路内的流量值。

3）数据存储模块

数据存储模块包括 EEPROM 存储模块和 SD 卡存储模块。EEPROM 存储模块用于实现智能家用呼吸机工作过程中呼吸参数和重要数据的掉电存储，SD 卡存储模块记录智能家用呼吸机工作过程中的呼吸数据，可用于上位机的呼吸曲线绘制，也可在 PC 端通过 MATLAB 软件对数据进行处理和分析。

数据存储模块电路如图 7-7 所示。数据存储模块的 EEPROM 选用 ATMEL 公司的 AT24C512B，通过 I2C 接口和微控制器进行连接，可提供 512KB 容量。数据存储模块的 SD 卡模块需要搭建硬件接口，通过 SPI 接口实现 SD 卡和微控制器的连接，使用时通过插拔 SD 卡即可完成数据的记录和读取。

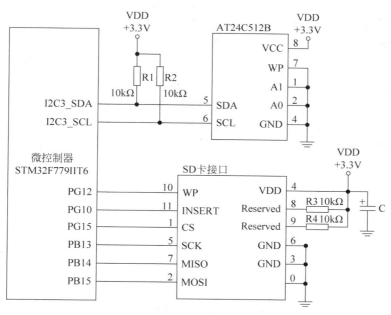

图 7-7　数据存储模块电路

4）液晶显示模块

智能家用呼吸机通过液晶显示模块对当前工作界面实时显示，并配合按键操作实现患者和智能家用呼吸机之间的信息交互。本设计研究过程中,选用广州大彩公司的串口液晶屏来完成液晶显示模块的搭建。

液晶显示模块连接如图 7-8 所示,串口液晶屏通过串口和微控制器连接通信。在使用串口液晶屏之前,需要利用广州大彩公司提供的配套组态软件 VisualTFT 制作屏幕显示工程,根据实际需要制作各个界面,并通过组态软件将屏幕显示工程下载至串口液晶屏。智能家用呼吸机运行过程中,微控制器根据采集的按键信息给串口液晶屏发送指令,串口液晶屏接收指令后调用相应的界面显示。

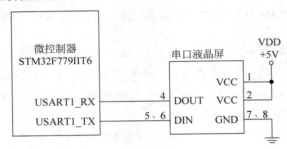

图 7-8　液晶显示模块连接

5) 血氧检测模块

血氧检测模块为智能家用呼吸机实现血氧饱和度检测功能,属于智能家用呼吸机的附加功能。当患者装配血氧检测模块后,智能家用呼吸机在屏幕上实时显示患者血氧饱和度和心率,且当血氧饱和度低于设定值时会进行报警提示。

血氧检测模块电路如图 7-9 所示。血氧检测模块通过串口和微控制器进行连接通信,当血氧检测模块正确装配后,会自动检测血氧饱和度和心率。血氧检测模块每秒传送 60 个数据包至微控制器,每个数据包包含 5 字节数据。微控制器在串口中断处理函数中解析血氧检测模块传送的数据包,从数据包第 4 字节解析出检测的患者心率,从数据包第 5 字节解析出检测的血氧饱和度。将解析出的血氧饱和度和心率数据在液晶屏进行显示。

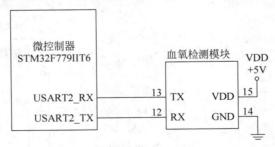

图 7-9　血氧检测模块电路

3. 湿化器控制部分

本设计研究中,设计智能家用呼吸机湿化器在使用时可提供 5 个挡位的水温,范围为 25～37℃,步进长度为 3℃。湿化器带有水位指示灯,患者可通过智能家用呼吸机人机交互功能控制水位指示灯开关,便于观察湿化器内水箱的水位高度。

湿化器控制部分电路如图 7-10 所示。湿化器控制部分的测温加热电路主要实现湿化器测温功能和加热功能,微控制器通过测温电路可间接测量湿化器水箱内的水温,并根据设计的温度控制策略控制加热电路工作,实现加热功能。测温加热电路还增加了硬件保护电路,对加热温度做硬件限幅处理,保证湿化器加热盘温度不超过 70℃,确保湿化器控制部分安全稳定运行。水位指示灯电路由微控制器控制其开关,给智能家用呼吸机增加湿化器水位照明功能。

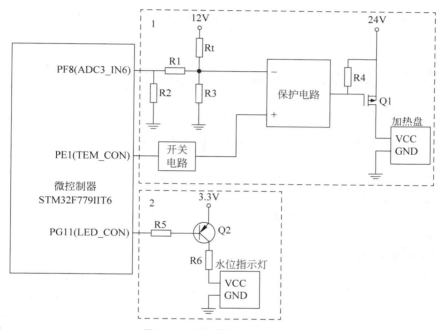

图 7-10 湿化器控制部分电路

图 7-10 中虚线框 1 内是测温加热电路。热敏电阻 Rt 放置在加热盘底部,与温度成负相关。温度越高,热敏电阻 Rt 阻值越小,电阻 R3 两端电压值会随之改变。电路中利用电阻 R1 和 R2 对 R3 两端电压值进行分压处理,使电阻 R2 两端电压值符合微控制器 A/D 采样范围。微控制器通过引脚 PF8 采集电阻 R2 两端电压值,并通过电子温度计测量和记录采样时刻湿化器水箱内水温,将采集到的电阻 R2 两端电压值和水温作为一组数据保存。研究过程中控制水温从 20℃ 逐步升高至 40℃,将电阻 R2 两端电压值和采样时刻水温一一记录。利用 MATLAB 软件对电阻 R2 两端电压值和采样时刻水温进行曲线拟合,即可得到电阻 R2 两端电压值和采样时刻水温的函数关系,以此作为智能家用呼吸机间接测温的参考标准。智能家用呼吸机在工作中测量电阻 R2 两端电压,然后根据拟合出的函数关系即可间接计算出此时的水温。微控制器通过通用 I/O 口 PE1 控制加热盘开关,当通用 I/O 口 PE1 输出高电平时,经过开关电路和保护电路,使 MOS 管 Q1 导通,加热盘接通 24V 电压,开始加热。当加通用 I/O 口 PE1 输出低电平时,经过加热电路,使 MOS 管 Q1 关断,加

热盘断开 24V 电压,停止加热。保护电路为湿化器加热电路提供硬件保护,基于比较器构建保护电路,在比较器正相输入端输入固定电压值,在比较器反相输入端接电阻 R3 两端电压值,该值会根据热敏电阻 Rt 变化。当加热盘温度过高,热敏电阻 Rt 阻值降低,此时电阻 R3 两端电压不断升高,当电阻 R3 两端电压大于比较器正相输入端的固定电压值时,比较器输出改变,控制 MOS 管 Q1 关断,停止加热,以确保电路安全。

图 7-10 中虚线框 2 内是水位指示灯控制电路,微控制器通过通用 I/O 口 PG11 控制水位指示灯开关,当通用 I/O 口 PG11 输出低电平时,三极管 Q2 导通,水位指示灯连接 3.3V 电压,水位指示灯点亮,当通用 I/O 口 PG11 输出高电平时,三极管 Q2 关断,水位指示灯熄灭。

7.5 双水平智能家用呼吸机软件设计

下面讲述双水平智能家用呼吸机的软件设计。

7.5.1 实时操作系统 μC/OS-III 的使用

μC/OS-III 是一种基于优先级的抢占式多任务实时操作系统,包含实时内核、任务管理、时间管理、任务间通信同步(信号量、邮箱、消息队列)和内存管理等功能,它可以使各个任务独立工作,互不干涉,很容易实现准时而且无误执行,使实时应用程序的设计和扩展变得容易,使应用程序的设计过程大为简化。

1. 实时操作系统 μC/OS-III 介绍

本设计研究的双水平智能家用呼吸机基于实时操作系统 μC/OS-III 完成软件方案设计。μC/OS-III 是 μC/OS 于 2009 年推出的第三代内核,作为一个可裁剪、可固化、可剥夺的多任务操作系统,具有如下突出优势。

(1) 可剥夺多任务管理。μC/OS-III 总是执行当前已就绪的最高优先级的任务,各任务轮番抢占内核,这保证了该操作系统有良好的实时性。

(2) 同优先级任务的时间片轮转调度。这是与上一代 μC/OS-II 一个比较大的区别,μC/OS-III 准许存在优先级相同的多个任务,当内核执行该优先级对应的任务时,优先级相同的各个任务依次被内核调用执行,且每个任务被执行的时间长度可以由使用者指定。这一性能搭配微控制器 STM32F779IIT6 极高的运算处理速度,可以保证一些对时间敏感的任务具备高度实时性。

(3) 任务数目不受限制。操作系统不对可建立的任务数目做限制,开发时只要不超过 CPU 内存和代码数据空间的大小限制,可根据需要建立具体任务。这一性能搭配微控制器 STM32F779IIT6 高达 2MB 的 Flash 和 512KB 的 SRAM,在当前研究和日后扩展过程中,可以将功能实现过程进行明细的分工,建立多个任务分别处理独立的功能,使功能实现过程更加明确,且便于代码阅读和修改。

(4) 优先级数量不受限制。在项目研究过程中可以更加合理地给不同任务建立优先级,使双水平智能家用呼吸机合理高效地进行呼吸压力控制和呼吸参数计算。

（5）极快的中断响应速度。操作系统µC/OS-III通过锁定内核调度的方式保护临界段代码,大大缩短中断时间,获得极快的中断响应速度。

（6）具备任务寄存器。操作系统µC/OS-III允许给每个任务设定若干"任务寄存器",用于保存各个任务的错误信息等参数,便于开发过程中调试代码,提高开发效率。

在微控制器STM32F779IIT6上移植操作系统µC/OS-III,操作系统将各分散的硬件模块整合成一个整体,通过建立任务的方式协同运行,使整个开发过程结构明确、思路清晰、安全可靠,大大降低了代码维护难度。

在操作系统µC/OS-III框架下创建的各个任务来驱动硬件模块,最终实现智能家用呼吸机具体功能。CPU总是执行当前处于就绪状态的优先级最高的任务,每个任务执行结束后,会主动将自己挂起一段时间,让出CPU使用权,供其他任务使用。操作系统µC/OS-III中定义的各个任务可以理解为传统意义上的线程,是CPU调度的基本单位。各个任务之间通过操作系统提供的内核对象实现任务同步,通过这种方式,微控制器统筹各个模块实现具体功能。由于CPU的运算速度很快,且操作系统通过任务抢占的方式高效执行,在保证实现双水平智能家用呼吸机各功能的情况下还使其具备很好的实时性,符合项目设计的预期效果。

2. 实时操作系统µC/OS-III的移植

在设计具体功能模块程序之前,首先要完成嵌入式实时操作系统µC/OS-III在微控制器上的移植,让操作系统可以统一调度和使用硬件资源。

首先,从Micrium官方网站下载µC/OS-III的源码。下载完成后,可以看到µC/OS-III的源码分为4个文件夹,即文件夹EvalBoards、uC_CPU、uC_LIB和uCOS_III。其中,文件夹EvalBoards内包含评估板相关文件,在移植时并非全部使用。文件夹uC_CPU内主要包含使用各个架构CPU的C语言代码、关于操作系统中断的一些宏定义、方便操作系统移植的一些数据类型定义和一些必要的汇编代码等。文件夹uC_LIB内包含操作系统一般不会使用的一些函数,仅作保留即可。文件夹uCOS_III内还分成Ports和Source两个文件夹,与CPU平台相关的一些文件存放在Ports内,文件夹Source则存放操作系统µC/OS-III提供的内核对象(操作系统内核、信号量、消息邮箱等)的实现源码。

项目研究的软件设计通过Keil公司提供的集成开发环境Keil µVision5(简称Keil5)实现。在移植操作系统之前,需要使用Keil5基于微控制器STM32F779IIT6建立工程文件,然后在工程目录中创建文件夹UCOSIII并将从Micrium官方网站下载的µC/OS-III源码复制到该文件夹内。在文件夹UCOSIII内新建两个文件夹UCOS_BSP和UCOS_CONFIG,为了移植方便,可将微控制器提供的移植例程中的文件夹UCOS_BSP和UCOS_CONFIG直接复制到新建的文件夹UCOS_BSP和UCOS_CONFIG内,完成这两个文件夹的内容配置。

操作系统文件夹配置完成后,在Keil5工程HARDWARE目录下新建6个分组,即UCOS_BSP、UCOS_CPU、UCOS_LIB、UCOS_CORE、UCOS_PORT、和UCOS_CONFIG。向新建分组中添加对应名称的文件夹内的文件,并在Keil5中添加各个文件的路径。

　　文件移植完成后,需要根据微控制器实际情况和项目开发中的具体需求对操作系统进行配置,修改部分设置。具体修改如下。

　　(1) 将 ST 官方给出的 PendSV_Handler()注释掉,并把操作系统提供的函数 OS_CPU_PendSVHandler()改名为 PendSV_Handler()(因为操作系统 μC/OS-III 提供的 PendSV 中断服务函数 OS_CPU_PendSVHandler()和 ST 官方给出的中断服务函数 PendSV_Handler()作用一致)。

　　(2) 在头文件 os_cfg_app.h 内修改系统配置。该头文件通过宏定义的方式设定了操作系统的相关配置,如系统时钟节拍、任务优先级和堆栈大小等,修改宏定义即可修改相关配置。将任务堆栈大小定义为 TASK_STK_SIZE(1024)和 App_TASK_GENERAL_STK_SIZE(512)两种,创建任务时可根据需要选择。定义系统时钟频率 OS_TICKS_PER_SEC 为 1000,为智能家用呼吸机提供精确的 1ms 系统中断。

　　(3) 在头文件 sys.h 内修改配置,将文件内的宏定义 SYSTEM_SUPPORT_OS 定义为 1,表示支持操作系统且需要屏蔽掉 ST 公司提供的系统中断函数 SysTick_Handler()(避免和操作系统提供的系统中断函数重定义,防止编译器报错)。

　　(4) 修改文件 startup_stm32f767xx.s,关闭 STM32 的 Lazy Stacking 功能。

　　除上述手动移植操作系统的方法之外,也可以使用 STM32CubeMX 软件完成操作系统 μC/OS-III 的移植。在 Keil5 的 pack Installer 中直接下载操作系统 μC/OS-III,配置好之后 Keil5 会自动添加操作系统源码,然后提示打开 STM32CubeMX 软件进行配置。通过 STM32CubeMX 软件可配置系统时钟、堆栈大小等参数并直接生成代码。生成代码后还需对程序进行上述(1)~(4)的修改,最终完成操作系统的移植。

7.5.2　双水平智能家用呼吸机程序设计

　　双水平智能家用呼吸机在操作系统 μC/OS-III 的调度下,各个任务轮番抢占并使用 CPU 资源,驱动功能模块最终实现预期功能。每个重要功能至少建立一个任务来实现,在具体任务中完成功能模块的程序设计,复杂功能甚至需要建立多个任务协同完成。下面选择几个代表性的功能模块,讲解其程序设计实现流程。

1. 呼吸机主程序设计

　　智能家用呼吸机在正常运行时,创建的诸多任务会动态地抢占 CPU 使用权,在进入该工作状态之前,由呼吸机主程序完成一系列准备工作。智能家用呼吸机主程序设计流程图如图 7-11 所示。

　　根据图 7-11 可知,智能家用呼吸机第一次上电的启动过程如下。

　　(1) 执行微控制器启动文件 Bootloader,第一次上电时获取 PC 寄存器和主堆栈指针 MSP 具体数值,根据 PC 寄存器数值跳转至复位中断处理函数 Reset_Handler(),在复位中断处理函数中完成时钟初始化配置和中断向量表重定义,然后调用 main()函数初始化用户堆栈,并跳转至主函数 main(),开始进入 C 语言工作环境。

　　(2) 在主函数 main()中首先判断是冷启动(呼吸机第一次上电启动)还是热启动(呼吸

机软件复位)，并根据判断结果修改相应标志位，用于后续工作。

（3）执行系统初始化函数 OSInit()，完成操作系统内部数据结构和变量初始化。

（4）创建开始任务 AppTaskStart()，保证开始任务调度前至少存在一个任务。

（5）执行系统开始函数 OSStart()来开启任务调度，自此操作系统准备工作完成，呼吸机进入各个任务动态抢占 CPU 使用权的工作过程。

在第一次进入任务调度时，操作系统只建立了一个用户任务，即第（4）步的开始任务 AppTaskStart()。开始任务保证操作系统开始任务调度前至少有一个用户任务，并且在开始任务中完成智能家用呼吸机正常工作前的底层初始化。开始任务 AppTaskStart()执行流程图如图 7-12 所示。在开始任务 AppTaskStart()中，首先调用函数 bsp_Init()完成各功能模块的底层配置。然后，调用函数 AppEventCreate()创建信号量、消息邮箱、消息队列和内存分区等内核对象，用于任务间的同步和通信。最后，调用任务创建函数 AppTaskCreate()创建各任务，并调用 App_Init()函数初始化系统软件看门狗和呼吸 SOE 循环队列。

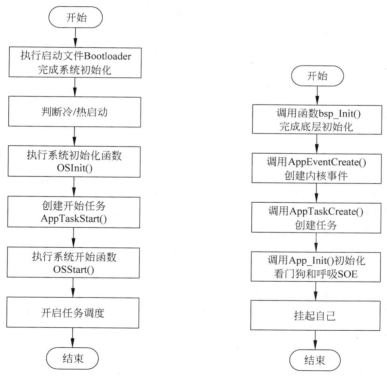

图 7-11　智能家用呼吸机主程序设计流程图

图 7-12　开始任务 AppTaskStart()执行流程图

当开始任务 AppTaskStart()完成必要的初始化工作和任务创建之后，便无须再执行其他操作，只需把自己挂起来即可。之后，在开始任务中创建的各个任务开始抢占内核，在操作系统的调度下合理执行。

2. 定压控制程序设计

项目研究的双水平智能家用呼吸机可提供 $4\sim30cmH_2O$ 的气道持续正压,双水平智能家用呼吸机在工作时会有频繁的高低压力切换,要求呼吸机能在极短时间内提供精确而稳定的期望压力。

项目研究中单独建立一个任务用于完成智能家用呼吸机定压控制。在该任务中,每间隔1ms通过压力传感器采集一次气道压力数据,每5ms对采集到的数据进行一次平均滤波,然后将滤波后的压力平均值作为系统采样值,应用于积分分离比例积分微分(Proportion Integration Differentiation,PID)控制算法进行定压控制。

双水平智能家用呼吸机气道压力控制的核心是积分分离 PID 控制算法。PID 控制器是目前应用较广泛的自动控制器,无刷直流电机可近似看作二阶滞后系统,理论上,采用 PID 控制器可以达到最优控制。在 PID 控制器中引入积分项的目的是消除静态误差,提高控制精度。在定压控制的开始、结束或期望值频繁波动的时候,气道测量压力和期望压力的偏差会大幅增大,使积分项迅速累加,最终造成过大的系统超调,甚至引发系统震荡。在双水平智能家用呼吸机控制中,经常会有高低水平压力切换,普通的 PID 控制算法存在控制隐患。因此,在设计中,使用积分分离 PID 控制算法实现双水平智能家用呼吸机压力控制。

积分分离 PID 控制算法的核心思路是根据具体情况决定积分项的使用与否。当采集的气道压力和期望压力接近时,引入积分作用消除静差,提高控制精度,当采集的气道压力和期望压力偏差过大时,则不使用积分作用,避免产生过大超调或系统震荡。积分分离 PID 控制算法具体实现形式如式(7-1)所示。

$$u(k) = K_p e(k) + \beta K_i \sum_{j=0}^{k} e(k) + K_d (e(k) - e(k-1)) \tag{7-1}$$

式(7-1)中 $u(k)$ 是积分分离 PID 控制算法的输出值,$e(k)$ 是测量压力和期望压力的偏差值,K_p、K_i 和 K_d 分别是比例系数、积分系数和微分系数。β 是积分项的开关系数,如式(7-2)所示,其中的 ε 是积分项的设定阈值。

$$\beta = \begin{cases} 1, & |e(k)| \leqslant \varepsilon \\ 0, & |e(k)| > \varepsilon \end{cases} \tag{7-2}$$

积分分离 PID 控制算法流程图如图 7-13 所示。当偏差值 $e(k)$ 的绝对值在设定阈值范围内才引入积分作用,兼顾了控制系统的稳定性和控制精度。当积分分离 PID 控制算法输出结果大于零时,根据积分分离 PID 算法计算结果控制微控制器 PWM 输出占空比,经由电机驱动电路控制电机转速。当积分分离 PID 控制算式输出结果小于零时,微控制器经由电机驱动电路控制电机制动,进而降低气道压力。

双水平智能家用呼吸机气道压力控制过程如图 7-14 所示。数字压力传感器测得气道压力值并发送至微控制器,微控制器将读取的压力测量值和程序中设定的压力期望值作比较即可得到当前压力误差值 $e(k)$。将压力误差值 $e(k)$ 作为积分分离 PID 控制算法的输入,可计算出积分分离 PID 算法的输出值 $u(k)$。微控制器根据积分分离 PID 算法输出值 $u(k)$调整定时器 PWM 的输出占空比来控制电机驱动电路,改变电机转速,进而改变气道

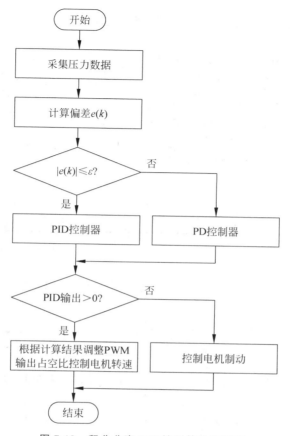

图 7-13 积分分离 PID 控制算法流程图

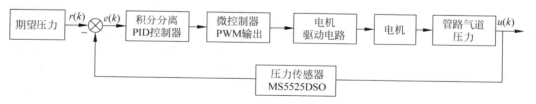

图 7-14 双水平智能家用呼吸机气道压力控制过程

压力,使其更趋近于设定的期望压力值。

3. 呼吸触发算法程序设计

呼吸触发算法是双水平智能家用呼吸机的核心算法,用于实现智能家用呼吸机对患者呼吸动作的准确检测,是进行呼吸压力切换、呼吸参数计算等其他功能的前提。呼吸机只有精确检测出患者的呼吸动作,才能准确计算出患者治疗过程中吸气潮气量、漏气量、AHI 指数等重要呼吸参数,并及时进行压力切换,为患者提供最佳治疗效果。

为实现呼吸触发过程的准确检测,在项目研究过程中参考正常人体呼吸动作,将呼吸触发检测过程细分为 6 个状态,如表 7-2 所示。6 个呼吸状态的呼吸曲线如图 7-15 所示。

表 7-2 呼吸触发状态说明

序号	状态	说明
1	INHALE_START_RISING_PERIOD	吸气开始和上升
2	INHALE_HOLDING_PERIOD	吸气保持
3	INHALE_FALLING_PERIOD	吸气下降
4	EXHALE_START_RISING_PERIOD	呼气开始和上升
5	EXHALE_HOLDING_PERIOD	呼气保持
6	EXHALE_FALLING_PERIOD	呼气下降

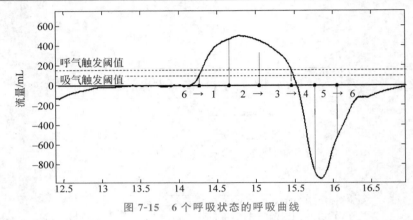

图 7-15 6 个呼吸状态的呼吸曲线

呼吸触发算法的实现主要分为两个部分,一是对传感器采集到的气道流量值做处理,用于呼吸触发判断;二是根据处理之后的流量数据,将单个呼吸动作细分为表 7-2 所示的 6 种呼吸状态,设计动态调整的呼吸触发阈值,并给每个呼吸状态设定判定标准。

双水平智能家用呼吸机在工作时,以 1ms 为周期从通气管路内采集流量值,并对采集到的流量数据进行滑动窗口滤波处理。对流量数据做滑动窗口滤波处理是因为采集到的流量值存在波动,滤波处理后可得到平滑流量曲线,避免出现呼吸状态误判断。滑动窗口滤波处理流程图如图 7-16 所示,通过维护一个滑动数组,根据最近的几组数据对当前采集到的流量值做平滑处理。滑动窗口滤波处理前后的流量曲线如图 7-17 所示,实线是滤波处理前的流量曲线,虚线是滤波处理后的流量曲线。

双水平智能家用呼吸机将呼吸状态 1~6 作为一次完整呼吸动作,在当前状态下,只有符合下一状态的判断标准,才会改变当前呼吸状态,进入下一个呼吸状态。当呼吸状态 6 结束并符合下一状态判断标准时,会重新进入呼吸状态 1,表示上一个呼吸动作结束,开启一次新的呼吸动作,单个呼吸状态工作流程如图 7-18 所示。将一个完整的呼吸动作细分为 6 个状态,并对每个呼吸状态设定判定标准,可有效防止呼吸动作误触发现象。通过对呼吸动作进行分状态处理,大大方便了压力切换程序、呼吸参数计算程序、呼吸数据记录程序和呼吸机报警程序的实现,只需在操作系统 μC/OS-III 框架下建立新的任务,在任务中针对不同呼吸状态完成相应处理即可。该方法将呼吸触发算法和其他功能的程序设计分开,避免了不同程序设计之间产生紧密耦合,使开发思路更加明确且大大提高了程序可读性。

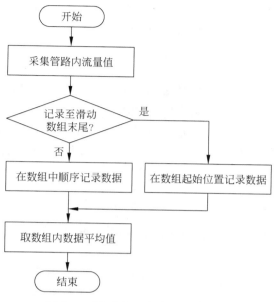

图 7-16　滑动窗口滤波处理流程图

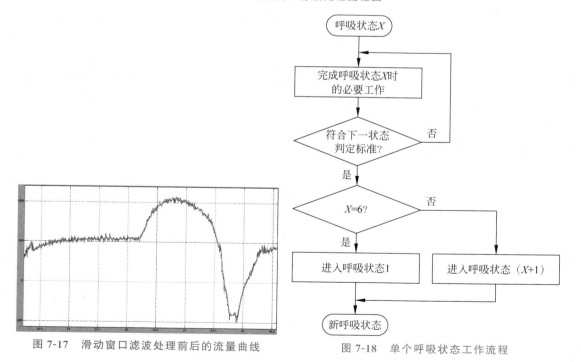

图 7-17　滑动窗口滤波处理前后的流量曲线

图 7-18　单个呼吸状态工作流程

4. 呼吸参数计算程序设计

双水平智能家用呼吸机在工作过程中会实时计算呼吸参数,用于反映患者在呼吸机使用期间的呼吸状况和健康情况。双水平智能家用呼吸机在工作时会检测患者的具体呼吸动作,在不同呼吸状态进行呼吸参数的计算和记录,并对某些异常参数进行报警处理。下面讲解各个呼吸参数的计算过程。

1) 漏气量

漏气量指每分钟从面(鼻)罩漏出的气体体积,单位是升/分钟(L/min),每个呼吸周期更新一次。由于一个完整呼吸周期结束后,人体肺部容积不变,双水平智能家用呼吸机电机产生的气流经过通气管道、湿化器、管路和面(鼻)罩进入人体肺部后又全部排出,故项目研究中累加一个完整呼吸周期的气道流量,作为单个呼吸周期的漏气量,如式(7-3)所示。

$$Q = 60 \frac{\sum_{n=1}^{N} q_n \cdot T_0}{T} \tag{7-3}$$

式(7-3)中,q_n 是每次流量累加时,当前时刻测得的流量值,T_0 是流量累加周期,N 是单个呼吸周期内的累加次数,T 是呼吸周期。

漏气量计算流程如图 7-19 所示,在检测到面(鼻)罩佩戴的情况下,在每个呼吸动作的呼吸状态 INHALE_START_RISING_PERIOD 时开始累加气道流量,等到下一个呼吸动作的呼吸状态 INHALE_START_RISING_PERIOD 时,得到一个完整呼吸周期内的流量累加值,将该数值单位转换成 L/min 用于记录和显示。之后将该累加值清零,开启下个呼吸动作的漏气量计算。

2) 吸气潮气量

吸气潮气量是双水平智能家用呼吸机测得的单次吸气动作进入人体肺部的气体体积,单位是毫升(mL),每个呼吸周期更新一次。

理论上,吸气潮气量的计算如式(7-4)所示。

$$VT = \sum_{n=1}^{N} q_n \cdot T_0 \tag{7-4}$$

式(7-4)中,q_n 是智能家用呼吸机测得的每次采样时进入人体肺部的气体流量,T_0 是采样周期,N 是吸气过程中总采样次数。吸气潮气量计算过程中有两点值得注意,一是吸气潮气量是吸气过程中对进入人体内流量的累加,要严格控制流量累加的起止时间。项目研究中,当进入人体内气体流量大于 0 时开始流量累加,当吸气动作结束的呼吸状态 INHALE_FALLING_PERIOD 时结束流量累加。二是每个采样时刻进入人体肺部的气体流量 q_n 是无法实时计算的,因为每个采样时刻的漏气量无法实时测出,故项目研究中吸气潮气量的计算方法如式(7-5)所示。

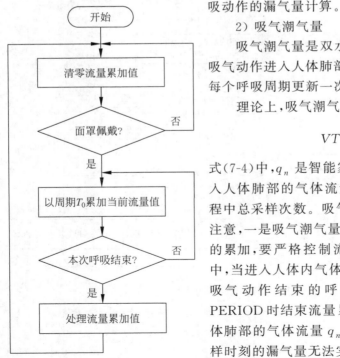

图 7-19 漏气量计算流程

$$VT = \sum_{n=1}^{N} q'_n \cdot T_0 - 1000L/60T_{in} \tag{7-5}$$

式(7-5)中，q'_n 是智能家用呼吸机每次累加流量时采集的气道内流量值，T_0 是采样周期，N 是吸气过程中总采样次数，L 是漏气量，单位是 L/min，T_{in} 是吸气时间，单位是秒(s)。将漏气量单位转换成毫升/秒(mL/s)后，与吸气时间相乘即可得到吸气过程中的总漏气量，吸气过程中的流量累加值减去吸气过程中总漏气量即可得到吸气潮气量。

3）分钟通气量

分钟通气量是双水平智能家用呼吸机在工作时测出的每分钟进出患者肺部的气体体积，单位是升(L)。分钟通气量反映出患者的呼吸状况，当分钟通气量较低时，表明患者当前自主呼吸能力较差，智能家用呼吸机会进行分钟通气量低报警。

项目研究中的分钟通气量是基于吸气潮气量和呼吸时间来计算的。程序设计中，定义相关结构体变量用于保存每次呼吸动作的吸气潮气量和呼吸时间，并构建窗口大小为 10 的滑动窗口队列用于记录该保存值，当队列被填满后，最新记录的数据会覆盖最早记录的数据，动态更新队列内的数据，保证队列始终保存最新的 10 组呼吸数据。

当滑动窗口队列被填满并动态更新记录数据时，开始计算分钟通气量，如图 7-20 所示。从最新记录的数据开始，依次处理上一次记录的呼吸数据，分别累加吸气潮气量和呼吸时间。当呼吸时间累加值大于 60s 或者已经累加完滑动窗口队列内保存的 10 组数据时，对两组累加数据进行处理，将累加流量值和累加呼吸时间相除得到每秒的通气量，单位是 mL/s，将单位转换成 L/min 即可得到分钟通气量。

4）呼吸频率和吸呼比

呼吸频率是双水平智能家用呼吸机测得的患者每分钟进行呼吸动作的次数，单位是次/分钟，吸呼比是患者每次呼吸动作中吸气时间和呼气时间的比值。呼吸频率和吸呼比在呼吸动作的呼吸状态 INHALE_START_RISING_PERIOD 进行计算，每个呼吸周期更新一次，用于实时反映患者的呼吸状态。

计算呼吸频率时，需要使用记录的分钟通气量数据。在累加呼吸时间的同时记录使用数据的组数，将使用到的组数和累加的呼吸时间相除即可得到患者每秒呼吸次数，单位是次/秒，将该数值扩大 60 倍并取整，就得到了患者当前的呼吸频率，单位为次/分钟。

设计程序计算吸呼比，使用微控制器自带的定时器

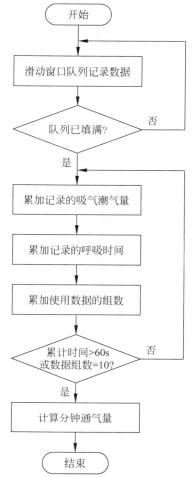

图 7-20　分钟通气量计算流程

4,在每个呼吸动作的呼吸状态 INHALE_START_RISING_PERIOD 时开始定时器计数,持续至呼吸状态 EXHALE_START_RISING_PERIOD 时停止计数,利用定时器 4 计数寄存器的差值即可计算出本次呼吸动作的吸气时间。同理,在每个呼吸动作的呼吸状态 EXHALE_START_RISING_PERIOD 时开始定时器计数,持续至呼吸状态 INHALE_START_RISING_PERIOD 时停止计数,利用定时器 4 计数寄存器差值即可计算出本次呼吸动作的呼气时间。吸气时间和呼气时间相加可得到本次呼吸动作的呼吸时间。吸气时间比呼气时间,即得到本次呼吸动作的吸呼比。

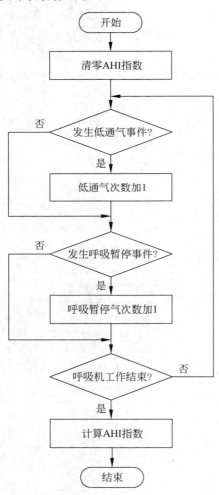

图 7-21　AHI 指数计算流程图

5)AHI 指数

AHI 指数是双水平智能家用呼吸机测得的患者在睡眠时平均每小时呼吸暂停加低通气次数,用于衡量睡眠呼吸暂停严重程度。

本设计研究的双水平智能家用呼吸机正常工作时,在每个呼吸动作的呼吸状态 EXHALE_FALLING_PERIOD 时根据测得的吸气潮气量数据对本次呼吸动作进行低通气事件判别,若发生低通气事件则记录其次数。程序设计中,在操作系统 μC/OS-III 框架下单独建立一个任务,专门进行呼吸暂停事件判别,当发生呼吸暂停事件,则将呼吸暂停次数累加。等到呼吸机结束本次工作,将上次工作期间的低通气事件次数和呼吸暂停事件次数相加,并除以呼吸机的电机运行时间,便可得到每秒钟发生的低通气和呼吸暂停总数,扩大 3600 倍可得到患者的 AHI 指数。AHI 指数计算流程图如图 7-21 所示。

5. 监测报警系统程序设计

为保证双水平智能家用呼吸机在使用过程中安全可靠,在项目研究中为双水平智能家用呼吸机设计了一套完整的监测报警系统,可实时监测呼吸机运行过程中的异常情况,并通过蜂鸣器报警来告知患者及时处理。

参考美国呼吸治疗协会(AARC)根据优先和紧迫程度对呼吸机报警划分的 3 个等级,结合双水平智能家用呼吸机可监测的各类参数,独立设计出一套实时性高且具备优先等级的监测报警系统。

如表 7-3 所示,监测报警系统主要针对 3 类异常情况进行不同频率的蜂鸣器鸣叫报警。第一类报警事件紧迫程度最高,会严重影响智能家用呼吸机当前使用状态,蜂鸣器高频率鸣叫并显示相应报警界面,提示患者注意并立即采取应对措施。第二类报警事件属于患者使用过程中呼吸状况异常报警,使用前需根据医嘱设定各呼吸参数报警阈值,使用过程中智能家用呼吸机针对患者出现的各类呼吸事件进行实时监测和警报,蜂鸣器中频率鸣叫并显示相应报警界面。第三类报警事件属于智能家用呼吸机扩展功能的配套硬件警报,当智能家用呼吸机某功能开启但对应的硬件模块未正确连接时,蜂鸣器低频率鸣叫并显示相应报警界面,提示患者正确安装配套功能模块。

表 7-3　监测报警系统说明

类别	警报频率	报警事件名称	说　明
1	高	电源异常	电机运行过程中电源异常掉电
		电机驱动电路异常	驱动电路电压过高、电流过流或温度过高
		面(鼻)罩脱落	面(鼻)罩未正确连接
2	中	窒息	呼吸暂停时间达到设定的窒息阈值(可设置 10s、20s 或 30s)
		低通气	呼吸过程中吸气潮气量持续较低
		分钟通气量异常	呼吸过程中分钟通气量达到设定的报警阈值(上下限)
		呼吸频率异常	呼吸频率低于设置的报警下限或高于设置的报警上限(阈值可设置 1~35 次/min)
		血氧饱和度异常	呼吸过程中血氧饱和度持续较低
3	低	SD 卡故障	SD 卡未正确连接或出现故障
		湿化器故障	湿化器功能开启时未正确连接湿化器
		血氧模块异常	血氧检测功能开启时未正确连接血氧模块

　　监测报警系统的程序设计分为两部分,一是对表 7-3 中所述各类报警事件循环监测并记录,二是针对当前记录的报警事件控制蜂鸣器鸣叫频率完成报警。程序设计报警事件类别越低则优先级越高,即第 1 类事件发生时可以抢占后两类事件而立刻开启报警,第 2 类事件发生时可抢占第 3 类事件而立刻开启报警。同类别的报警事件不可互相抢占,即智能家用呼吸机同一时刻只能响应一种事件报警。

　　监测报警系统由操作系统 μC/OS-III 框架下建立的两个任务共同实现,任务一程序设计流程图如图 7-22 所示,任务二程序设计流程图如图 7-23 所示。任务一循环监测各类报警事件是否发生,并维护 3 个用于记录报警事件的数组 WarnRecord1[3]、WarnRecord2[5] 和 WarnRecord3[3]。数组 WarnRecord1[]~WarnRecord3[] 分别对应第 1 类至第 3 类报警事件。在任务一循环监测过程中,若发生报警事件,则将事件对应的数组元素置 1,若未发生报警事件,则将事件对应的数组元素置 0。任务

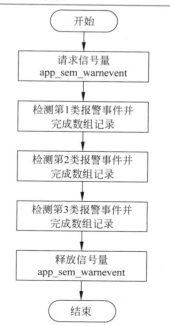

图 7-22　监测报警系统任务一程序设计流程图

二每次执行时从记录数组 WarnRecord1[3]开始顺序遍历内部元素,当记录数组某元素为 0 时,表明该事件无须报警处理,继续遍历后面的元素,当记录数组某元素为 1 时,表明该事件需要报警处理,产生对应频率的蜂鸣器鸣叫警报并显示相应报警界面,当响应过报警事件后,任务二会把 3 个记录数组清零并结束本次执行。任务一和任务二通过操作系统提供的信号量 app_sem_warnevent 来实现任务同步,在任务开始时请求该信号量,在任务结束时释放该信号量,通过对信号量 app_sem_warnevent 的 PV 操作(P 操作请求信号量,V 操作释放信号量)来实现这两个任务交替执行。

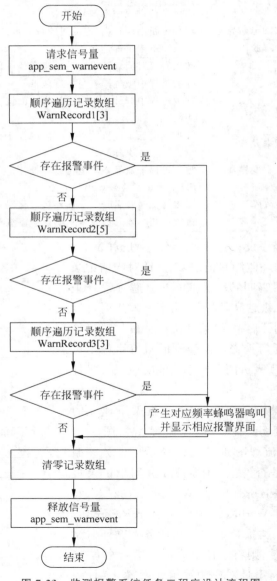

图 7-23　监测报警系统任务二程序设计流程图

6. 呼吸 SOE 程序设计

呼吸事件顺序记录(SOE)用于对智能家用呼吸机工作过程中检测到的低通气事件和呼吸暂停事件进行记录,并可以随时在呼吸事件显示界面查看历史记录,帮助医生查看患者呼吸状况。

呼吸 SOE 程序设计分 3 部分实现,一是定义合适的结构体变量对低通气和呼吸暂停事件的具体信息进行记录;二是设计并维护一个循环记录队列,在智能家用呼吸机数据存储模块的 EEPROM 中完成呼吸事件的记录;三是从智能家用呼吸机数据存储模块的 EEPROM 中读取记录的呼吸事件并分别进行显示。

用于记录呼吸事件的结构体变量定义如图 7-24 所示。结构体 SOE_EVENT 主要包含 3 个变量,用于记录呼吸事件类型、发生时间和数值。低通气事件仅需记录事件类型和发生时间,呼吸暂停事件还需要记录呼吸暂停持续时间。

```
typedef struct
{
    unsigned int _year;
    unsigned int _month;
    unsigned int _day;
    unsigned int _hour;
    unsigned int _minute;
    unsigned int _second;
}
SOE_Time;

typedef struct
{
    unsigned int _type;
    SOE_Time time;
    unsigned int _value;
}
SOE_EVENT;
```

图 7-24　用于记录呼吸事件的结构体变量定义

设计一个循环队列在智能家用呼吸机数据存储模块的 EEPROM 内完成呼吸事件 SOE 的存储,EEPROM 内有足够大的存储空间且在掉电之后仍能保证数据不丢失。本设计研究中设计一个最大可包含 300 个 SOE_EVENT 结构体变量的循环队列,低通气事件和呼吸暂停事件共用一个循环队列,最多可记录 300 个呼吸事件。循环队列设计思路如图 7-25 所示。循环队列含有 300 个元素,分别用读指针 read_index 和写指针 write_index 表明当前待读数据和待写数据的位置,当读数据或写数据到达循环队列末尾时,下一次读数据或写数据时,重新回到循环队列起始位置,并对镜面标志 Mirror 取反用于标记读指针或写指针重新回到队列起始位置这一动作,如图 7-25 中①所示。根据读指针和写指针以及镜面标志的数值,可以判断当前循环队列内数据记录情况,当读指针和写指针在同一镜面指向同一元素时,表明当前循环队列为空,如图 7-25 中②所示。当读指针和写指针在不同镜面指向同一元素时,表明当前循环队列已满,如图 7-25 中③所示。通过循环队列这一设计思路,可以在智能家用呼吸机工作过程中自由地对呼吸事件进行记录和读取。

程序设计中循环队列的结构定义如图 7-26 所示。镜面标志表示读指针和写指针当前所处的镜面,仅用 1 位便能表示,此处利用位域方法减少其所占空间。在循环队列定义读镜面标志 read_mirror、读指针 read_index、写镜面标志 write_mirror 和写指针 write_index。定义地址变量 start_addr_eeprom 用于记录循环队列在 EEPROM 中的起始地址,结合读指针和写指针的数值以及每个元素所占空间的大小(根据图 7-24 呼吸事件结构体变量定义可知单个记录的大小为 32 字节)即可计算出当前待读数据和待写数据的地址。定义读写函数指针,在上述智能家用呼吸机开始任务 AppTaskStart()中初始化 SOE 循环队列,将循环队列中的读写函数指针指向智能家用呼吸机使用的 EEPROM 提供的读写函数。在循环队列中使用函数指针相当于对循环队列进行一次封装,若更换底层存储硬件,只需修改读写函数指针指向的读写函数即可,无须修改上层代码,便于日后扩展。

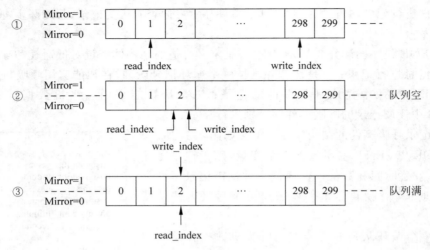

图 7-25　循环队列设计思路

```
struct soe_ringbuffer
{
    unsigned int read_mirror  : 1;
    unsigned int read_index   : 31;
    unsigned int write_mirror : 1;
    unsigned int write_index  : 31;
    unsigned int start_addr_eeprom; //循环队列起始地址
    /*  在EEPROM内进行读写数据的函数指针 */
    uint8_t (*read_eeprom)(uint8_t * _pReadBuf, uint16_t _usAddress, uint16_t _usSize);
    uint8_t (*write_eeprom)(uint8_t * _pWriteBuf, uint16_t _usAddress, uint16_t _usSize);
};
```

图 7-26　程序设计中循环队列的结构定义

呼吸 SOE 可以在呼吸事件显示界面进行显示。低通气事件和呼吸暂停事件分别在不同界面显示,低通气显示界面显示患者使用过程中发生低通气现象的时刻,呼吸暂停显示界面显示患者使用过程中发生呼吸暂停的时刻和单次呼吸暂停持续时间,低通气事件和呼吸暂停事件均按发生时刻由近到远依次显示。在记录呼吸事件时,低通气事件和呼吸暂停事件一起记录在同一循环序列中,在读取循环队列时,需根据读取元素的呼吸事件类型_type区分是低通气事件还是呼吸暂停事件,将二者分别放置在不同的缓冲数组,并分别显示在各自界面。

7.5.3　双水平智能家用呼吸机工作模式实现

本设计研究的双水平智能家用呼吸机兼具单水平压力模式和双水平压力模式,共可设定 CPAP、AUTO CPAP、S、T 和 ST 共 5 种模式。其中 CPAP 模式和 AUTO CPAP 模式在呼吸动作的吸气相和呼气相只提供一个水平的持续气道正压,属于单水平压力模式,S 模式、T 模式和 ST 模式在呼吸动作的吸气相和呼气相分别提供不同水平的持续气道正压,属于双水平压力模式。下面分别讲解各工作模式的具体实现过程。

1. CPAP 模式实现

在 CPAP 模式下,智能家用呼吸机可以提供 $4 \sim 30 \text{cmH}_2\text{O}$ 的持续气道正压,患者可根据实际情况选择合适压力水平。为提高智能家用呼吸机的使用舒适度,CPAP 模式增加延时升压功能,使气道正压从一个较低的水平开始缓慢上升,减缓患者不适。

CPAP 模式实现流程图如图 7-27 所示。CPAP 模式下需要设置治疗压力、起始压力、延时升压开关和延时升压时间等工作参数。智能家用呼吸机根据是否开启延时升压功能决定开始工作时提供的气道压力,若未开启延时升压功能,则直接提供设置的治疗压力,若开

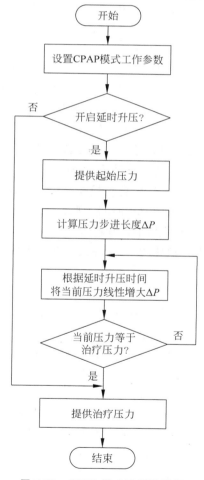

图 7-27　CPAP 模式实现流程图

启延时升压功能,则开始工作时提供设置的起始压力,并根据设置的延时升压时间计算出压力步进长度,在设置的延时升压时间内,将起始压力线性提高至治疗压力。

2. AUTO CPAP 模式实现

双水平智能家用呼吸机的 AUTO CPAP 模式在和 CPAP 模式一样提供持续气道正压的同时,还能自动探测患者呼吸状况的变化,针对患者发生的气流量降低和呼吸暂停事件自动调整治疗压力,以最合适的压力打开患者呼吸气道。

AUTO CPAP 模式要完成患者呼吸过程中低通气和呼吸暂停事件的检测。在上述的呼吸状态 EXHALE_FALLING_PERIOD 完成低通气事件检测,具体方法是在呼吸结束未进行数据处理时,将本次呼吸测得的患者吸气潮气量和患者正常呼吸流量水平(根据患者多次吸气潮气量处理得到,并随着每次呼吸检测动态变化)进行对比,若本次呼吸的吸气潮气量数值低于患者正常呼吸流量水平一半时,认为本次呼吸动作出现气流量降低。在 μC/OS-III 框架下单独创建一个任务对呼吸过程中发生的呼吸暂停事件进行检测,每间隔 10s 对过去 10s 内气道流量数值分布进行一次统计,当统计的气道流量值 90% 都处于较低水平(流量值不大于 ±200mL)时,则认为检测到呼吸暂停事件。

AUTO CPAP 模式实现流程图如图 7-28 所示。AUTO CPAP 模式下需要设定治疗压力下限和上限,智能家用呼吸机开始工作时,会提供治疗压力下限大小的气道正压。AUTO CPAP 模式下智能家用呼吸机对患者每次呼吸动作都进行检测,若患者出现持续气流量降低(连续 5 次呼吸动作均出现气流量降低),则认为出现低通气事件并把气道压力水平自动升高 $0.5cmH_2O$,用于改善患者呼吸状况。若智能家用呼吸机在患者呼吸过程中检测到呼吸暂停事件,则把气道压力水平自动升高 $1cmH_2O$,用于改善患者呼吸暂停现象。智能家用呼吸机在检测到呼吸事件发生后自动提高气道正压,能提供的最大压力为设置的治疗压力上限,当气道正压达到压力上限时,即使检测到低通气和呼吸暂停事件,也不会再提高气道压力水平。当前气道压力大于设置的治疗压力下限时,若患者一段时间保持正常呼吸(连续 30 次正常呼吸),则逐步降低气道压力(每次降低 $0.5cmH_2O$),最终达到设置的压力下限。

3. S 模式实现

S 模式需要设定吸气相正压 IPAP 和呼气相正压 EPAP 的大小,呼吸频率和吸呼比则完全由患者自主呼吸决定。IPAP 的范围为 $6\sim30cmH_2O$,EPAP 的范围为 $4\sim28cmH_2O$,设置的步进长度为 $0.5cmH_2O$,且保证吸气相压力至少高于呼气相压力 $2cmH_2O$。S 模式的实现主要依靠两点,一是对呼吸动作的准确检测,精准判断出吸气相和呼气相的切换时刻。二是压力切换时间,需在检测到呼吸相改变后,改变气道期望压力,微控制器控制电机在较短时间内实现压力值切换。本设计研究的双水平智能家用呼吸机 S 模式还可设定压力上升时间,当呼气相切换至吸气相时,需升高气道压力,若压力升高数值较大且上升时间很短,有可能对气道产生冲击,引起患者不适。通过设置压力上升时间参数,可改变呼气相压力 EPAP 升高至吸气相压力 IPAP 的时间,使气道压力相对缓慢上升,避免气道压力突然升高给患者带来不适感。压力上升时间参数设置范围为 $1\sim3$,设置的步进长度为 1,数值越大,上升时间越慢。

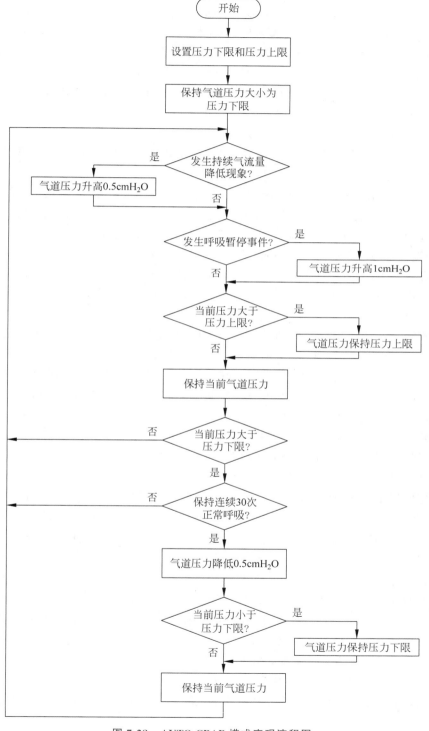

图 7-28　AUTO CPAP 模式实现流程图

S 模式实现流程图如图 7-29 所示,设置合适的吸气相压力 IPAP 和呼气相压力 EPAP,在电机开始运行并检测到面(鼻)罩佩戴时,先维持气道压力大小为呼气相压力 EPAP,并立刻开启呼吸动作检测。当智能家用呼吸机检测到患者处上述的呼吸状态 INHALE_START_RISING_PERIOD 时,根据设置的压力上升时间升高气道压力至吸气相压力 IPAP。当智能家用呼吸机检测到患者处于呼吸状态 INHALE_FALLING_PERIOD 时,减小气道压力至呼气相压力 EPAP。

4. T 模式实现

双水平智能家用呼吸机的 T 模式是时间控制模式,是一种被动模式,适用于自主呼吸触发能力较弱的患者。

T 模式下需要设置吸气相正压 IPAP、呼气相正压 EPAP、呼吸频率 f 和吸气时间 T_{in}。IPAP 和 EPAP 的设置范围和 S 模式时相同,呼吸频率 f 设置范围为 5~30 次/分钟,设置的步进长度为 1 次/分钟。设置完呼吸频率后,取呼吸频率倒数 $60/f$ 即可得到设置的呼吸周期 T,如设置呼吸频率为 12 次/分钟,则呼吸周期 T 为 5s。吸气时间设 T_{in} 设置范围为 0.5~3s,且最大不超过呼吸周期的 1/2,设置的步进长度为 0.1s。智能家用呼吸机工作在 T 模式时不进行呼吸状态检测,严格按照预先设置的呼吸参数进行呼吸相切换,分别在吸气相和呼气相提供不同的治疗压力。

T 模式实现流程图如图 7-30 所示,T 模式通过微控制器的定时器外设来实现严格的时间控制,在智能家用呼吸机第一次上电时,配置微控制器外设定时器 2,设定每 10ms 产生一次定时器中断。设置合适的 IPAP、EPAP、呼吸频率 f 和吸气时间 T_{in},呼吸频率 f 和吸气时间 T_{in},智能家用呼吸机自动计算出呼气时间 T_{out}。在电机开始运行并检测到面(鼻)罩佩戴时,先进入 T 模式呼气相,维持气道压力大小为呼气相压力 EPAP,在微控制器定时器中断进行呼气时间 t_{out} 计时操作,每次定时器中断 t_{out} 增加 10ms,当呼气时间 t_{out} 累积达到设置的呼气时间 T_{out} 时,清零累积的呼气时间 t_{out},智能家用呼吸机主动切换至吸气相。智能家用呼吸机 T 模式下切换至吸气相后,将气道压力期望值升高为吸气相压力 IPAP,在微控制器定时器中断进行吸气时间 t_{in} 计时操作,每次定时器中断 t_{out} 增加 10ms,当吸气时间 t_{in} 累积到设置的吸气时间 T_{in} 时,清零累积的呼气时间 t_{in},智能家用呼吸机主动切换至呼气相。智能家用呼吸机严格按照设置的呼吸频率和吸气时间自主控制气道压力在 IPAP 和 EPAP 之间来回切换,带动患者进行呼吸动作。

5. ST 模式实现

双水平智能家用呼吸机 ST 模式是自主触发时间控制模式,在自主触发的基础上加入备用呼吸频率。ST 模式下,当患者具备自主呼吸时,智能家用呼吸机工作在 S 模式,准确检测患者呼吸动作并配合患者呼吸动作进行双相压力切换,当患者失去自主呼吸时,智能家用呼吸机检测到呼吸暂停状态并自动切换至 T 模式,按照设定呼吸参数强制进行呼吸相压力切换,带动患者完成呼吸动作。ST 模式适用于 OSAHS 患者及所有需用无创通气治疗的患者,尤其多用于治疗 COPD 等呼吸系统疾病,是本设计研究的双水平智能家用呼吸机最为核心的模式。

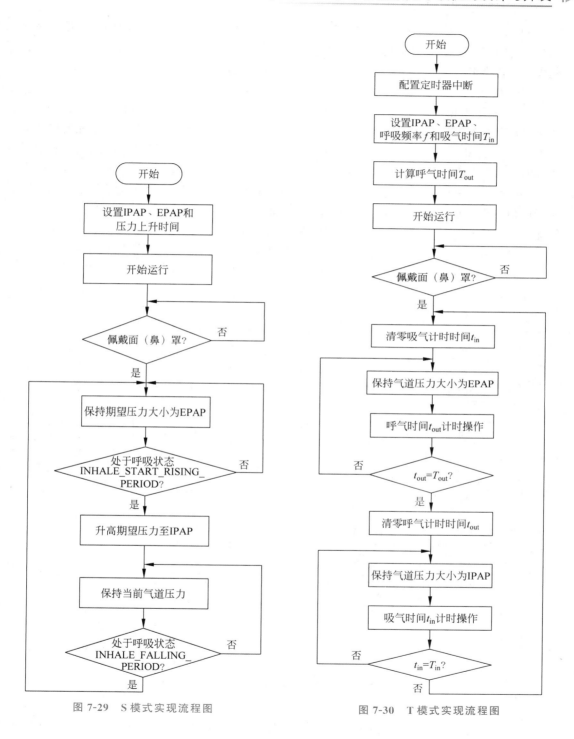

图 7-29 S 模式实现流程图

图 7-30 T 模式实现流程图

ST 模式下需要设置吸气相正压 IPAP、呼气相正压 EPAP、压力上升时间、呼吸频率 f 和吸气时间 T_{in} 等参数。ST 模式的实现过程主要分为 3 部分,即 S 模式自动切换至 T 模式、T 模式自动切换至 S 模式和 T 模式下窒息报警。下面分别讲解 3 部分的具体实现过程。

1) S 模式自动切换至 T 模式

ST 模式下 S 模式自动切换至 T 模式的流程图如图 7-31 所示,切换过程示意图如图 7-32 所示(以吸气动作为例)。在 ST 模式的 S 模式时,智能家用呼吸机对患者每个完整呼吸动作的吸气过程和呼气过程分别进行计时,并在本次呼吸动作结束后清零。若患者吸气(呼气)动作持续时间超过 ST 模式设定的吸气(呼气时间)加时间阈值之和(吸气时间 T_{in} 是 ST 模式设置的呼吸参数,呼气时间 T_{out} 由程序根据吸气时间 T_{in} 和呼吸频率 f 计算得出,时间阈值 ST_S_DURATION 是呼吸算法中的固定值),则认为患者已经失去自主呼吸。若智能家用呼吸机在患者吸气过程中检测到患者失去自主呼吸,则自动调整至 T 模式并立即开始呼气动作,如图 7-31(a)所示。若智能家用呼吸机在患者呼气过程中检测到患者失去自主呼吸,则自动调整至 T 模式并立即开始吸气动作,如图 7-31 中(b)所示。

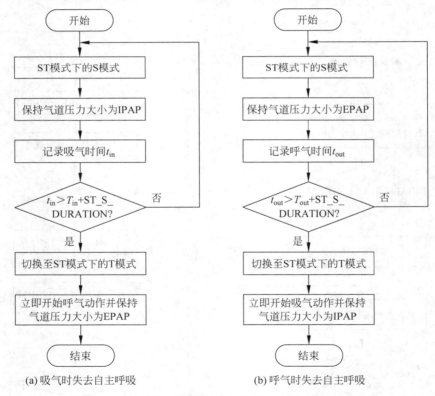

(a) 吸气时失去自主呼吸　　　　　　(b) 呼气时失去自主呼吸

图 7-31　ST 模式下 S 模式自动切换至 T 模式的流程图

2) T 模式自动切换至 S 模式

ST 模式下 T 模式自动切换至 S 模式的流程图如图 7-33 所示,切换过程示意图如图 7-34

所示。ST 模式工作在 T 模式时,智能家用呼吸机根据设定的呼吸参数进行精准的时间控制通气。在 ST 模式的 T 模式下,通过 T 模式呼吸状态标志 ST_T_BRESTATUS 表明机械通气当前所处呼吸状态。T 模式呼吸状态标志 ST_T_BRESTATUS 定义为枚举变量,仅与 ST 模式下设置的呼吸参数有关,其值为 0 时表示当前机械通气处于呼气状态(Exhale),其值为 1 时表示当前机械通气处于吸气状态(Inhale),该标志受时间控制在 0～1

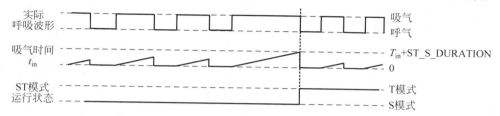

图 7-32　ST 模式下 S 模式切换至 T 模式的切换过程示意图

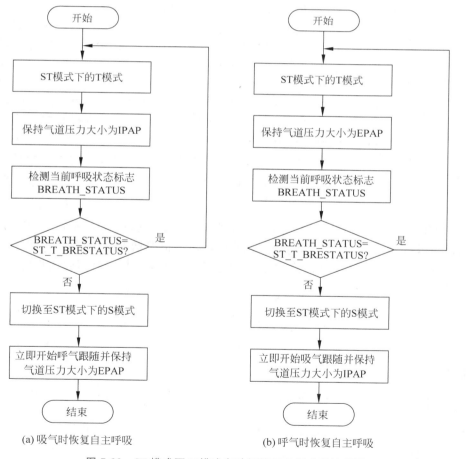

(a) 吸气时恢复自主呼吸　　　　(b) 呼气时恢复自主呼吸

图 7-33　ST 模式下 T 模式自动切换至 S 模式的流程图

来回切换。在 ST 模式的 T 模式工作时,智能家用呼吸机通过上述呼吸触发算法时刻检测患者当前呼吸状态,并用呼吸状态标志 BREATH_STATUS 表示。呼吸状态标志 BREATH_STATUS 和 ST_T_BRESTATUS 定义相同,也是枚举变量,用于表示根据呼吸触发算法检测到的患者当前呼吸状态。若患者没有自主呼吸,则在 ST 模式的 T 模式下进行机械通气时,智能家用呼吸机根据呼吸触发算法检测到的呼吸状态标志(BREATH_STATUS)和 T 模式呼吸状态标志(ST_T_BRESTATUS)在数值上始终一致,表明患者在 T 模式时间控制下进行被动呼吸。若智能家用呼吸机检测到的呼吸状态标志 BREATH_STATUS 和 T 模式呼吸状态标志 ST_T_BRESTATUS 数值不同,则表明患者并未按照 T 模式设定的机械通气被动呼吸,而是已经恢复自主呼吸动作,此时要从 T 模式自动切换至 S 模式并开始呼吸触发检测和跟随。智能家用呼吸机在患者 T 模式吸气过程中检测到患者出现呼气动作,则自动跳转至 S 模式并调整气道压力为呼气相气道正压 EPAP,开始呼气跟随。智能家用呼吸机在患者 T 模式呼气过程中检测到患者出现吸气动作,则自动跳转至 S 模式并调整气道压力为吸气相气道正压 IPAP,开始吸气跟随。

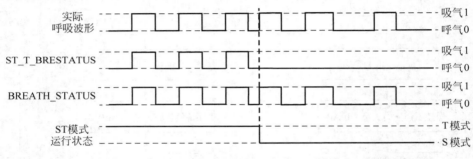

图 7-34 ST 模式下 T 模式切换至 S 模式的切换过程示意图

3)T 模式下窒息报警

与 T 模式不同,ST 模式的 T 模式表明患者在他人未知的情况下从正常自主呼吸状态进入窒息状态,是十分危险的。项目研究过程中针对该情况增加报警提示,在 ST 模式的 T 模式持续时间达到窒息时间阈值后,智能家用呼吸机产生中频率蜂鸣器鸣叫报警,提示患者当前处于窒息危险状态。

7.6 测试平台的搭建及测试

下面讲述呼吸机的测试平台的搭建及测试。

7.6.1 基于 ASL5000 型主动模拟肺的研究测试平台的搭建

下面以 ASL5000 型主动模拟肺为例,讲述如何搭建呼吸机测试平台。

1. ASL5000 型主动模拟肺介绍

美国 IngMar Medical 公司生产的高级智能型 ASL5000 型主动模拟肺,是目前世界上较为复杂、功能较齐全的主动呼吸模拟肺,可以模拟从新生儿到成年人的所有患者。ASL5000 型主动模拟肺可以在通风环境下进行自主呼吸,可以与任何呼吸机的任何模式一起使用。作为呼吸治疗产品研究开发和质量测试的首选仪器,ASL5000 型主动模拟肺具备精度高、数控准和用途广等特点,并且在临床呼吸方面的研究和教学工作上有广泛的应用。

ASL5000 型主动模拟肺的工作采样频率为 512Hz,使用 16 位高精度 AD 采样,是双水平智能家用呼吸机研究和测试的首选工具。基于 ASL5000 型主动模拟肺为项目研究的双水平智能家用呼吸机搭建研究测试平台,可以加速开发进程,提高研究的科学性和可靠性。具有如下优点。

(1)与只能线性模拟人体呼吸系统的机械模拟肺相比,ASL5000 型主动模拟肺可以设置各类线性、非线性呼吸系统参数,模拟不同年龄群体患者的呼吸系统,并且可以在开发过程中自行编写脚本,能够根据实际需求方便地模拟出一段时间内的完整呼吸过程。

(2)ASL5000 型主动模拟肺可直接连接呼吸机进行使用,实时显示所有呼吸参数,包括各种呼吸曲线和趋势图,可以直接把水平智能家用呼吸机检测的吸气潮气量、漏气量、呼吸频率和吸呼比等参数和主动模拟肺测得的呼吸参数进行对比,得到双水平呼吸机呼吸参数测试的准确性和误差大小。

(3)ASL5000 型主动模拟肺具备实时交互性,在正常运行时,既可实时监测各呼吸参数变化,还可以实时修改设置的呼吸参数,改变当前主动模拟肺工作状态,极大方便了对双水平智能家用呼吸机 AUTO CPAP 模式和报警系统的测试。

(4)ASL5000 型主动模拟肺可以通过 RS-232 和 Ethernet 两种方式与 PC 端进行通信。可以通过上位机软件直接对主动模拟肺工作模式和参数进行数字化设置,并且可以把主动模拟肺工作过程中检测到的呼吸曲线和呼吸参数直接保存至 PC 端,便于数据保存和打印,其功能全面、使用灵活、数据分析便捷且易于扩展。

(5)ASL5000 型主动模拟肺可直接模拟窒息、咳嗽甚至打鼾等异常呼吸动作,也可以进入患者模式对 OSAHS、COPD 等呼吸系统疾病进行模拟,可弥补项目研究过程中对呼吸系统疾病临床经验的缺失,也可避免真人试验的危险。

2.测试平台的搭建

基于 ASL5000 型主动模拟肺搭建的研究测试平台结构如图 7-35 所示。研究测试平台主要由 ASL5000 型主动模拟肺、上位机(PC 端)、FLUKE VT PLUS 气流分析仪、项目研究的双水平智能家用呼吸机、SD 卡存储模块、三通阀、气流调节阀组成。FLUKE VT PLUS 气流分析仪用于实时监测三通阀外接管路内的气流量,三通阀用于连接双水平智能家用呼吸机、主动模拟肺和外接漏气管路,SD 卡存储模块用于记录所需的双水平智能家用呼吸机工作数据。

如图 7-35 所示,项目研究的双水平智能家用呼吸机从出气口经由三通阀连接至 ASL5000 型主动模拟肺,三通阀另一个接口使用通气管路接至气流调节阀,再由气流调节阀经通气管路连接至 FLUKE VT PLUS 气流分析仪。三通阀可保证双水平智能家用呼吸机正常工作时有一定漏气量,模拟患者佩戴智能家用呼吸机时面(鼻)罩的漏气部分,通过气

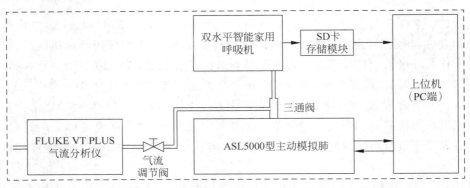

图 7-35　基于 ASL5000 型主动模拟肺搭建的研究测试平台结构

流调节阀可手动修改漏气量大小，并通过 FLUKE VT PLUS 气流分析仪测得具体数值。ASL5000 型主动模拟肺连接至上位机（PC 端），可通过上位机控制主动模拟肺工作模式和实时监测呼吸参数，并且可以保存测试记录。SD 卡存储模块嵌入双水平智能家用呼吸机，研究测试过程中通过修改程序设计将所需数据保存至 SD 卡存储模块，PC 端读取 SD 卡存储模块的数据并借助 MATLAB 软件对数据进行处理，用于分析双水平智能家用呼吸机的工作过程，也可以和主动模拟肺测得的呼吸参数进行对比，以此为依据进行下一步的研究测试。

呼吸机测试平台如图 7-36 所示。

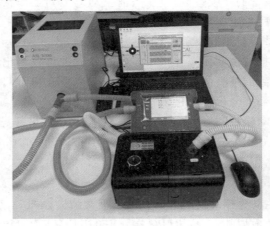

图 7-36　呼吸机测试平台

基于 ASL5000 型主动模拟肺搭建的研究测试平台具体可以实现如下功能。

（1）主动模拟肺可取代真人试验，根据研究需要在项目研究过程中为双水平智能家用呼吸机提供持续呼吸动作，检测程序设计的呼吸算法能否正确执行，并通过 SD 卡存储模块记录数据至 PC 端，对呼吸数据做定量分析，指导项目研究方向并最终实现预期功能。

（2）主动模拟肺能够实时检测呼吸过程中吸气潮气量、呼吸频率等 30 多个呼吸参数并显示，主动模拟肺测试参数可作为参考标准，与双水平智能家用呼吸机工作时测得的呼吸参数作对比，以此来测试项目研究的双水平智能家用呼吸机的各个呼吸参数计算误差，用于评估和改进项目研究成果。

（3）主动模拟肺可模拟患者呼吸暂停、低通气等呼吸事件，可根据测试需要自行编写测试脚本，用于测试双水平智能家用呼吸机呼吸 SOE 记录、AUTO CPAP 模式自动调压、ST 模式下 S 模式和 T 模式自动切换等功能的运行结果是否符合程序设计。

（4）主动模拟肺可以模拟 COPD 等呼吸系统疾病，可用于在后续项目研究中对双水平智能家用呼吸机的功能进行扩展。

7.6.2　双水平智能家用呼吸机测试

基于上述的研究测试平台，对本设计研制的双水平智能家用呼吸机进行系统全面的测试，验证其具体工作性能。

1. 呼吸参数误差测试

通过上述的研究测试平台对项目研究的双水平智能家用呼吸机呼吸参数测量结果做误差测试。需要测试的呼吸参数主要是漏气量、吸气潮气量、分钟通气量、呼吸频率和吸呼比。智能家用呼吸机在工作过程中会实时显示呼吸参数，每个呼吸周期更新一次。漏气量标准值需要在图 7-36 所示的研究测试平台中调节气流调节阀至合适位置（漏气大小不影响呼吸触发即可），通过 FLUKE VT PLUS 气流分析仪实时读取。其他呼吸参数可直接通过 ASL5000 型主动模拟肺上位机软件实时监测，作为呼吸参数测试的标准。比较智能家用呼吸机工作过程中测试的呼吸参数和标准呼吸参数，即可得到智能家用呼吸机呼吸参数的测量误差。

在呼吸参数误差测试中，设置 ASL5000 型主动模拟肺工作模式为正常成人模式，通过编写工作脚本使主动模拟肺连续进行 100 次正常呼吸，如图 7-37 所示。

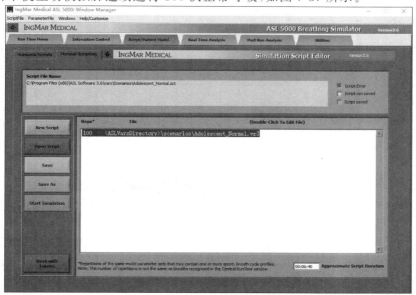

图 7-37　呼吸参数误差测试脚本

以 CPAP 模式治疗压力 $8cmH_2O$ 为例,待主动模拟肺稳定运行后,记录连续 10 次呼吸过程中研究测试平台得到的呼吸参数标准值和智能家用呼吸机显示的测量值,对比得到智能家用呼吸机测量误差。

主动模拟肺第 11～20 次呼吸动作时,记录的漏气量标准值和测量值如表 7-4 所示。

表 7-4　漏气量标准值和测量值

标准值/L · min^{-1}	测量值/L · min^{-1}	误差/L · min^{-1}
9.317	9	$-0.317(-3.4\%)$
9.238	9	$-0.238(-2.6\%)$
9.311	9	$-0.311(-3.3\%)$
9.632	10	$0.368(3.8\%)$
9.314	9	$-0.314(-3.4\%)$
9.242	9	$-0.242(-2.6\%)$
9.303	9	$-0.303(-3.3\%)$
9.307	9	$-0.307(-3.3\%)$
9.165	9	$-0.165(-1.8\%)$
9.226	9	$-0.226(-2.4\%)$

主动模拟肺第 21～30 次呼吸动作时,记录的吸气潮气量标准值和测量值如表 7-5 所示。

表 7-5　吸气潮气量标准值和测量值

标准值/mL	测量值/mL	误差/mL
453.9	445.8	$-8.1(-1.8\%)$
453.7	442.5	$-11.2(-2.5\%)$
453.8	447.5	$-6.3(-1.4\%)$
453.7	445.8	$-7.9(-1.7\%)$
453.9	449.7	$-4.2(-0.9\%)$
453.8	447.4	$-6.4(-1.4\%)$
453.9	449.8	$-4.1(-0.9\%)$
453.9	447.2	$-6.7(-1.5\%)$
453.8	449.0	$-4.8(-1.1\%)$
454.0	446.9	$-7.1(-1.6\%)$

主动模拟肺第 31～40 次呼吸动作时,记录的分钟通气量标准值和测量值如表 7-6 所示。

表 7-6　分钟通气量标准值和测量值

标准值/L	测量值/L	误差/L
6.5	6.7	$0.2(3.1\%)$
6.5	6.6	$0.1(1.5\%)$
6.4	6.6	$0.2(3.1\%)$

续表

标准值/L	测量值/L	误差/L
6.5	6.7	0.2(3.1%)
6.6	6.7	0.1(1.5%)
6.5	6.7	0.2(3.1%)
6.7	6.7	0
6.4	6.6	0.2(3.1%)
6.4	6.6	0.2(3.1%)
6.3	6.6	0.3(4.8%)

主动模拟肺第 41～50 次呼吸动作时,记录的呼吸频率标准值和测量值如表 7-7 所示。

表 7-7　呼吸频率标准值和测量值

标准值/次每分钟	测量值/次每分钟	误差/次每分钟
15	15	0
15	15	0
15	15	0
15	15	0
15	15	0
15	15	0
15	15	0
15	15	0
15	15	0
15	15	0

主动模拟肺第 51～60 次呼吸动作时,记录的吸呼比标准值和测量值如表 7-8 所示。

表 7-8　吸呼比标准值和测量值

标　准　值	测　量　值	误　差
0.43	0.4	−0.03(−7.0%)
0.43	0.4	−0.03(−7.0%)
0.43	0.4	−0.03(−7.0%)
0.43	0.4	−0.03(−7.0%)
0.43	0.4	−0.03(−7.0%)
0.43	0.4	−0.03(−7.0%)
0.43	0.4	−0.03(−7.0%)
0.43	0.4	−0.03(−7.0%)
0.43	0.4	−0.03(−7.0%)
0.44	0.4	−0.44(−9.1%)

由表 7-4～表 7-8 可以看出,本设计研究的双水平智能家用呼吸机测量的漏气量最大误差在 ±4% 以内,吸气潮气量最大误差在 ±3% 以内,分钟通气量最大误差在 ±5% 以内,呼吸频率和标准值测量结果一致,吸呼比最大误差在 ±10% 以内,各呼吸参数测量均能达到较高

的精度。

2. 治疗压力测试

通过上述的研究测试平台对项目研究的双水平智能家用呼吸机进行压力控制测试。将智能家用呼吸机连接至主动模拟肺,调节气流调节阀模拟合适的漏气量并保证测试过程中阀开关大小不变。设置主动模拟肺工作模式为正常成人模式,编写工作脚本使主动模拟肺连续进行 100 次正常呼吸。

智能家用呼吸机可设置 CPAP、AUTO CPAP、S、T 和 ST 共 5 种工作模式,可提供 4～30cmH$_2$O 的治疗压力。测试过程中需对每种工作模式从最小压力逐步升至最大压力,记录设定压力和智能家用呼吸机实时检测的气道压力,并得出二者误差。此处以 S 模式为例,设置 IPAP 为 12cmH$_2$O,EPAP 为 6cmH$_2$O,连续读取 10 个呼吸周期的压力数据,得到的压力测试结果如表 7-9 所示。为便于观察压力控制效果,利用研究测试平台的 SD 卡存储模块记录 S 模式下的设定压力数据和实际压力数据,在 PC 端用 MATLAB 软件将设定压力和实际压力绘制在同一图像中,如图 7-38 所示。

表 7-9　压力测试结果

设定 IPAP/cmH$_2$O	测量 IPAP/cmH$_2$O	误差/cmH$_2$O	设定 EPAP/cmH$_2$O	测量 EPAP/cmH$_2$O	误差/cmH$_2$O
12.0	11.9	−0.1(−0.8%)	6.0	5.9	−0.1(−1.7%)
12.0	12.0	0	6.0	5.9	−0.1(−1.7%)
12.0	11.7	−0.3(−2.5%)	6.0	5.9	−0.1(−1.7%)
12.0	12.0	0	6.0	6.0	0
12.0	11.8	−0.2(−1.7%)	6.0	6.0	0
12.0	11.9	−0.1(−0.8%)	6.0	5.9	−0.1(−1.7%)
12.0	11.8	−0.2(−1.7%)	6.0	6.0	0
12.0	12.1	0.1(0.8%)	6.0	5.9	−0.1(−1.7%)
12.0	12.0	0	6.0	5.9	−0.1(−1.7%)
12.0	12.0	0	6.0	6.0	0

由表 7-9 可以看出,双水平智能家用呼吸机提供的治疗压力最大不超过设定压力的 ±3%,压力控制精度较高。由图 7-38 可看出智能家用呼吸机的压力控制较平稳且压力切换速度很短。该双水平智能家用呼吸机可提供高精度、波动小的治疗压力。

3. AUTO CPAP 模式测试

通过上述的研究测试平台对项目研究的双水平智能家用呼吸机 AUTO CPAP 模式进行测试,测试该模式下能否正确探测低通气和呼吸暂停事件,并对治疗压力进行自动调整。

设置智能家用呼吸机工作在 AUTO CPAP 模式,治疗压力下限为 8cmH$_2$O,治疗压力上限为 10cmH$_2$O。AUTO CPAP 模式测试脚本如图 7-39 所示,开始连续 20 次正常成人模式呼吸动作后进行 5 次低通气动作,然后重新 5 次正常呼吸动作,接着进行 1 次呼吸暂停动作,最后保持 100 次正常成人模式呼吸动作,结束本次测试。根据项目设计的 AUTO

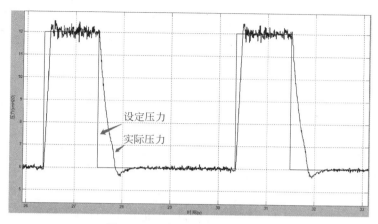

图 7-38　S 模式压力控制示意图

CPAP 模式自动调压策略,预期智能家用呼吸机在测试过程第 26 次呼吸动作时,自动升高治疗压力至 8.5cmH$_2$O,在测试过程第 32 次呼吸动作时,自动升高治疗压力至 9.5cmH$_2$O,在测试过程第 62 次呼吸动作时,自动降低治疗压力至 9cmH$_2$O,在治疗过程第 92 次和 122 次呼吸动作时分别自动降低治疗压力至 8.5cmH$_2$O 和 8cmH$_2$O,并保持治疗压力为 8cmH$_2$O 直到测试结束。

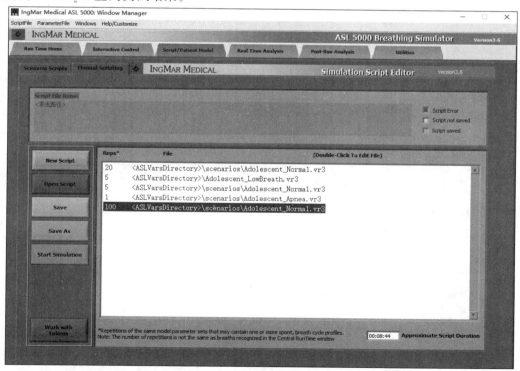

图 7-39　AUTO CPAP 模式测试脚本

开启主动模拟肺和智能家用呼吸机正常工作,运行图 7-39 所示测试脚本,记录对应时刻气道压力,如表 7-10 所示。

表 7-10　PAP 模式测试结果

呼吸动作	预期压力/cmH_2O	测试压力/cmH_2O
第 1 次	8	7.9
第 25 次	8.5	8.4
第 32 次	9.5	9.5
第 62 次	9.0	9.0
第 92 次	8.5	8.6
第 122 次	8.0	8.0

根据表 7-10 所示,在记录时刻智能家用呼吸机提供的治疗压力和预期一致,本设计研究的双水平智能家用呼吸机的 AUTO CPAP 模式可以正确探测到呼吸过程中的低通气和呼吸暂停事件,并自动进行压力调整,实现预期治疗效果。

4. ST 模式测试

将双水平智能家用呼吸机设置为 ST 模式,并设置 IPAP 为 $12cmH_2O$,EPAP 为 $6cmH_2O$,吸气时间为 1.5s,呼吸频率为 15 次/分钟,窒息报警时间为 20s。测试过程中控制模拟肺先进行 20 次正常成人模式呼吸动作,接着发生 30s 呼吸暂停,然后恢复正常成人模式呼吸动作,在 20 次正常呼吸动作完成后结束测试。ST 模式测试脚本如图 7-40 所示。

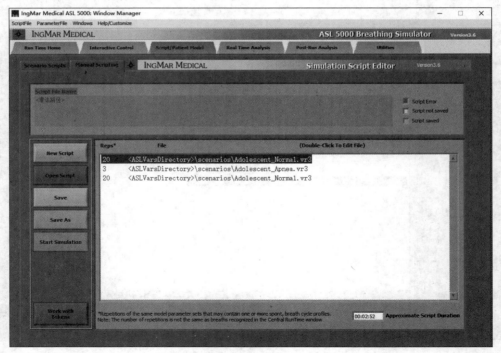

图 7-40　ST 模式测试脚本

测试过程中,在模拟肺执行正常成人模式呼吸时,智能家用呼吸机跟随模拟肺呼吸动作并完成吸气压力和呼气压力的切换,即工作在S模式。当出现呼吸暂停时,智能家用呼吸机自动切换至T模式,开始机械通气,并在窒息时间达到20s时开启窒息报警。当模拟肺再次恢复至正常成人模式时,窒息报警停止,智能家用呼吸机重新跟随模拟肺呼吸动作并完成压力切换。测试结果表明项目研究的双水平智能家用呼吸机ST模式符合预期的工作情况。

5. 呼吸SOE记录测试

通过上述的研究测试平台对项目研究的双水平智能家用呼吸机进行呼吸事件SOE记录测试,验证智能家用呼吸机能否对呼吸过程中发生的低通气和呼吸暂停事件进行准确检测和记录。

将智能家用呼吸机连接至主动模拟肺,调节气流调节阀模拟合适的漏气量并保证测试过程中阀开关大小不变。呼吸SOE记录测试脚本如图7-41所示,在正常呼吸动作过程中随机插入3次低通气事件和3次呼吸暂停事件,用于测试呼吸机对呼吸事件的检测和记录功能。主动模拟肺开启工作并运行智能家用呼吸机,待测试脚本运行结束后,从智能家用呼吸机SOE记录显示界面读取工作过程中记录的低通气SOE记录如图7-42所示,呼吸暂停SOE记录如图7-43所示。图7-42和图7-43中低通气记录和呼吸暂停记录与编辑的测试脚本相吻合,表明双水平智能家用呼吸机能准确检测到低通气和呼吸暂停事件并进行记录和显示。

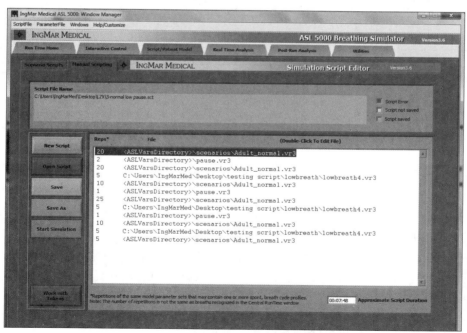

图 7-41　呼吸 SOE 记录测试脚本

图 7-42 智能家用呼吸机低通气 SOE 记录

图 7-43 智能家用呼吸机呼吸暂停 SOE 记录

6. 湿化器测试

对湿化器水温控制效果进行测试。在室温为 20℃ 时,设置智能家用呼吸机工作在 CPAP 模式,治疗压力为 8cmH$_2$O,将湿化器内水箱内注入 150mL 蒸馏水。设置智能家用呼吸机湿化器加热挡位为 1,人工佩戴鼻罩进行测试(防止水汽进入模拟肺),待智能家用呼吸机运行 30min 后,取出湿化器内水箱,用电子温度计测试水温并记录。通过此方法依次测量并记录湿化器加热挡位 2～5 的水温数据,如表 7-11 所示。

表 7-11 智能家用呼吸机湿化器测试结果

加热挡位	预期温度/℃	实际温度/℃	误差/℃
1	25	24.6	−0.4(−1.6%)
2	28	27.9	−0.1(−0.4%)
3	31	31.3	0.3(1.0%)
4	34	34.3	0.3(0.9%)
5	37	37.1	0.1(0.3%)

根据表 7-11 可知,双水平智能家用呼吸机可提供具有区分度的 5 挡水温,且实际水温与预期水温误差较小,具备良好的加温加湿功能。

7.7 微信小程序的界面功能设计

智能家用呼吸机的微信小程序可以让用户通过手机微信客户端的二维码扫描、搜索微信小程序的名字或者朋友分享等方式直接打开专门的小程序,对与微信小程序连接上的智能家用呼吸机进行相关功能和治疗参数的设置,从而实现智能家用呼吸机治疗实时监控和远程医疗等功能。

基于自适应支持通气模式智能家用呼吸机的微信小程序的界面功能框图如图 7-44 所示。微信小程序的主要界面有首页界面、服务界面、设备界面、治疗界面和设置界面,在每个界面会进一步完成各项功能。

7.7.1 首页界面功能设计

通过手机的微信客户端打开微信小程序后首先进入小程序的主界面。主界面的最下方

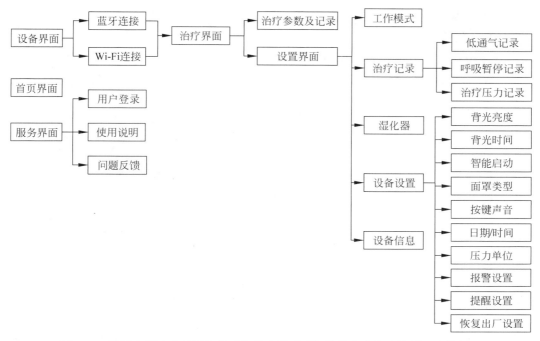

图 7-44　基于自适应支持通气模式智能家用呼吸机的微信小程序的界面功能框图

有 3 个子菜单图标,分别是设备、首页和服务。默认进入首页界面,单击另外两个子菜单图标,可以进行界面切换。智能家用呼吸机首页界面如图 7-45 所示。

在本界面主要实现对智能家用呼吸机进行产品宣传展示的功能。界面主要是由智能家用呼吸机的宣传海报组成,每隔固定的时间间隔进行滚动切换。3 张海报在竖直方向均匀分布,由微信小程序组件中的视图容器 scroll-view(可滚动视图区域)进行设置实现。

7.7.2　服务界面功能设计

在首页界面单击下方子菜单的服务图标可以进入智能家用呼吸机的服务界面。服务界面如图 7-46 所示。

在本界面主要实现对用户的使用支持,包括用户登录、使用说明和问题反馈等功能。

(1) 单击"登录"键,可以获取当前用户的微信账号信息进行登录。

(2) 单击"使用说明"键,可以跳转到智能家用呼

图 7-45　智能家用呼吸机首页界面

吸机的使用说明界面,用户可以阅读智能家用呼吸机的使用说明方法。使用说明界面如图 7-47 所示。

呼吸机作为一种能代替、控制或改变人的正常生理呼吸的装置,在治疗呼吸系统疾病方面起着重要的作用。在家中使用无创呼吸机进行无创辅助通气,是治疗成人睡眠呼吸暂停综合症(SAS)的首选方案。

打开微信小程序,进入到首页界面。最下方有三个子菜单图标,分别是:"设备"、"首页"和"服务"。单击"服务"可以进入"服务"页面,用户可以使用登录,使用说明和问题反馈等功能。单击"设备"可以进入"设备"页面,单击Wi-Fi或者蓝牙按键,选择呼吸机与微信小程序使用的

图 7-46 服务界面   图 7-47 使用说明界面

(3)单击"问题反馈"键,可以跳转到智能家用呼吸机的问题反馈界面,用户可以对微信小程序在使用过程中遇到的问题进行实时反馈。

7.7.3 设备界面功能设计

在首页界面单击下方子菜单的设备图标可以进入智能家用呼吸机的设备界面。设备界面如图 7-48 所示。

在本界面主要实现智能家用呼吸机与微信小程序的连接功能。

进入界面后,用户需要选择智能家用呼吸机与微信小程序使用的数据连接方式为 Wi-Fi 或蓝牙,选中的图标状态为蓝色,未选中的图标状态为灰色。用户需要根据选中的连接方式打开手机的 Wi-Fi 或者蓝牙,同时将智能家用呼吸机上电启动,实时更新搜寻设备下的设备列表。通过下拉界面可以刷新列表并搜索附近的呼吸机设备,选择要连接的智能家用呼吸机的设备型号,实现智能家用呼吸机与手机微信小程序的数据连接功能。

7.7.4 治疗界面功能设计

在智能家用呼吸机与手机微信小程序连接成功后,小程序会自动跳转到智能家用呼吸

机的治疗界面。治疗界面如图 7-49 所示。

图 7-48　设备界面

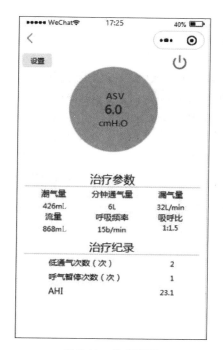

图 7-49　治疗界面

在本界面主要实现智能家用呼吸机的治疗功能,通过点击界面右上角的开关图标,就可以通过手机的微信小程序远程操控智能家用呼吸机来控制治疗的启动或者停止,按照设置好的呼吸模式和参数对用户进行通气。

在界面的中心是一个蓝色的圆形,里面显示了智能家用呼吸机当前运行的模式是 ASV 模式和实时的压力参数。在界面的下方显示的是智能家用呼吸机进行治疗时的其他 6 项实时参数,包括潮气量、分钟通气量、漏气量、流量、呼吸频率和吸呼比。这些治疗参数在微信小程序的界面中都限制了一定的显示范围,分别如下。

(1)潮气量:0~2000mL。

(2)分钟通气量:0~50L。

(3)漏气量:0~99L/min。

(4)流量:0~4000mL。

(5)呼吸频率:0~60 次/分钟。

(6)吸呼比:1:1~1:4。

在界面的最下方是治疗记录,其显示了智能家用呼吸机本次的治疗信息,包括低通气次数、呼气暂停次数和 AHI。

除此以外,在界面左上方还有一个"设置"键,用户通过点击这个键可以对智能家用呼吸机的详细信息进行设置。

习题

1. 简述什么是双水平智能家用呼吸机。
2. 双水平智能家用呼吸机的工作模式有哪些?
3. 双水平智能家用呼吸机的硬件结构由哪 3 部分组成?
4. 画出双水平智能家用呼吸机硬件结构图。
5. ASL5000 型主动模拟肺的优点有哪些?
6. 基于 ASL5000 型主动模拟肺搭建的研究测试平台具体可以实现哪些功能?
7. 智能家用呼吸机的微信小程序的功能是什么?

第 8 章

物联网技术与智能家庭

本章讲述物联网技术与智能家庭,包括智能家庭概述、物联网技术、智能家庭整体网络系统设计、智能家庭网络系统技术方案和智能家庭服务云平台设计。

8.1 智能家庭概述

随着信息化技术的逐步发展、网络技术的日益完善、可应用网络载体的日益丰富和大带宽室内网络入户战略的逐步推广,智能化信息服务进家入户成为可能。居民通过电视机遥控器、手机等终端即可实现互动,方便快捷地享受到智能、舒适、高效与安全的家居生活。智能家庭服务作为与千家万户息息相关的民生工程,这一领域的各项相关应用受到广泛重视并得到迅速发展。

8.1.1 智能家庭研究背景

我国"十二五"规划中已经明确将智能家庭产业与新能源、文化创意产业等并列为战略性新兴产业。家居智能化必然会是未来人们家居生活发展的趋势,而智能家庭行业作为战略性新兴产业的重要组成部分,也将取得飞跃式的发展。智能家庭服务平台系统属于智能家居的范畴,在未来将拥有广阔的市场前景。

智能家庭(Smart Home),又称数字家庭、自动化家庭、智能住宅、集成家居系统、家居自动化。美国麻省理工学院将智能家居界定为具有适应性、预测性的智能服务系统,其实现目标是将家庭中各种与信息有关的通信设备、家用电器和家庭保安装置通过家庭总线技术连接到一个家庭智能化系统上,进行集中的或异地的监视控制和家庭事务管理,并保持这些家庭设施与住宅环境的和谐与协调。智能家居是智慧城市的重要组成部分。建设智慧城市,是指通过广泛采用物联网、云计算、人工智能、数据挖掘、知识管理等技术,提高城市规划、建设、管理、服务的智能化水平,使城市运转更高效、更敏捷、更低碳。政府在构建公共领域服务框架的基础上进入家庭的最好服务路径,就是通过智能小区以及智能家居的建设,不断改善民众的生活环境,提高生活品质。家庭是每个城市的最小组织细胞,也是智慧城市的最小节点。只有每个家庭都具备智能家居环境,实现与城市主体的有机相连和互动,智慧城市才能良好地发展。

　　智能家居控制系统大体包括集中控制器系统、智能照明控制系统、电器控制系统、家庭影院系统、对讲系统、视频监控、安防监控、窗帘控制,甚至还包括空调系统、自动抄表系统、家居布线系统、家庭网络、厨卫电视系统、运动与健康监测、花草自动浇灌、宠物照看与动物管制等,这些系统都是模块化独立运行的,用户可以按自己的需要来选择、组合这些系统。

　　智能家庭采用计算机、嵌入式实时操作系统和网络以及其他通信技术,将家庭的各种设备(如家电系统、照明系统、环境监控系统、安防系统、门窗控制系统等)通过家庭网络连接到一起,从而高效、便利地控制家庭设备,给用户提供舒适安全的生活。

　　一方面,智能家庭将让用户有更方便的手段来管理家庭设备,如通过无线遥控器、电话、互联网或者语音识别控制家用设备,更可以执行场景操作,使多个设备形成联动。另一方面,智能家庭内的各种设备相互间可以通信,不需要用户指挥也能根据不同的状态互动运行,从而给用户带来最大限度的高效、便利、舒适与安全。

　　时代和科技的发展使得数字化技术取得了迅猛的发展,并且日益渗透到社会各个领域。随着 Internet 以及 4G、5G 向普通家庭生活不断普及,消费电子、计算机、通信一体化趋势日趋明显,智能家电产品已经开始步入千家万户。

　　智能家电是以各种家电设备为基础平台,综合网络通信、信息家电、设备自动化等技术,将系统、结构、服务、管理集成为一体的高效、安全、便利、环保的技术系统,而智能家电控制系统是实现它的一个重要手段。与普通家电相比,智能家电不仅具有传统功能,还能提供舒适、高效、便捷、具有高度人性化的控制方式,使家电具有"智慧",提供全方位的信息交换功能,实现家电控制的实时畅通,优化人们的生活方式,帮助人们有效地安排时间,增强家庭生活的高效性,并为家庭节省能源费用。

　　智能家电并不是单指某一台家电,而是一个技术系统,随着人们对应用需求的不断增加和家电智能化的不断发展,其内容将会更加丰富。

　　根据实际应用环境的不同,智能家电的功能会有所差异,但一般具备以下基本功能。

　　(1) 通信功能:包括电话、网络、远程控制和报警等。

　　(2) 消费电子产品的智能控制功能:例如,可以自动控制加热时间、加热温度的微波炉;可以自动调节温度、湿度的智能空调;可以根据指令自动搜索电视节目并摄录的电视机和录像机等。

　　(3) 交互式智能控制:可以通过语音识别技术实现智能家电的声控功能;通过各种主动式传感器(如温度、声音、动作传感器等)实现智能家电的主动性动作响应。用户还可以自己定义不同场景、不同智能家电的不同响应。

　　(4) 安防控制功能:包括门禁系统、火灾自动报警、煤气泄漏、漏电、漏水等。

　　(5) 三表(或四表)远程抄收。

　　(6) 健康与医疗功能:包括健康设备监控、远程诊疗、老人(病人)异常监护等。

　　与传统的家用电器产品相比,智能家电具有如下特点。

　　(1) 网络化功能:各智能家电可以通过家庭局域网连接到一起,还可以通过家庭网关接口与制造商的服务站点相连,甚至可以同 Internet 相连,实现信息共享。

（2）智能化:智能家电可以根据周围环境的不同自动给予响应,不需要人为干预。例如,智能空调可以根据不同的季节、气候及用户所在地域,自动调整其工作状态以达到最佳效果。

（3）开放性、兼容性:由于用户家庭的智能家电可能来自不同的厂商,智能家电平台必须具有开放性和兼容性。

（4）节能化:智能家电可以根据周围环境自动调整工作时间和工作状态,从而实现节能。

（5）易用性:由于复杂的控制操作流程已由内嵌在智能家电中的控制器解决,因此用户只需了解简单的操作即可。

智能家电由于其安全、方便、高效、快捷、智能化等特点,在 21 世纪将成为现代社会家庭的新时尚。当家庭综合服务器(Integrated Home Server,IHS)将家庭中各种各样的智能信息家电通过家庭总线技术连接在一起时,就构成了功能强大、高度智能化的现代智能家庭系统平台,可以控制家庭内部的任何一台设备。

基于云计算的后台服务需要大量的计算、存储资源,如视频网站、图片类网站和更多门户网站。随着物联网行业的高度发展和应用,将来每个物品都可能存在自己的识别标识,都需要传输到后台系统进行大量逻辑处理,不同粒度级别的数据,各类行业应用的数据皆需要计算存储,这就是大数据。而大数据的存储和计算,以及大数据的挖掘和分析,皆需要强大的系统后台支撑,只能通过云计算来实现。通过云计算整合一切可以整合的计算资源、存储资源,来共同处理全球化智能家庭业务的请求,并通过按需使用方式灵活扩展相应的计算、存储资源,联合物联网资源,作为智能家庭的重要支撑平台。

8.1.2　智能家庭解决方案

智能家庭解决方案基于虚拟化技术的云服务基础设施,以多样化的家庭终端为载体,通过整合已有业务系统,将政务信息、社会服务信息等送入百姓家中,为居民提供一个集成政务信息、生活信息、家庭信息等多种便民服务的家庭智慧平台。

智能家庭解决方案基于云计算的 IaaS 层进行构建,将客户的 IT 基础设施(如服务器、共享存储、防火墙路由器等)进行统一管控,形成资源池,并由云平台核心的智能资源调度器统一调度。

智能家庭解决方案可以实现对不同家居设备的控制和管理,通过与智慧云终端的信息交互,实现用户对家居设备的远程管理;可以使用手机或计算机通过网络对室内不同房间进行监控,实时了解家中老人和小孩的情况;可以实现与公安局、人社局、卫生局、政务服务中心、气象局、医院等单位的数据整合,对接相关的政务公开服务子系统、公安信息服务子系统、社保公积金查询服务子系统、卫生信息发布服务子系统、办事指南信息服务子系统、行政审批查询服务子系统、招工信息查询服务子系统、租房信息查询服务子系统、天气预报服务子系统、远程挂号及医疗信息发布服务子系统、菜市场信息服务子系统等,通过电视机就能实现与老百姓的信息交互,解决老百姓的日常生活问题。

8.1.3　智能家庭研究现状

多年前,发达国家就有了智能家庭的概念和标准,随着通信技术和网络技术的发展,传统的建筑产业和 IT 业有了更深的融合,推动了智能家庭的前进步伐。美国、加拿大、欧洲、澳大利亚和东南亚等经济比较发达的国家和地区提出了各种智能家庭的方案。智能家庭在美国、德国、新加坡、日本等国家都有广泛应用。

20 世纪 80 年代初,随着采用新兴电子技术的家用电器大量面市,住宅电子化(Home Electronics,HE)的概念开始出现;20 世纪 80 年代中期,形成了将家用电器、通信设备与安防设备各自独立的功能综合为一体的家居自动化(Home Automation,HA)概念;20 世纪 80 年代末,随着通信与信息技术的发展,出现了通过总线技术完成对住宅中各种通信、家电、安保设备进行监视、控制和管理的商用系统。

日本作为较早提出智能家庭概念并推动实施的国家之一,提出了家庭总线系统(Home Bus System,HBS)的概念,并且成立了 HBS 研究机构,在邮政省和通商产业省的指导下成立了家庭总线系统标准委员会,制定了日本的家庭总线系统标准。

8.2　物联网技术

物联网(Internet of Things,IoT)技术起源于传媒领域,是信息科技产业的第三次革命。物联网是指通过信息传感设备,按约定的协议,将任何物体与网络相连接,物体通过信息传播媒介进行信息交换和通信,以实现智能化识别、定位、跟踪、监管等功能。

在物联网应用中有两项关键技术,分别是传感器技术和嵌入式技术。

8.2.1　物联网的定义

国内网普遍公认的物联网一词最早是美国麻省理工学院自动识别中心(MIT Auto-ID)的 ASHTON 教授 1999 年在研究 RFID 时提出来的。

2005 年,在突尼斯举行的信息社会世界峰会(WSIS)上,国际电信联盟(ITU)发布了《ITU 互联网报告 2005:物联网》,正式提出了物联网的概念。该报告给出了物联网的正式定义:通过将短距离移动收发器嵌入各种各样的小工具和日常用品中,人们将会开启全新的人与物、物与物之间的通信方式。不论何时何地,任何人都建立连接,人们将把所有东西都互联起来。

随着网络技术的发展和普及,通信的参与者不仅存在于人与人之间,还存在于人与物品或者物品与物品之间。无线传感器、射频、二维码为人与物品、物品与物品之间建立了通信链路。计算机之间的互联构成了互联网,而物品之间和物品与计算机之间的互联就构成了物联网。

物联网是指通过传感器、射频识别(RFID)、全球定位系统等技术,实时采集任何需要监控、连接、互动的物体或过程,采集其声、光、热、电、力学、化学、生物、位置等各种需要的信息,通过各种可能的网络接入,实现物与物、物与人的泛在链接,实现对物品和过程的智能化感知、识别和管理。

物联网中的"物"能够被纳入"物联网"的范围是因为它们具有接收信息的接收器;具有数据传输通路;有的物体需要一定的存储功能或者相应的操作系统;部分专用物联网中的物体有专门的应用程序;可以发送或接收数据;传输数据时遵循物联网的通信协议;物体接入网络中需要具有世界网络中可被识别的唯一编号。

欧盟对物联网的定义:物联网是一个动态的全球网络基础设施,它具有基于标准和互操作通信协议的自组织能力,其中物理的和虚拟的"物"具有身份标识、物理属性、虚拟的特性和智能的接口,并与信息网络无缝整合。物联网将与媒体互联网、服务互联网和企业互联网共同构成未来互联网。

物联网是继计算机、互联网与移动通信网之后的又一次信息产业浪潮,是一个全新的技术领域。物联网将无处不在的终端设备、设施和系统,包括具有感知能力的传感器、用户终端、视频监控设施、物流系统、电网系统、家庭智能设备等,通过全球定位系统、红外传感器、激光扫描器、射频识别技术、气体感应器等各种装置与技术,提供安全可控乃至智能化的实时远程控制、在线监控、调度指挥、实时跟踪、报警联动、应急管理、安全保护、在线升级、远程维护、统计报表和决策支持等管理和服务功能,实现对万物的高效、安全、环保、自动、智能、节能、透明、实时的"管、控、营"一体化。物联网不仅为人们提供智能化的工作与生活环境,变革人们的生活、工作与学习方式,而且还可以提高社会和经济效益。目前,许多国家和地区(包括美国、欧盟、中国、日本、韩国和新加坡等)和科研机构(如 MIT)一致认为,物联网是未来科技发展的核心领域。

8.2.2　物联网的特点

物联网要将大量物体接入网络并进行通信活动,对各物体的全面感知是十分重要的。全面感知是指物联网随时随地地获取物体的信息。要获取物体所处环境的温度、湿度、位置、运动速度等信息,就需要物联网能够全面感知物体的各种需要考虑的状态。物联网中各种不同的传感器如同人体的各种器官,对外界环境进行感知。物联网通过 RFID、传感器、二维码等感知设备对物体各种信息进行感知获取。

可靠传输是指物联网通过对无线网络与互联网的融合,将物体的信息实时准确地传递给用户。获取信息是为了对信息进行分析处理从而进行相应的操作控制,将获取的信息可靠地传输给信息处理方。

在物联网系统中,智能处理部分将收集来的数据进行处理运算,然后做出相应的决策,来指导系统进行相应的改变,它是物联网应用实施的核心。智能处理指利用各种人工智能、云计算等技术对海量的数据和信息进行分析和处理,对物体实施智能化监测和控制。智能处理相当于人的大脑,根据神经系统传递来的各种信号做出决策,指导相应器官进行活动。

物联网具有如下 4 个特点。

1）全面感知

物联网利用传感器、RFID、全球定位系统以及其他机械设备，采集各种动态的东西。

2）可靠传输

物联网通过无处不在的无线网络、有线网络和数据通信网等载体将感知设备感知的信息实时传递给物联网中的"物体"。物体具备的条件为：具有通信能力，如蓝牙、红外线、无线射频等；具有一定的数据存储功能；具有计算能力，能够在本地对接收的信息进行处理；具有操作系统，且具有进程管理、内存管理、网络管理和外设管理等功能；遵循物联网的通信协议，如 RFID、ZigBee、Wi-Fi 和 TCP/IP 等；有唯一的标识，能唯一代表某个物体在整个物联网中的身份。

3）智能应用

物联网通过数据挖掘、模式识别、神经网络和三维测量等技术，对物体实现智能化的控制和管理，使物体具有"思维能力"。

4）网络融合

物联网没有统一标准，任何网络包括 Internet、通信网和专属网络都可融合成一个物联网。物联网是在融合现有计算机、网络、通信、电子和控制等技术的基础上，通过进一步的研究、开发和应用形成自身的技术架构。

8.2.3　物联网的基本架构

物联网架构分为 3 层：感知层、传输层和应用层。

1. 感知层

感知层在物联网中，如同人的感觉器官对人体系统的作用，用来感知外界环境的温度、湿度、压强、光照、气压、受力情况等信息，通过采集这些信息来识别物体。感知层包括传感器、RFID、EPC 等数据采集设备，也包括在数据传送到接入网关之前的小型数据处理设备和传感器网络。感知层主要实现物理世界信息的采集、自动识别和智能控制。感知层是物联网发展的关键环节和基础部分。作为物联网应用和发展的基础，感知层涉及的主要技术包括 RFID 技术、传感和控制技术、短距离无线通信技术以及对应的 RFID 天线阅读器研究、传感器材料技术、短距离无线通信协议、芯片开发和智能传感器节点等。

2. 传输层

传输层将感知层获取的各种不同信息传递到处理中心进行处理，使得物联网能从容应对各种复杂的环境条件，这就是各种不同的应用。目前物联网传输层都是基于现有的通信网和互联网建立的，包括各种无线和有线网关、接入网和核心网，主要实现感知层数据和控制信息的双向传递、路由和控制。

物联网传输层技术主要是基于通信网和互联网的传输技术，传输方式分有线传输和无线传输。

3. 应用层

物联网把周围世界中的人和物都联系在网络中，应用涉及广泛，应用包括家居、医疗、城市、环保、交通、农业、物流等方面。

物联网应用涉及行业众多,涵盖面宽泛,总体可分为身份相关应用、信息汇聚型应用、协同感知类应用和泛在服务应用。物联网通过人工智能、中间件、云计算等技术,为不同行业提供应用方案。

8.2.4 物联网的技术架构

物联网主要解决了物品到物品、人到物品、物品到人、人到人之间的互联,这4种类型是物联网基本的通信类型,因此物联网并非简单的物品与物品之间的互联网络,并且单纯在局部范围之内连接某些物品也不构成物联网,事实上物联网是一种由物品可以自然连接的互联网。从物联网的技术架构来看,物联网具有如下特征。

(1)物联网是因特网的扩展和延续,因此物联网被认为是因特网的下一代网络。

(2)物联网中个体(物品、人)之间的连接一定是"自然连接",既要维持物品在物理世界中时间特性的连接,也要维持物品在物理世界中空间特性的连接。

(3)物联网不仅仅是一个能够连接物品的网络设施,单纯的物体连接的网络不能称之为物联网。

物联网很难利用传统的分层模型来描述物联网的概念模型,而需要使用多维模型来刻画物联网的概念模型。物联网由3个维度构成,分别为信息物品维、自主网络维和智能应用维。物联网的技术架构如图 8-1 所示,信息物品技术、自主网络技术和智能应用技术构成了物联网的技术架构。

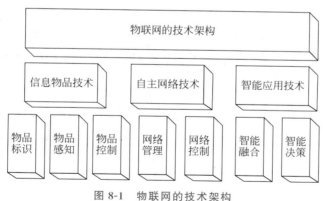

图 8-1 物联网的技术架构

1. 信息物品技术

信息物品技术是指现有的数字化技术,分为物品标识、物品感知和物品控制3种。物联网通过信息物品技术来对物品进行标识、感知和控制,因此信息物品技术是"物品"与网络之间的接口。

2. 自主网络技术

自主网络就是一种自我管理和控制的网络,其中自我管理包括自我配置、自我组网、自我完善、自我保护和自我恢复等功能。为了满足物联网的应用需求,需要将当前的自主网络技术应用在物联网中,使得物联网成为自主网络。自主网络技术包括自主网络管理技术和自主网络控制技术两种。自主网络管理技术包括网络自我完善技术、网络自我配置技术、网络自我恢复技术和自我保护技术;自主网络控制技术包括基于时间语义的控制技术和基于空间语义的控制技术。

3. 智能应用技术

物联网的通信融合以及网络融合特征保证了各个物体都能进行相互通信,因此任何行业都可以基于物联网来实现智能应用。物联网的智能应用可以分为生活办公应用、医疗卫生应用、交通运输应用、公共服务应用以及未来类应用。

智能应用技术是物联网应用中特有的技术,其中包括智能决策控制技术和智能数据融合技术。智能决策控制基于数据特征来对物体的行为进行控制和干预,而智能数据融合将收集的不同类型的数据进行处理,抽象成数据特征以便智能决策控制。

8.2.5 物联网的应用模式

根据物联网的不同用途,可以将物联网的应用分为智能标签、智能监控与跟踪和智能控制 3 种基本应用模式。

1. 智能标签

商品上的二维码、银行卡、校园卡、门禁卡等为生活、办公提供了便利,这些条码和磁卡就是智能标签的载体。智能标签通过磁卡、二维码、RFID 等将特定的信息存储到相应的载体中,这些信息可以是用户的身份、商品的编号和金额余额。

2. 智能监控与跟踪

物联网的一个常用的场景就是利用传感器、视频设备、GPS 设备等实现对特定特征(如温度、湿度、气压)的监控和特定目标(如物流商品、汽车、特定人)的跟踪,这种模式就是智能监控与跟踪。

3. 智能控制

智能控制就是一种物体自身的智能决策能力,这种决策是根据环境、时间、空间位置、自身状态等因素产生的。智能控制是最终体现物联网功能的应用模式,只有包含智能控制,一个连接不同物体的网络才能被称为物联网。智能控制可基于智能网络和云计算平台,根据传感器等感知终端获取的信息产生智能决策,从而实现对物体行为的控制。

8.2.6 物联网与互联网的关系

物联网与互联网有着显著的区别,同时也存在着密切的联系。

(1) 物联网是各种感知技术的广泛应用。物联网上部署了海量的多种类型传感器,每个传感器都是一个信息源,不同类别的传感器所捕获的信息内容和信息格式不同。传感器获取的数据具有实时性,按一定的频率周期性地采集环境信息,不断更新数据。

(2) 物联网是一种建立在互联网上的泛在网络。物联网技术的重要基础和核心仍旧是互联网,通过各种有线和无线网络与互联网融合,将物体的信息实时准确地传递出去。

（3）物联网提供了传感器的连接，其本身也具有智能处理的能力，能够对物体实施智能控制。

物联网采用3层模型，而互联网使用4层的TCP/IP。相比互联网，物联网的协议模型层数更少。物联网的感知层与TCP/IP的网络接口层对应，而网络层与TCP/IP模型的传输层和互联网层对应。

物联网的通信模型借鉴了Flat IP的技术，将传统的网络结构进行了扁平化的处理，从而形成了3层的网络结构，这样不仅可以减少层与层之间的通信消耗，而且有利于提高处理速度。物联网与TCP/IP通信模型的对应关系如图8-2所示，物联网与OSI通信模型的对应关系如图8-3所示。

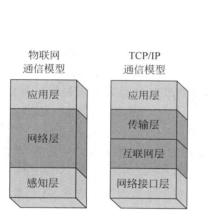

图 8-2　物联网与 TCP/IP 通信模型的对应关系

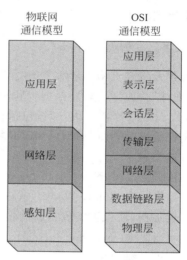

图 8-3　物联网与 OSI 通信模型的对应关系

8.2.7　实时定位技术

物联网中的实时定位技术主要包括卫星定位、基站定位以及室内定位。卫星定位以及基站定位技术已经很成熟，对这类技术的应用更多是在算法优化上，如何根据终端的移动或者周边环境动态，提高定位精度。

室内定位技术正是物联网中重要的一环，如何定位设备的位置以及用户的实时位置，正是物联网技术需要解决的重大难题。室内定位技术已经在商业运作上带来了一波创新高潮，而且不同的企业都提出了自身的解决方案，满足该类技术在商业应用、企业办公以及家庭生活中的使用，比如谷歌、诺基亚、博通等公司都提出过室内定位技术。

目前，室内定位技术，可使用 Wi-Fi、蓝牙、近场通信（Near Field Communication，NFC）技术，同时结合其他传感器，如陀螺仪、加速度传感器、方向传感器，根据移动的变量，实时定位位置。在某些场景，可采用地图技术，根据用户所处的位置、楼层信息、移动方位、停留时间等信息，即可定位用户在楼层具体位置。物联网应用中，定位技术对于在智能家居中的使用相当关键。实时掌握家庭成员的位置信息,对于保障人员人身安全的重要性可想而知。设备定位是物联网发展中一个不可或缺的技术。在一个智能家居中,作为物联网体系中的传感器设备、执行设备等,数目往往是超出想象的,甚至某些设备家庭成员都不会察觉。而一旦某些设备出现故障或者发出报警信号,需要更换电池或者维护等,亦或者用户需要寻找某一样确定的物品,那么设备定位体现了该技术的快捷性,该类技术更可能采用 RFID 这类无线标签技术,在发布自身位置的同时确保消耗极低的电量。

如果将定位技术扩展到宏观方面,定位技术在实时三维定位上有长足的发展。例如,使用智能手机摄像头实时拍摄前方景物或者路线,在手机屏幕,将物体描绘成三维结构,自动规划出路线或者显示在某个三维坐标处,标出有哪些店铺、餐厅等。在物联网应用方面,定位技术将得到创新发挥。

8.2.8　物联网的应用

当前各大研究机构和解决方案提供商纷纷推出自己的物联网解决方案,其中以 IBM 的"智慧的地球"为典型代表。根据物联网技术在不同领域的应用,"智慧的地球"战略规划了6 个具有代表性的智慧行动方案,包括智慧的电力、智慧的医疗、智慧的城市、智慧的交通、智慧的供应链以及智慧的银行。IBM 将"智慧的地球"战略分解为 4 个关键问题,以保证该战略的有效实施。

(1) 利用新智能(New Intelligence)技术。

(2) 智慧运作(Smart Work),关注开发和设计新的业务流程,形成在灵活、动态流程支持下的智能运作,使人类实现全新的生活和工作方式。

(3) 动态架构(Dynamic Infrastructure),旨在建立一种可以降低成本、具有智能化和安全特性的动态基础设施。

(4) 绿色未来(Green&Beyond),旨在采取行动解决能源、环境和可持续发展的问题,提高效率和竞争力。

在石油、化工和燃气行业,在工程施工人员、资产定位和物资的采购、入库、出库、领用管理以及钻井平台的管理、运输车辆和石化产成品的供应链管理中使用 RFID 技术来构建该行业的物联网,实时监测相关目标的位置以及状态等信息。

在电力行业,通过物联网定期获取用户用电情况、变压器的各相电表电度量、变压器的设备运行状态等信息,实现对电网的实时监测。通过分析配电终端监控器上传的信息来判断故障区段,实现故障区段快速定位;及时发现存在故障的设备点,并基于配电控制终端实施远程控制操作,实现故障区段与非故障区段配电网的隔离;对于监测到的跳闸等异常状态,可以快速实施远程合闸动作,快速恢复供电。

在交通行业,通过物联网的应用,利用手机或安装在车辆上的车载终端,可以实时采集车辆数据,对车辆进行远程监控,保证车辆的安全运行,实现车辆的综合信息管理、车辆的调度管理与信息发布等。

企业需要依据研究的技术和标准,在工业、农业、物流、交通、电网、环保、安防、医疗、家居等领域实现物联网的应用,具体应用如下。

(1) 智能工业:生产过程控制、生产环境监测、制造供应链跟踪、产品全生命周期监测,促进安全生产和节能减排。

(2) 智能农业:农业资源利用、农业生产精细化管理、生产养殖环境监控、农产品质量安全管理和产品溯源。

(3) 智能物流:建设库存监控、配送管理、安全溯源等现代流通应用系统,建设跨区域、行业、部门的物流公共服务平台,实现电子商务与物流配送一体化管理。

(4) 智能交通:交通状态感知和交换、交通诱导与智能化管控、车辆定位与调度、车辆远程监测与服务、车路协同控制、建设开放的综合智能交通平台。

(5) 智能电网:电子设施监测、智能变电站、配网自动化、智能用电、智能调度、远程抄表,建设安全、稳定、可靠的智能电力网络。

(6) 智能环保:污染源监控、水质监测、空气监测、生态监测,建立智能环保信息采集网络和信息平台。

(7) 智能安防:社会治安监控、危化品运输监控、食品安全监控,重要桥梁、建筑、轨道交通、水利设施、市政管网等基础设施安全监测、预警和应急联动。

(8) 智能医疗:药品流通和医院管理,以人体生理和医学参数采集及分析为切入点面向家庭和社区开展远程医疗服务。

(9) 智能家居:家庭网络、家庭安防、家电智能控制、能源智能计量、节能低碳、远程教育等。

8.3　智能家庭整体网络系统设计

8.3.1　IHNS 整体架构

智能家庭网络系统(Intelligent Home Network System,IHNS)紧密结合当前的技术发展趋势,基于物联网架构,针对智能家庭网络上的操作平台、配套控制模块以及服务器进行开发设计。系统的整体架构如图 8-4 所示。

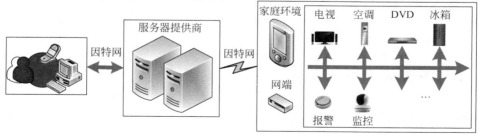

图 8-4　基于物联网与云服务的智能家庭系统的整体架构

图 8-4 中主要包含 3 个部分:一是家庭设备的传感器研究与开发;二是云平台服务器的建立;三是应用终端。项目提出了整体性的系统架构,研究其中各个部分之间的通信协

议,制定接口标准,建立可服务的云计算平台。

8.3.2 IHNS 分层架构

IHNS 分层架构如图 8-5 所示,从分层的角度来看,主要包含"感知与数据采集层""网络服务平台层""应用层",这种架构不仅适用于智能家电的远程控制,也适合于智能远程医疗,远程抄表,家庭监控防盗等。云平台可以对用户家庭数据进行分析处理,并根据不同情况提供一些建设性的用电节能指示、医疗健康指示、家庭安全监控提示等。

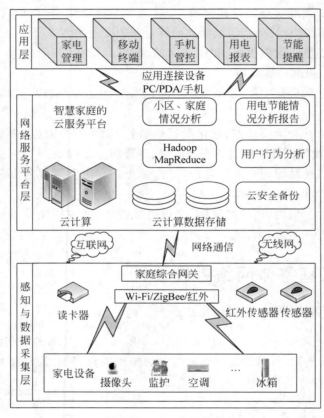

图 8-5　IHNS 分层架构

8.4　智能家庭网络系统技术方案

介绍智能家庭网络系统技术方案。

8.4.1　IHNS 技术线路图

依照 IHNS 的架构,分析其中涉及的关键技术,其技术路线如图 8-6 所示。

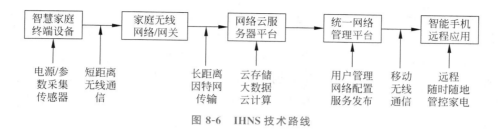

图 8-6　IHNS 技术路线

（1）家电设备的数据采集传感器，包含继电器、通信模块。

（2）短距离无线通信协议，如 Wi-Fi、ZigBee、蓝牙和红外等。

（3）智能家庭网关，作为数据传输的中继。

（4）远距离网络传输系统，包含因特网、通信网。

（5）远程服务器云平台，其中包含云存储、大数据分析。

（6）远程网络服务界面，用于用户管理家电设备，查询信息。

（7）移动网络通信，支持智能手机的网络编程。

（8）智能手机 App，实现移动家电管控。

8.4.2　IHNS 关键技术

IHNS 的关键技术如下。

（1）智能家电数据采集与控制器（智能插座）创新设计。

为了便于对家电进行管理控制，同时便于安装，创新性地设计了"智能插座"，实现了电源开关控制、无线通信、红外频道遥控三大功能。智能插座既具有"通用家电"的适配功能，也具有对家电参数（如电视频道、空调温度等）的"精细控制"的功能。

（2）"云计算"引入家庭领域，实现众多家庭的"海量数据处理"，具有技术创新。

当家庭用户规模较大时，智能电视、智能空调、智能电灯、智能门窗、智能安防等，每天都有大量的数据需要处理，利用云计算技术，每个家庭的数据都上传到网络服务器中，由云平台进行统一分析计算，给出建设性的意见。在海量数据处理方面，需要研究相应的决策算法，对小区和用户进行建模，这具有一定的创新。

（3）把物联网和云计算同时运用到智慧家庭中。

（4）系统实现了智能管理、自动分析，使该系统具有"智慧"。

8.5　智能家庭服务云平台设计

智能家庭服务云平台属于物联网网络层部分，其首要职责就是对感知数据进行分析、处理后使其在特定的应用领域内成为有价值的信息。

智能家庭管理平台的主要作用是存储和分析用户家庭的重要数据，同时是连接用户和家庭的桥梁，其很大的一个亮点就是为用户远程操作提供计算处理中转的平台，只有经过该平台处理之后,信息才会达到用户家庭内的智能家庭综合管理系统,实现对应的操作指令,如果需要反馈操作结果的信息,由智能信息计算平台接收智能家庭综合管理系统发送的查询结果,并进行计算处理后中转,再次返回给用户。在此系统中,云计算将被重点采用,它是实现智能家庭综合管理系统与物联网有机结合的关键之一。因此,整个智能信息计算平台作为一个决策支持系统,其体系结构总体划分为以下几个部分。

1. 云计算基础设施

云计算平台的基础设施包含 3 个方面:计算、存储、网络。其关键技术是虚拟机,需要在后台搭建基于虚拟机技术的、实现按需分配、动态配置的云主机系统。存储空间和网络带宽也可以根据需要进行按需配置。

2. 大数据系统

数据库系统是实现信息存储和计算的基础,本平台的数据库系统用于存放和管理用户以及家庭的相关信息,以及一些资讯类的辅助信息,数据库的设计在数据格式规范时可以采用结构化存储,一旦用户量大、数据不规范时,要采用分布式大数据系统。

3. 数据智能分析系统

采用数据分析工具来挖掘智能家庭系统中的数据信息,对家庭用电趋势等进行分析,生成相应的数据报表,对用电超标等情况进行告警提醒。

上述三大部分相辅相成,构成了智能家庭网络系统的总体平台架构,其网络云服务应用平台如图 8-7 所示。

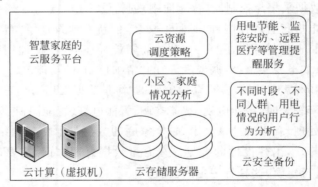

图 8-7 智能家庭网络云服务应用平台

习题

1. 智能家居控制系统包括哪些内容?
2. 智能家电一般具备哪些基本功能?
3. 与传统的家用电器产品相比,智能家电具有哪些特点?
4. 什么是物联网?
5. 物联网具有哪几个特点?

6. 物联网架构分为哪几层？
7. 物联网具有哪些特征？
8. 物联网有哪些应用？
9. IHNS 包括哪几层？
10. IHNS 的关键技术有哪些？

参 考 文 献

［1］ 李正军,李潇然. Arm Cortex-M4 嵌入式系统——基于 STM32Cube 和 HAL 库的编程与开发［M］.北京:清华大学出版社,2023.

［2］ 李正军,李潇然. Arm Cortex-M3 嵌入式系统——基于 STM32Cube 和 HAL 库的编程与开发［M］.北京:清华大学出版社,2023.

［3］ 李正军. Arm 嵌入式系统原理及应用——STM32F103 微控制器架构、编程与开发［M］.北京:清华大学出版社,2023.

［4］ 李正军. Arm 嵌入式系统案例实战——手把手教你掌握 STM32F103 微控制器项目开发［M］.北京:清华大学出版社,2023.

［5］ 李正军.零基础学电子系统设计——从元器件、工具仪表、电路仿真到综合系统设计［M］.北京:清华大学出版社,2023.

［6］ 李正军,李潇然. STM32 嵌入式系统设计与应用［M］.北京:机械工业出版社,2023.

［7］ 李正军.计算机控制系统［M］.4 版.北京:机械工业出版社,2022.

［8］ 李正军.计算机控制技术［M］.北京:机械工业出版社,2022.

［9］ 廖建尚,胡坤融,尉洪.智能产品设计与开发［M］.北京:电子工业出版社,2021.

［10］ 郭洪延,颜远海.智能产品营销与服务［M］.北京:清华大学出版社,2022.

［11］ 吴建平,彭颖.传感器原理及应用［M］.4 版.北京:机械工业出版社,2022.

［12］ 刘河,杨艺.智能系统［M］.北京:电子工业出版社,2020.

［13］ RUSSELL S J, NORVIG P.人工智能一种现代的生活［M］.殷建平,祝恩,刘越,等译.3 版.北京:清华大学出版社,2017.

［14］ 张俊.边缘计算方法与工程实践［M］.北京:电子工业出版社,2020.

［15］ 施巍松,刘芳,孙辉,等.边缘计算［M］.北京:电子工业出版社,2019.

［16］ 谭建荣,刘振宇.智能制造:关键技术与企业应用［M］.北京:机械工业出版社,2017.

［17］ 刘金琨.智能控制理论基础、算法设计与应用［M］.北京:清华大学出版社,2020.

［18］ 顾炯炯.云计算架构技术与实践［M］.2 版.北京:清华大学出版社,2019.